HANS MOHR

NATUR UND MORAL

W0196429

DIMENSIONEN DER MODERNEN BIOLOGIE

BAND 4

herausgegeben von
Walter Nagl und Franz M. Wuketits

WISSENSCHAFTLICHE BUCHGESELLSCHAFT
DARMSTADT

HANS MOHR

NATUR UND MORAL

ETHIK IN DER BIOLOGIE

WISSENSCHAFTLICHE BUCHGESELLSCHAFT
DARMSTADT

Zum Titelbild:
Es ist fraglich, ob in unserer gefährdeten Welt eine Alternative bleibt zur Herrschaft einer „praktischen Vernunft“, die Immanuel Kant begriff als die Übereinstimmung von Wollen und Handeln mit dem Sittengesetz.

CIP-Kurztitelaufnahme der Deutschen Bibliothek

Mohr, Hans:
Natur und Moral: Ethik in d. Biologie / Hans Mohr.
– Darmstadt: Wissenschaftliche Buchgesellschaft, 1987.
(Dimensionen der modernen Biologie; Bd. 4)
ISBN 3-534-02534-2
ISBN 3-534-02530-X (Gesamtw.)

1 2 3 4 5

Bestellnummer 02534-2

Das Werk ist in allen seinen Teilen urheberrechtlich geschützt.
Jede Verwertung ist ohne Zustimmung des Verlages unzulässig.
Das gilt insbesondere für Vervielfältigungen,
Übersetzungen, Mikroverfilmungen und die Einspeicherung
und Verarbeitung in elektronische Systeme.

© 1987 by Wissenschaftliche Buchgesellschaft, Darmstadt
Satz: Setzerei Gutowski, Weiterstadt
Druck und Einband: Wissenschaftliche Buchgesellschaft, Darmstadt
Printed in Germany
Schrift: Linotype Times, 10/11

ISBN 3-534-02534-2

INHALT

DIMENSIONEN DER MODERNEN BIOLOGIE

Keine andere Wissenschaft hat in jüngster Zeit so viel an bahnbrechenden Ergebnissen verzeichnet wie die Biologie. Ja, man kann sagen, daß heute ausgehend von der Biologie ein tiefgreifender Wandel unseres Weltbildes stattfindet, zumal viele der modernen biologischen Erkenntnisse in ihrer Konsequenz auch außerhalb der Biologie von großer Bedeutung sind. Evolutionstheorie, Neurobiologie, Soziobiologie und nicht zuletzt die Techniken, die genetische Manipulationen ermöglichen, zwingen zu einer Revision althergebrachter Denkweisen und bedeuten eine große Herausforderung für unser Weltbild. An den gegenwärtigen Forschungen der Biologie sollten daher auch Philosophen, Sozialwissenschaftler und Pädagogen nicht vorbeigehen.

Die Bände dieser Reihe sind so angelegt, daß sie einerseits biologisches Basiswissen vermitteln, andererseits aber auch – und vor allem – die Relevanz der Biologie für ein modernes Verständnis der Welt und des Menschen in dieser Welt deutlich machen. Stets werden von den Autoren der einzelnen Bände Querverbindungen zu anderen Disziplinen geschaffen; die einzelnen Bände bleiben nicht dem Detail verhaftet, sondern sollen Perspektiven öffnen, den Leser zu eigenem, weitergehendem Nachdenken anregen. Die Autoren reflektieren ihren jeweiligen Gegenstand kritisch, mit Blick auf die offenen Fragen und die tatsächlichen oder möglichen Konsequenzen jeweiliger Erkenntnisse.

Die ›Dimensionen der modernen Biologie‹ sollen also die modernen Biowissenschaften in ihrer „ganzen Breite", in ihrer Tragweite für ein Weltbild kritisch darstellen. Die Buchreihe wendet sich daher nicht nur an Dozenten und Studierende der Biologie, sondern vor allem auch an Vertreter anderer Disziplinen und schließlich an alle, die am „Abenteuer" der modernen Biologie interessiert sind. Jeder Band ist in sich abgeschlossen, doch soll die Reihe als Ganzes erst ein geschlossenes Bild der Bedingungen, Strukturen und Tendenzen moderner biologischer Forschung ergeben.

Hans Mohr, der Autor des vorliegenden Bandes, will dem Leser zunächst die inneren Verbindungen zwischen *Biologie und Ethik* vor Augen führen. Darauf aufbauend diskutiert er Ethikvorstellungen in Wissenschaft und Gesellschaft und legt dar, daß das Ziel aller Wissenschaft – dem Menschen zu dienen und sein Wohl zu fördern – nur dann erreicht werden kann, wenn jeder Wissenschaftler, aber auch jedes einzelne Mitglied unserer Gesellschaft, bereit ist, Verantwortung zu übernehmen. Denn wohl strebt der Mensch unaufhörlich weiter nach Erkenntnis, doch wie soll das so erworbene Wissen angewandt werden? – In dieser Frage liegt eine große moralische Herausforderung! Der sog. Fortschritt kann gleichermaßen Fluch und Segen für die Menschheit bringen. Und das Weiterleben, das Überleben in diesem Zwiespalt ist weniger abhängig von unserem Zuwachs an Wissen *über* die Natur, als vielmehr von unserem Umgang *mit* ihr. Normen, Verhaltensmaßregeln hierfür lassen sich nur schwer, aber doch wenigstens teilweise aus der Biologie ableiten. Hans Mohr liefert in diesem Zusammenhang einen wichtigen Beitrag zu der heute vielerorts lebhaft diskutierten „Evolutionären Ethik". In jedem Fall aber scheint eine ethische Grundhaltung vonnöten, die ihre Normen nicht alleine aus wissenschaftlichen Daten bezieht. – So breitet der Autor ein ganzes Spektrum von Voraussetzungen, Notwendigkeiten und Möglichkeiten vor dem Leser aus und fordert ebenso eindringlich wie unmißverständlich zu Konsequenzen auf.

Die Herausgeber

1. ETHIK IN DER BIOLOGIE?

Ethik – die Reflexion über das Sittliche im Einzelmenschen und über die sittlichen Grundlagen des menschlichen Zusammenlebens – ist eine philosophische Disziplin. Die traditionelle Aufgabe philosophischer Ethik war eine wertende, normative Reflexion, ob es richtig sei, was als Wertsystem vom einzelnen oder von menschlichen Gruppen praktiziert wird. Unter Ethos oder *Moral* versteht man das tatsächlich praktizierte Wertsystem des einzelnen oder einer Gruppe, den konkreten Kodex sittlichen Verhaltens: Sitten, Normen, Gesetze. Ethik fragt nach der *Begründung* von Moral. „Es geht ja nicht um Belangloses, sondern darum, wie man leben soll." (Sokrates)

Moral ist unabdingbar. Der auf das Leben in einer Gemeinschaft angelegte Mensch ist darauf angewiesen, daß die Grundlinien des Verhaltens seiner Mitmenschen vorhersehbar sind, und er empfindet deshalb eine unberechenbare Einstellung zu moralischen Fragen als verwerflich. Wir rechnen mit der Verwurzelung des moralischen Subjekts in einer wertorientierten Gesellschaft. Andererseits ist gegenüber dem Absolutheitsanspruch einer Moral Skepsis geboten. Wie läßt sich Moral angesichts der Tatsache begründen, daß wir empirisch einen Pluralismus moralischer Systeme feststellen, daß die Buntheit menschlicher Kultur einhergeht mit einer Mannigfaltigkeit moralischen Verhaltens? Entsprechend vielfältig (beliebig?) sind die ethischen Entwürfe unserer philosophischen Tradition: von Relativismus, Hedonismus und Utilitarismus bis hin zur theologischen Ethik, die sich auf göttliche Offenbarung beruft; von der idealistischen Ethik, die Platon begründete, bis hin zur politischen Ethik, die ihre Tradition auf Aristoteles zurückführt.

Biologie ist eine Naturwissenschaft. Ihr Gegenstand ist die belebte Natur. Ihr Ziel ist die verläßliche wissenschaftliche Theorie, die Erklärung und Voraussage von Sachverhalten (explanatorische Theorie). Ebensowenig wie die übrigen Naturwissenschaften verfolgt die Biologie normative Absichten. Besteht dann überhaupt ein Zusammenhang zwischen Ethik und Biologie? War es nicht der für die Interpretation der Naturwissenschaften so wichtige Logische Positivismus, der ethische Axiome nicht anerkannte und moralisches Verhalten nur aufgrund von utilitaristischen Prinzipien für möglich hielt?

In der heutigen Biologie tritt uns die ethische Reflexion dreifach entgegen: als Bioethik, als evolutionäre Ethik und als epistemologische Ethik.

Bioethik. Sie formuliert angemessene Verhaltensweisen im Umgang mit Lebewesen in der biologisch-medizinischen Forschung und Praxis. Es geht in erster Linie um die Frage, welche Eingriffe und Experimente die „Ehrfurcht vor dem Leben" und die Sorge um Mensch und Umwelt verbieten. Der klinischen Forschung, dem Einsatz von Versuchstieren und neuerdings der Gentechnik gelten das besondere Augenmerk. Es besteht heutzutage Übereinstimmung darin, daß Untersuchungen an Menschen das Einverständnis der Betroffenen voraussetzen und daß Experimente, die das Leben und/oder die Würde von Versuchspersonen bedrohen, zu unterlassen sind. Auch die Einfühlung (Empathie) in das Leid der Tiere und der Respekt vor dem Leben der Versuchstiere, besonders bei Primaten, haben neuerdings zugenommen, und es ist in der biomedizinischen Forschung selbstverständlich geworden, den Tieren vermeidbare Qualen zu ersparen und die Zahl der Versuche auf das „unerläßliche" Maß zu beschränken. Andere schwierige Fragen sind umstritten, z.B. die Verwendung in vitro gehaltener früher Entwicklungsstadien des Menschen in der medizinischen Forschung und die Ausbreitung der Gentechnik. In vielen Fällen haben der Gesetzgeber oder standesethische Kommissionen bereits durch entsprechende Verordnungen und Richtlinien eingegriffen, z.B. bei den Prüfverfahren für Arzneimittel oder bei der extrakorporalen Befruchtung. Bioethische Überlegungen und ihre Umsetzung in praktische Vorschriften verlangen Augenmaß und Kompromißfähigkeit. Eine Überbetonung bioethischer Argumente könnte wichtige Zweige der biologischen, medizinischen und pharmazeutischen Forschung und Entwicklung zum Erliegen bringen, mit unabsehbaren Folgen für Leben und Gesundheit von Menschen.

Evolutionäre Ethik. Sie ist eine aus der Evolutionstheorie entstandene biologische Theorie. Wie jede wissenschaftliche Theorie versteht sich die Evolutionäre Ethik als eine erklärende, nicht als eine begründende oder normative Theorie. Aufgabe der Evolutionären Ethik ist es demnach, die historische Genese des sittlichen Verhaltens wissenschaftlich zu *erklären.* Wie ist es im Zuge der Evolution dazu gekommen? Welche Funktion kommt der Moral „von Natur aus" zu?

Die Vertreter evolutionärer Ethik gehen davon aus, daß auch der Mensch ein Ergebnis der biologischen Evolution darstellt. Daraus wird die Folgerung abgeleitet, daß unsere Verhaltens- und Antriebsstruktur, auch unsere Neigung und Fähigkeit zur sozialen Organisation, zu einem guten Teil genetisch determiniert ist und deshalb durch Erziehung und soziale Konditionierung nicht beliebig zu überspielen ist. Statt von einer extremen Plastizität des Menschen auszugehen, rechnet man entsprechend mit (engen) Grenzen der Formbarkeit und auch der Belastbarkeit durch moralische Vorschriften (kulturelle Normen). Diese Grenzen der Kulturfähigkeit werden darauf zurückgeführt, daß unsere „erste Natur" – und damit die vorrationalen Dispositionen des Handelns – im wesentlichen eine in unserer Stammesgeschichte entwickelte Anpassung an die Lebensverhältnisse des Pliozäns und Pleistozäns (Jäger und Sammler) und des postglazialen Neolithikums (Anfänge von Ackerbau und Viehzucht) darstellt.

Diese Auffassungen sind neueren Datums. Von ungefähr 1900 bis zur Mitte der 50er Jahre behauptete – zumindest in den USA – die vorherrschende Lehre, der Behaviorismus, das genaue Gegenteil: Menschliches Verhalten sei erlernt, und genetische Faktoren hätten so gut wie keinen Anteil an der Formung unseres sozialen und politischen Verhaltens. Die behavioristische Doktrin eines extremen Kulturdeterminismus, der Glaube an die nahezu beliebige Formbarkeit des Menschen, scheiterte schließlich an der menschlichen Natur. Auf eine derart realitäts- und biologieferne These ließ sich auf die Dauer kein Erziehungssystem gründen. Gewiß hat sich die Moral im Verlauf der kulturellen Evolution gewandelt, und der Pluralismus moralischer Systeme ist ein Charakteristikum der kulturellen Evolution, aber die Wurzeln, die uns in der biologischen Basis verankern, sind geblieben. Daran läßt sich nicht mehr zweifeln.

Die offensichtlichen Grenzen unserer Kulturfähigkeit und unserer moralischen Empfindlichkeit werden von der Evolutionären Ethik auf den Sachverhalt zurückgeführt, daß wir genetisch auch heute noch auf ein Leben unter den Rahmenbedingungen von Pleistozän und Neolithikum eingestellt sind und nicht auf ein Leben in der modernen Welt. Im Vordergrund des Interesses stehen derzeit die Fragen, warum es keine kulturelle Überformung bislang vermochte, die Menschen vom Krieg abzuhalten und warum uns der gesittete, vernünftige Umgang mit der Natur und mit der technischen Zivilisation nicht gelingen will.

Der Umstand, daß die Evolutionäre Ethik die Verhaltensstruktur des modernen Menschen als Folge einer evolutionär entstandenen, auch im rezenten Menschen genetisch verankerten Neigungsstruktur erklären kann, bedeutet auch in den Augen der Soziobiologen keine Legitimation für unser kulturelles Fehlverhalten. Aus dem Sein folgt nicht das Sollen, wohl aber eine Einsicht in die *Grenzen* des Menschen. Wir sind zwar von Natur aus normativ anpassungsfähig, so wie wir im kognitiven Bereich lernfähig sind, aber wir sind es nicht unbegrenzt. Daraus ergibt sich das ethische Dilemma unserer Zeit: Einerseits läßt sich unsere evolutionär entstandene Neigungsstruktur (propensity structure) nicht beliebig überspielen. Es *gibt* Grenzen der Belastbarkeit durch moralische Vorschriften (kulturelle Normen). Wird der Bogen überspannt, unterläuft der Mensch erfahrungsgemäß die kulturellen Normen durch Korruption. Dies untergräbt die sittliche Basis kultivierten Zusammenlebens, da der moralische Konsens nicht mehr gewährleistet ist, wenn eine kontingente Einstellung zu moralischen Fragen um sich greift. Andererseits kann ein kultiviertes Ethos in der heutigen Zeit nicht mehr konform mit unseren Genen sein. Die Zukunft des Menschen wird entscheidend davon abhängen, inwieweit es uns gelingt, die in der durch *kulturelle* Evolution geprägten Welt obsolet gewordenen biologischen Determinanten unseres Verhaltens durch Vernunft zu dämpfen oder auszuschalten. Wir müssen uns von manchen biologischen Wurzeln unseres Verhaltens lösen und uns an *vernünftig* vereinbarte Normen halten, die den Sachzwängen der *heutigen* Welt gerecht werden. Die Kardinalprobleme sind rasch aufgezählt: Wir können alles Leben zerstören. Der moderne Krieg, der ein globaler Atomkrieg sein würde, ist deshalb auch eine evolutionäre Sackgasse par excellence. Unsere militanten Instinkte, ohne die der Homo sapiens seine frühe Evolution nicht hätte überleben können, sind im Verlauf der kulturellen Evolution anachronistisch geworden. Aber auch „Wachstum" und „Vermehrung" – Selektionsvorteile von gestern – sind zu Anachronismen geworden, die uns unweigerlich umbringen werden, wenn wir sie nicht beherrschen lernen.

Epistemologische Ethik. Epistemologie ist Wissenslehre oder Erkenntnistheorie. Das Untersuchungsfeld epistemologischer Ethik ist demgemäß das Ethos des Erkennens und damit das Ethos wissenschaftlichen Verhaltens. Das Ziel der Wissenschaft ist Erkenntnis. Mit „Erkenntnis" meint man zuverlässiges, gesichertes Wissen; Wissen, das präzise Erklärung und präzise Prognose erlaubt; Wissen, das intersubjektiv jederzeit nachprüfbar und eindeutig kommunizierbar ist; Wissen, auf das man sich beim Umgang mit der realen Welt, einschließlich des Umgangs mit Menschen, beim Umgang mit der Geschichte und beim Umgang mit Ideen verlassen kann. Wissenschaftliche Erkenntnisse, die *Ergebnisse* wissenschaftlichen Tuns, sind wertfrei, sind moralisch neutral. Sätze wie: Kraft gleich Masse mal Beschleunigung, $E = m \times c^2$, die Mendelgesetze, das Hardy-Weinberg-Gesetz der Populationsgenetik, sind Beispiele dafür. Aber – so lautet die komplementäre These – der *Vorgang* wissenschaftlichen Tuns, das Forschen, ist eine moralische Tätigkeit. Nicht die Forschungs*ergebnisse* sind moralisch zu begründen, sondern das Forschen ist ethisch zu legitimieren. Hier liegt das Problem. Wer wissenschaftlich forscht, tut es mit dem Ziel, Erkenntnis zu gewinnen. Er hat eine moralische Vorentscheidung getroffen, nämlich *zugunsten* von Erkenntnis. Läßt sich diese Entscheidung gegen Ignoranz und zugunsten von Erkenntnis moralisch rechtfertigen und was folgt daraus? Hat Naturforschung einen moralischen Grund? Im traditionellen Selbstverständnis des Wissenschaftlers erscheint die Rechtfertigung des Forschens unproblematisch: Erkenntnis – zuverlässiges, gesichertes Wissen über die Welt – ist ihm selbstverständlich ein überragender Wert. Wissenschaftler haben deshalb aus gutem Grund jene strengen ideellen und materiellen Verfahren entwickelt – das „Wissenschaftliche Ethos" und die „Wissenschaftliche Methode" –, die es gewährleisten, daß Erkenntnis entsteht.

Das wissenschaftliche Ethos besteht, soweit es bislang explizit gemacht wurde, aus drei Teilen: Grundannahmen (z.B. „Es gibt eine reale, zumindest partiell erkennbare Welt"), Grundvoraussetzungen (z.B. „Erkenntnis ist gut", d.h. zuverlässiges Wissen ist unter allen Umständen besser als Ignoranz und Aberglaube) und die eigentlichen Gebote oder Verbote (z.B. Übe intellektuelle Redlichkeit! Gestatte dir keinen Informationsabweis, vor allem dann nicht, wenn die betreffende Information deiner eigenen Vorstellung widerspricht! Beschränke dich bei Aussagen auf konsensible Sätze! Beachte empirische Daten als die letzte Appelationsinstanz! Argumentiere symmetrisch! [d.h. prüfe die Alternative zu der von dir bevorzugten Hypothese mit derselben Sorgfalt] – Gestatte dir keinen Verstoß gegen die Grundlagen reziproken Vertrauens!).

Das wissenschaftliche Ethos ist ein handlungsorientiertes Wertsystem, das den Vorgang wissenschaftlichen Tuns, die Forschung mit der Zielsetzung „Erkenntnis", gewährleistet. Der Wissenschaftler hat keinen Freiheitsgrad mehr, sich für oder gegen das wissenschaftliche Ethos zu entscheiden. Sobald er sich für Erkenntnis als terminalen Wert, als ein erstrebenswertes Ziel, entschieden hat, ist seine Loyalität gegenüber dem wissenschaftlichen Ethos eine selbstverständliche Folge.

Der Wissenschaftler unterliegt einer strengen sozialen Kontrolle. Die Gruppe, der er angehört, die jeweilige „scientific community", mißt sein Verhalten an den Forderungen des wissenschaftlichen Ethos. Wer gegen das normative Wertsystem verstößt, verliert schnell sein Ansehen als Wissenschaftler und damit seinen Platz in der „scientific community".

Das wissenschaftliche Ethos ist freilich ein Partialethos, das das Verhalten eines Wissenschaftlers erfahrungsgemäß nur so lange eindeutig bestimmt, wie sein Streben und Tun auf „Erkenntnis" gerichtet ist (Homo investigans). Verfolgen wir andere Ziele – etwa als Homo politicus oder Homo faber –, so kann uns das wissenschaftliche Ethos keine verbindlichen Direktiven liefern. Es ist politisch und doktrinär neutral.

Unser Streben nach Erkenntnis (und damit das wissenschaftliche Ethos und die Institution Wissenschaft) läßt sich evolutionistisch begründen. Wenn Erkenntnis über die Welt die „Fitness" des Menschen steigert – was kaum zu bezweifeln ist –, dann *muß* im Verlauf der biologischen Evolution des Menschen eine *genetische* Kodifizierung jener Verhaltensweisen, die „Erkenntnis“ gewährleisten, eingetreten sein.

Das Streben nach objektiver Erkenntnis *und* die Fähigkeit, objektive Erkenntnis zu erlangen, müssen Teile der Neigungs- und Handlungsstruktur ausmachen, die in unseren Genen verankert ist. Wenn objektive Erkenntnis während unserer genetischen Evolution die Fitness erhöhte, dann liegt es auch nahe, daß ein intuitives, unreflektiertes „Wissen“ über das zur Erkenntnisgewinnung führende Verhalten (das wissenschaftliche Ethos) in unseren Genen verankert ist. Jeder Wissenschaftler „weiß“ auch ohne entsprechende Konditionierung, daß Erkenntnisgewinnung die stetige und unbeirrbare Bindung an einen dafür geeigneten Verhaltenskodex („wissenschaftliches Ethos“) voraussetzt. Die Analyse des wissenschaftlichen Ethos hat ergeben, daß diese in der wissenschaftlichen Forschung *intuitiv* praktizierte Moral logisch zwingend als „instrumentales Wertsystem“ aus der Akzeptanz der Zielsetzung „Erkenntnis“ folgt.

Die damit angedeuteten Themen werden im vorliegenden Buch weiter ausgeführt. Den Rahmen bilden das Modell teleologischen Denkens und Handelns und die Evolutionäre Erkenntnistheorie. Über die zentralen Themen (Bioethik, evolutionäre und epistemologische Ethik) hinaus wird die Frage, ob und gegebenenfalls inwieweit Erkenntnis normativ ist, eingehend behandelt. Im Unterschied zu Kant und im Einvernehmen mit dem Utilitarismus nimmt die Biologie den ganzen Menschen und nicht nur das „vernünftige Wesen“ zur Kenntnis. Demgemäß werden auch den Konsequenzen aus Evolutionärer Erkenntnistheorie und Evolutionärer Ethik („Biologische Grenzen des Menschen“, „Ungleichheit und Gerechtigkeit“) eigene Kapitel gewidmet.

Ein Hauptstück des Buches behandelt das Verhältnis von Wissenschaft, Ethos und Öffentlichkeit und die Verantwortung des Wissenschaftlers in einer kritischen Zeit, in der die Vertrauenswürdigkeit der Wissenschaft nicht mehr unangefochten ist. In dem Kapitel über „Qualitatives Wachstum“ wird eine moralisch und sachlich begründete Überlebensstrategie vorgetragen, und mit einer nüchternen Einführung in die Bioethik (von der extrakorporalen Befruchtung bis hin zur Gentechnik bei Pflanzen) schließt sich der Themenkreis. Der letzte kurze Abschnitt über „Tugenden in der heutigen Welt“ ist als ein subjektives Bekenntnis zu werten.

2. TELEOLOGISCHES DENKEN UND HANDELN

2.1 Das Modell

In die Zukunft gerichtetes, teleologisches Denken und Handeln ist eine besonders charakteristische menschliche Verhaltensweise (Abb. 1): Wir setzen uns ein Ziel (Zweck, Absicht); wir wählen die Mittel aus, das Ziel zu erreichen; wir realisieren die Zielvorstellung, wobei wir auf Rückmeldungen über Abweichungen empfindlich reagieren, insbesondere zur Vermeidung unbeabsichtigter und unerwünschter Nebenwirkungen.

2.2 Werte

Werte sind unentbehrliche Elemente in jeder auf Zielerfüllung gerichteten teleologischen Handlung, die wir bewußt, als freie Menschen und im Gefühl der Verantwortung ausführen. Bewußt und verantwortlich handeln bedeutet, daß wir bereit und in der Lage sind, unsere Handlungen durch „Absichten" zu begründen und durch das Zurückführen auf Werte zu rechtfertigen. Rationale Entscheidungen nennen wir solche, bei denen wir bewußt und mit klarem Verstand Werte gegeneinander abwägen. Die Würde des Menschen drückt sich darin aus, daß der Mensch sich bei seinem Planen und Handeln durch Werte und daraus folgende Maximen leiten läßt.

Werte bestimmen unsere Entscheidungen bei der Zielsetzung, bei der Auswahl der Mittel und bei der Beurteilung der Risiken und Nebeneffekte. Es ist unser Wertsystem, das die Art und Weise bestimmt, wie wir planen, wie wir agieren und wie wir auf unerwartete Nebenwirkungen reagieren (vgl. Abb. 1). Es liegt in der Natur des einzelnen Menschen, ob er mehr „gesinnungsethisch" oder eher „verantwortungsethisch" handelt. Der große Soziologe Max Weber[1], der diese beiden Positionen unterschieden hat, verstand unter „Verantwortungsethik" die Einstellung eines Menschen, der bei seinen Handlungen die Gesamtheit der voraussichtlichen Folgen in Betracht zieht (obgleich er natürlich

[1] Weber, M.: Soziologie – Weltgeschichtliche Analysen – Politik. Stuttgart 1964.

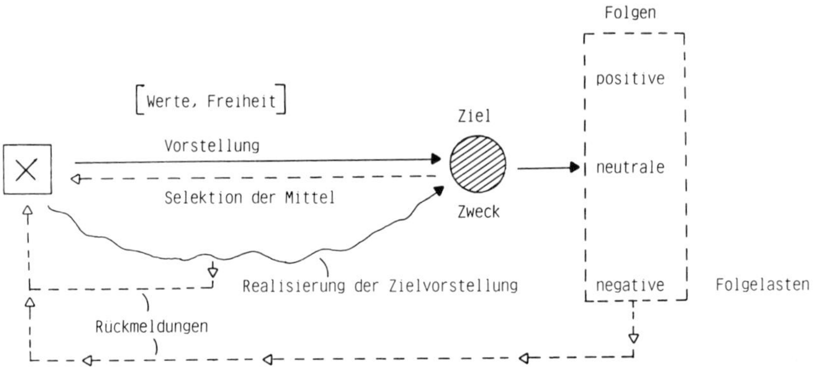

Abb. 1: Ein qualitatives Modell zur Illustration des teleologischen Denkens und Handelns (Zwecktätigkeit). *X*: der handelnde Mensch; *Folgen*: gemeint sind alle unerwarteten „Nebeneffekte“, nicht nur die unerwünschten; *Mittel*: heutzutage in erster Linie technologische, auf Erkenntnis zurückgehende Mittel; *Rückmeldungen* (gestrichelte Linien): die von den Folgen, aber auch von den „Störungen“ bei der Realisierung der Zielvorstellung ausgehenden Rückmeldungen führen zu Korrekturen bei der Wahl und Anwendung der Mittel, häufig aber auch zu Revisionen der Zielvorstellung.[2]

weiß, daß wir die Folgewirkungen unserer Handlungen niemals in allen ihren Konsequenzen durchschauen können), während „gesinnungsethisch“ handeln bedeutet, daß man unter keinen Umständen bereit ist, sich bei der Hingabe an einen terminalen Wert durch eine konsequente Reflexion über die Folgen irritieren zu lassen. „Hier stehe ich, ich kann nicht anders.“ Max Weber neigte dazu, die Verantwortungsethik als die Ethik des Politikers, die Gesinnungsethik als die des Heiligen zu bezeichnen. Im modernen Streit um die Verantwortung des Wissenschaftlers für die Welt gewinnt die Webersche Distinktion eine neue Dimension (vgl. S. 136).

Man kann das Wertekollektiv eines Menschen in zwei Subkollektive einteilen[3]:

1. *Instrumentale Werte*: Darunter versteht man spezifische Verhaltensweisen, die für gut gehalten werden, z. B. rationales Verhalten, Fairneß, Fleiß, Altruismus, Ehrlichkeit, Unvoreingenommenheit, Mut, Tapferkeit, Ritterlichkeit, Verzichtbereitschaft, Liebe.

[2] Mohr, H.: Lectures on structure and significance of science. Heidelberg–New York 1977.

[3] Rokeach, M.: The nature of human values. New York 1973.

2. *Terminale Werte*: Darunter versteht man erstrebenswerte (End-)Zustände oder Ziele, z. B. Freiheit, Frieden, (soziale) Gerechtigkeit als die Tugend des Stärkeren, materielle Sicherung der Familie, Gesundheit, saubere Luft, keine Übervölkerung, Lebensqualität, Überleben.

Man kann sowohl bei terminalen als auch bei den instrumentalen Werten zwischen *ideellen* Werten (wie intellektuelle Freiheit, Gerechtigkeit, Weisheit, Nächstenliebe) und *materiellen* Werten (Energie, Nahrung, Geld- und Sachwerte, aber auch vitale Werte wie Gesundheit und Lebensfreude) unterscheiden.

Werte stehen nicht unverknüpft nebeneinander; sie sind vielmehr im Bewußtsein des einzelnen Menschen hierarchisch nach ihrer relativen Bedeutung geordnet oder zumindest verknüpft. Terminale Werte sind in der Regel den instrumentalen Werten vor- oder übergeordnet, in dem Sinn, daß terminale Werte die entsprechenden instrumentalen Werte nach sich ziehen.

Erfahrungsgemäß können wir nicht damit rechnen, daß das Wertesystem eines Menschen widerspruchsfrei, logisch durchgearbeitet oder auch nur jederzeit klar im Bewußtsein präsent ist. Der ethische Konflikt, die Kollision der Werte, gehört zum Menschsein dazu, seitdem wir im Laufe der Evolution das rein instinktbestimmte Verhalten durch teleologisches Denken und Handeln ergänzt haben.

Es ist die traditionelle Aufgabe der Moralphilosophie gewesen, Sittlichkeit zu begründen und damit dem Menschen zu helfen, seine subjektiven Wertvorstellungen so weit zu läutern und seine Antriebe zu disziplinieren, daß Entscheidungen und Handlungen auch explizit und einigermaßen widerspruchsfrei zu rechtfertigen sind. In Lorenzens Worten[4]: „... die Moralphilosophie hat die Aufgabe, Prinzipien zu formulieren, die es uns erlauben, die nur subjektiv ‚gegebenen' Bedürfnisse und Antriebe derart zu disziplinieren, daß unsere handlungsrelevanten Entscheidungen sich rechtfertigen lassen."

Wie ich schon betonte, können wir nicht damit rechnen, daß das Wertesystem eines Menschen widerspruchsfrei, logisch durchgearbeitet oder auch nur jederzeit klar im Bewußtsein präsent ist. Es stellt sich deshalb die Frage, ob und gegebenenfalls wie man unter diesen Umständen die tatsächlich wirksamen Wertesysteme verschiedener Menschen überhaupt dingfest machen und miteinander vergleichen kann.

Als Naturwissenschaftler bevorzugen wir auch bei der Untersuchung von Werten das empirische Vorgehen. Die Untersuchungen von Rokeach[5] repräsentieren den von der modernen Forschung eingeschla-

[4] Lorenzen, P.: Normative logic and ethics. Mannheim 1969.
[5] Rokeach, M.: The nature of human values. New York 1973.

genen Weg. Rokeach entwickelte eine alphabetisch geordnete Liste von 18 terminalen und 18 instrumentalen Werten. Er legte die Liste 1968 einer repräsentativen Stichprobe der erwachsenen amerikanischen Bevölkerung vor. Die Probanden wurden gebeten, die Werte zu ordnen: "... in order of importance as guiding principles in your life." Die Probanden sollten die Liste in 10–20 Minuten fertigstellen. Die Resultate wurden vor allem im Hinblick auf Gruppendifferenzen innerhalb der amerikanischen Gesellschaft ausgewertet. Einige Resultate: Bei Männern und Frauen rangieren die folgenden Werte an höchster Stelle: Frieden in der Welt, soziale Sicherheit der Familie, persönliche Freiheit. Bei anderen Werten ergaben sich hingegen erhebliche Differenzen in der erteilten Rangordnung, z. B. war für die Männer ein „komfortables Leben" ein höherer Wert als für Frauen. „Heil und Erlösung" waren für die Frauen wichtiger als für Männer. Nach Einkommen und Bildung einfache Leute stuften ein „komfortables Leben" und „Sauberkeit" hoch ein; die nach Einkommen und Erziehung oberste Teilpopulation siedelte „rationales Verhalten" und das „Gefühl, etwas erreicht zu haben" weit oben in der Wertehierarchie an. Akademiker gaben generell der „sozialen und intellektuellen Stimulation" und dem „Gefühl, etwas erreicht zu haben", einen hohen Stellenwert, den religiösen Werten hingegen einen niedrigen, usw. Die zentrale Frage ist natürlich, welche Kriterien die einzelnen befragten Menschen bei der Aufstellung der Rangliste benützten. Wie kommt es, daß sich die Individuen bei der Aufstellung der Rangliste so stark unterscheiden? Woher stammt bei den einzelnen Menschen die Beurteilungsskala für die angebotenen instrumentalen oder terminalen Werte? Ist die beobachtete breite Variation nur umweltbedingt oder hängt sie auch mit einer hohen genetischen Variation innerhalb der steuernden Faktoren des Verhaltens zusammen?

2.3 Ethischer Minimalkonsens

Unabhängig von der Erklärung der Variation ergibt sich aus der Tatsache der Variation die Konsequenz, daß eine vorgegebene Liste von Werten unter den Menschen keine einheitliche Beurteilung erfährt, solange diesen Menschen intellektuelle Freiheit zugebilligt wird. Uniformität in der Beurteilung von Werten kann einer menschlichen Population nur von außen aufgezwungen werden, durch eine alles beherrschende Ideologie, durch einen weltanschaulichen Dogmatismus, der den Individuen die Kriterien für die Beurteilung von Werten vorschreibt und die intellektuelle Freiheit als einen der obersten Werte eliminiert. Dieser Zwang mag gelegentlich sehr effektiv sein; human, d. h. mit der

Würde des Menschen verträglich, ist er nicht. Jedenfalls gilt in der westlichen Welt die moralische Selbstbestimmung des Individuums seit den Tagen der Aufklärung als ein überragender Wert.

Der Variation zwischen den Menschen bei der Beurteilung von Werten sind natürlich Grenzen gesetzt, auch in einer offenen, freien und deshalb notwendigerweise pluralistischen Gesellschaft. Ein ethischer Minimalkonsens ist notwendig, wenn die Menschen in einem Familienverband, Kommunalverband oder Staatsverband zusammenleben wollen. In einem modernen, säkularen Staat ist es die Verfassung, bei uns das Grundgesetz, das diesen Minimalkonsens repräsentiert. Daraus erklärt sich die entscheidend wichtige Funktion des Bundesverfassungsgerichts bei allen Streitfragen über die „richtige" Auslegung der geschriebenen Verfassung.

Da wir heute auf globale Kooperation angewiesen sind, benötigen wir einen weltweit verbindlichen, ethischen Minimalkonsens. Dies war ursprünglich die Motivation hinter der Charta der Vereinten Nationen, hinter der Menschenrechtsdeklaration der UNO und hinter der Schlußakte der Konferenz von Helsinki. Wir alle wissen, daß eine ganze Reihe von Staaten die Menschenrechtsdeklaration von 1948 niemals im Ernst ratifiziert haben: Werte wie Unverletzlichkeit der Person, Gedankenfreiheit, Redefreiheit, Pressefreiheit, Freiheit zu kritisieren, Freiheit zu reisen, wann und wohin ich will, diese für uns so unabdingbaren Grundrechte[6] sind in vielen Ländern das Papier nicht wert, auf das die UNO sie gedruckt hat. Die Menschenrechtsdeklaration der UNO ist ohnehin nur moralisch verbindlich; es besteht kein Klage- oder Petitionsrecht des einzelnen vor einem Organ der UNO.

Es gibt tatsächlich zur Zeit nur *ein* wirklich internationales Wertesystem, das wissenschaftliche Ethos. Es ist für alle, die Wissenschaft machen, verbindlich, und es ist weitgehend unabhängig von kulturellen, nationalen und politischen Randbedingungen. Das wissenschaftliche Ethos ist in der Tat das Paradigma, das leuchtende Beispiel, einer globalen Moral (vgl. Seite 42).

[6] Als unveräußerliche Menschenrechte gelten bei uns vor allem: Recht auf Leben, Freiheit, Unverletzlichkeit und Sicherheit der Person, auf Arbeit, Eigentum, Erziehung und Unterricht, Berufswahl und auf Religionsausübung.

2.4 Werte als Determinanten

Wir sind bisher stillschweigend davon ausgegangen, daß Werte als *Determinanten* (bestimmende Faktoren) menschlichen Handelns fungieren (vgl. Abb. 1, S. 8). Dieser Auffassung kann man die Alternative entgegensetzen, daß es Werte „an sich“ nicht gibt. In Wirklichkeit, so wird argumentiert, konstruieren wir unsere Werte *post factum* aus unserem Verhalten; wir schaffen Werte (oder ethische Konstrukte), um im nachhinein, im Retrospekt, unsere tatsächlich vollzogenen Zielsetzungen und Aktionen zu rechtfertigen. Es gibt nach dieser Auffassung keine unwandelbaren „ewigen Werte“, von denen wir uns beim teleologischen Denken und Handeln jeweils einen Ausschnitt bewußtmachen; es gibt lediglich explizit gemachte, sekundär als Wertvorstellungen formulierte Verhaltensweisen.[7] Dafür spricht eine Fülle experimenteller Evidenz. Elektrophysiologen zum Beispiel finden charakteristische nervöse Erregungsmuster („Bereitschaftspotentiale“) schon knapp eine Sekunde vor der „freien und spontanen Entscheidung“ der Versuchsperson für eine Handlung. Ursache für die Handlung ist hier also nicht der bewußte Willensentscheid, sondern ein physiologischer Prozeß, der ohne Wissen der Versuchsperson schon vorher eingesetzt hatte.[8]

Die Frage über die Natur der Werte ist theoretisch nicht entscheidbar. Vom Standpunkt der praktischen Vernunft aus ist die Frage jedoch entschieden: Wir benötigen „Werte“ mit der Natur von Determinanten als eine unentbehrliche Annahme bei der Erklärung teleologischen Denkens und Handelns. Werte sind – als heuristische Prinzipien zumindest – unentbehrlich. Wir können ohne die Vorstellung, Werte seien Determinanten unseres Handelns, nicht würdig und verantwortungsbewußt leben; auch dann nicht, wenn wir (theoretisch) von der fiktiven Natur der Werte überzeugt sind.

2.5 Freiheit

Handlungs- und Entscheidungsfreiheit ist eine weitere Voraussetzung moralischen, d. h. *verantworteten* teleologischen Handelns (vgl. Abb. 1, S. 8). Wenn der Mensch unter dem unbestreitbaren Anspruch steht, sein Handeln zu rechtfertigen oder zu verantworten, so kann dieser An-

[7] Wilson, E. O.: On human nature. Cambridge/Mass. 1978.

[8] Kornhuber, H. H., L. Becke, B. Grözinger: Was geht in unserem Gehirn vor, bevor wir eine Bewegung machen? Umschau in Wiss. und Technik 80 (1980), 239–241.

spruch nicht ohne praktische Freiheit gedacht werden.[9] „Denn die Forderung, sein Handeln zu verantworten, kann sinnvollerweise nur an den gerichtet werden, der für sein Handeln verantwortlich ist, und verantwortlich ist nur der, der sich selbst zu seinem Handeln bestimmt.“ Ethik kann demgemäß begriffen werden als „die reflektierte Ausübung der Freiheit“. (Michel Foucault)

Läßt sich – im Anschluß an Kant – transzendentale Freiheit in einem wissenschaftlichen Weltbild unterbringen, das den Erhaltungssätzen höchste Priorität zubilligt und Kausalität ohne Energieübertrag nicht kennt? – In der Sprache von Hans Jonas:

„Daß der physikalische Naturzusammenhang keine Einmischung nichtphysikalischer Ursachen in sein Determinationsgefüge duldet, folgt aus der Herrschaft der Naturgesetze; besonders der Erhaltungsgesetze, die jedesmal verletzt würden, wenn eine Wirkungsgröße ohne physikalische Vorgängerschaft der bisherigen Summe hinzugefügt und ohne physische Nachfolge von ihr abgezogen würde.“[10]

Das Leib-Seele-Problem ist uralt, zentral für jeden denkenden Menschen und – nach gängiger Auffassung – ungelöst. Die meisten Biologen neigen dazu, auf den Spuren von Emil du Bois-Reymond das Problem für unlösbar zu halten („ignorabimus“). Meist wird es mit der Dignität einer „ewigen Antinomie“ nach Kantschem Vorbild ad acta gelegt. So Gunter Stent:

„Kants grundlegende erkenntnistheoretische Einsicht bestand darin, daß wir in zwei metaphysisch unterschiedlichen Welten leben – einmal in der der Naturwissenschaften, deren natürliche Objekte den Gesetzen der kausalen Bestimmtheit unterworfen sind, und zum anderen in der des sittlichen Verhaltens, in der vernunftsbegabte menschliche Subjekte in Freiheit gewählten Gesetzen gehorchen, denen jedes Individuum sein Handeln unterwirft ... Wie können sie [die modernen Biologen] die Auffassung von der biologischen Natur des Menschen [uneingeschränkt] akzeptieren und zugleich Kant zugestehen, daß der Glaube an einen autonomen freien Willen, der sich unabhängig vom Naturgesetz manifestiert, eine notwendige Voraussetzung für sittliches Verhalten ist?“ – Und Stents Antwort: „Als vernunftbegabte Wesen können wir die Vorstellung sittlicher Freiheit für die Ethik ebensowenig aufgeben wie die der kausalen Notwendigkeit für die Naturwissenschaft.“[11]

Gemeinhin stört man sich kaum an der Antinomie; vermutlich deshalb, weil sie zu gewaltig ist. Und der auf penetrante Analyse eingeschworene Biologe?

[9] Ricken, F.: Allgemeine Ethik. Stuttgart 1983.

[10] Jonas, H.: Macht und Ohnmacht der Subjektivität. Frankfurt a. M. 1981.

[11] Stent, G.: Ethische Dilemmas der Humanbiologie. In: Mannheimer Forum 82/83 (Hrsg.: H. v. Ditfurth). Studienreihe Boehringer, Mannheim 1982.

Unsere dualistische Überlieferung erlaubt es selbst dem Wissenschaftler, mit der Überzeugung zu leben, daß „die Subjektivität ihrem Wesen nach fiktiv und ihrem Vermögen nach ohnmächtig" sei, obgleich wir als moralische Subjekte gleichzeitig an Freiheit, an Verantwortung und Kreativität glauben und damit eine Intervention des Geistes in den Vorgängen der Materie voraussetzen.

2.6 Das Leib-Seele-Problem als Aporie

Als Biologen gehen wir (selbstverständlich?) davon aus, daß jedem Bewußtseinsakt ein kausaler neurophysiologischer Vorgang entspricht. Die meisten von uns gehen noch einen Schritt weiter: Geist, Seele, Bewußtsein werden als Funktionen des strikt kausal funktionierenden Zentralnervensystems, insbesondere des Gehirns, aufgefaßt. Diese „Identitätstheorie" ist wohlbegründet. Zahllose Experimente und kontrollierte Beobachtungen haben gezeigt, wie eng in der Tat die Beziehungen zwischen Gehirn- und Bewußtseinsprozessen sind. Jedermann weiß, welch ungeheure Wirkung auf das Bewußtsein von einfachen Molekülen wie Alkohol, Narkotika, Psychopharmaka ausgehen kann. Die „Befreiung von der corticalen Kontrolle" im Rausch[12] und die biochemische Therapie von Geisteskrankheiten, beispielsweise Schizophrenie, sprechen ebenso für die Identitätstheorie wie die Erblichkeit geistig-seelischer Eigenschaften. Allem Anschein nach ist Bewußtsein ein Korrelat hoher Systemkomplexität, eine reale *System*eigenschaft. Die Elemente und Elementarprozesse besitzen kein Bewußtsein. Allerdings besteht derzeit keine Klarheit darüber, ob die Zahl der Neuronen und ihr Vernetzungsgrad die mit dem Auftreten von Bewußtsein korrelierte „Struktur" hinreichend beschreiben.

Nur wenige heutige Biologen werden offen zugeben, daß sie an eine nicht-körperliche Seele glauben. Dies bedeutet aber keineswegs, daß der Leib-Seele-Dualismus nicht mehr lebendig wäre, denn für die jedem von uns aufgetragene Behandlung des Themas „Freiheit/Verantwortung und (Human-)Biologie" hat bisher nichts die cartesianische Formulierung des Leib-Seele-Problems verdrängt. Die Vorstellung des Descartes, der *Leib* des Menschen lasse sich – wie der Leib der Tiere – als „Maschine" betrachten, hat philosophisch (und epistemologisch) die Grundlagen für Physiologie (einschließlich Neurophysiologie) und Humangenetik gelegt. Aber so ergiebig die mechanistisch-rationalisti-

[12] Huber, R.: Großhirnrinde und Moral. Freiburger Univ. Blätter, Heft 90 (1985), 43–54.

sche Vorstellung vom menschlichen Körper sich auch erwiesen hat, eine sittliche Person muß mehr sein – so lautet die Überlieferung – als ein „Automat in der Menschengestalt“[13].

„Das ‚zusätzliche Etwas‘, das sie (die Person) über diesen Zustand hinaushebt, ist ihre Seele, eine wirkende Kraft, die nicht Teil des Körpers ist. Aus seiner nicht-körperlichen Seele bezieht der Mensch Freiheit und die Verantwortlichkeit für sein Tun, Konzepte, ohne die es keine idealistische Ethik gibt.“[14]

Diese präzise Formulierung mag verdeutlichen, daß auch ein in den Dingen der Neurobiologie erfahrener Forscher um der Ethik und der Verantwortung willen die Unterscheidung von Körper und Geist (res extensa und res cogitans) mitvollzieht, obgleich er implizit keinen Zweifel daran läßt, daß ein strenger Dualismus – ein beziehungsloses Nebeneinander von Körper und Geist – für den Biologen inakzeptabel ist. Die auf den Leib-Seele-Dualismus gegründete, absichtlich provokative These des Psychiaters Thomas S. Szasz, es handle sich bei Geisteskrankheiten nicht um wirkliche Krankheiten, ist deshalb bei den Biologen auf fast einhellige Ablehnung gestoßen. Szasz behauptet, Geisteskrankheit sei nicht auf „eine Abnormität oder auf Funktionsmängel des Körpers zurückzuführen – da Krankheit und Unwohlsein ausschließlich den Körper betreffen können, ist so etwas wie eine geistige Erkrankung gar nicht möglich. Der Begriff ‚Geisteskrankheit‘ muß als Metapher angesehen werden.“[15] Es erscheint uns absurd, daß Szasz behaupten kann, die abnormen Verhaltenssymptome, die mit geistiger Erkrankung einhergehen, ließen sich nicht aus Funktionsmängeln des Körpers herleiten. Szasz ignoriert offenbar alle Einsichten, die Neuroanatomie, Neurophysiologie und Humangenetik in den letzten 100 Jahren gewonnen haben. Er ignoriert (absichtlich natürlich) die in der Bilanz ungeheuer wohltätige Wirkung der modernen Psychopharmaka, etwa die Rückfallverhütung bei depressiven oder manisch-depressiven Psychosen durch die Applikation von Lithiumsalzen, die vielen Patienten die Möglichkeit der sozialen Integration wieder eröffnet hat. Ist es ethisch zu verantworten, daß unsere Vorstellungen von der res cogitans uns daran hindern, die Einsichten, die wir beim Studium der Funktionsweise des menschlichen Organismus gemacht haben, im Interesse von Patienten praktisch nutzbar zu machen?

Man muß aber andererseits G. Stent zustimmen, der seine Kritik an der Szaszschen Position mit der Feststellung schließt:

[13] Stent, G.: Ethische Dilemmas der Humanbiologie. In: Mannheimer Forum 82/83 (Hrsg.: H. v. Ditfurth). Studienreihe Boehringer, Mannheim 1982.

[14] Ebd.

[15] Ebd.

„Wenn Szasz auch bei seiner Polemik die von der Neurologie und Psychologie stammenden Kenntnisse von der Funktionsweise des menschlichen Gehirns vollständig außer acht zu lassen scheint, so hat er doch das mit der Geisteskrankheit verbundene ethische Dilemma deutlich erfaßt: Die Vergegenständlichung der menschlichen Seele durch die Biologie, das Abrücken vom Leib-Seele-Dualismus Descartes' ist mit der Aufrechterhaltung der abendländischen Ethik unvereinbar."

Freier Wille, transzendentale Freiheit, so glauben wir als sittliche Subjekte, gehörten unabdingbar zum „Wesen des Bewußtseins". Ein bewußtes Wesen ohne freien Willen sei nicht vorstellbar, weil moralische Verantwortlichkeit einen freien Willen voraussetze. Entscheidungsfrei und verantwortlich handeln bedeute, daß wir bereits beim teleologischen Denken, beim Erwägen der Zielvorstellungen und der einzusetzenden Mittel, unsere antizipierten Handlungen durch das explizite Zurückführen auf Güter und Werte rechtfertigen.[16] Rationale Entscheidungen nenne ich solche, bei denen wir bewußt und mit klarem Verstand Güter und Werte gegeneinander abwägen und uns schließlich für bestimmte Werte entscheiden (genauer ausgedrückt: – uns schließlich von bestimmten Werten determinieren lassen).

Dieses Argument impliziert, daß Werte als Determinanten fungieren und wir uns die Determinanten gewissermaßen aussuchen. Angesichts der von Ethologie und Soziobiologie herausgestellten Sachverhalte (s. S. 77) ist es nicht eben einfach, diese Auffassung – eine durch Vorurteil und abendländische Tradition geheiligte Interpretation unseres Selbstbewußtseins – aufrechtzuerhalten.

Aus biologischer Sicht erscheint die Schlußfolgerung unabweisbar, daß die Fähigkeiten und das Verhalten der Lebewesen, auch des Menschen, weitgehend durch das Erbgut determiniert sind. Der Spielraum für Entscheidungsfreiheit engt sich gewaltig ein. Die Hirnleistungen sind weitgehend unabhängig von Umwelteinflüssen. Wir können „lernen" und „denken", gewiß, aber nur nach Maßgabe der genetisch vorgegebenen Programme und Kapazitäten. Die Menschen sind aus genetischen Gründen nicht nur physisch, sondern auch geistig-seelisch sehr verschieden (s. S. 106). Dem juristischen Postulat der Gleichheit vor dem Recht entspricht kein biologisches Korrelat.

Wir können die anthropologisch-humangenetischen Sachverhalte drehen und wenden, um diese Schlußfolgerungen kommen wir nicht herum. Sowohl die dem Menschen eigene „forma substantialis" als auch

[16] Mohr, H.: Wissenschaft und Ethik. In: Freiburger Vorlesungen zur Biologie des Menschen (Hrsg.: B. Hassenstein). Heidelberg 1979.

die vielfältigen „accidentia“ haben ihre Ursache in bestimmten materiellen Komponenten unseres Körpers.

Andererseits erscheint uns die „Irreduktibilität des Menschen auf bloß Materiell-Biologisches, unbeschadet seines realen Zusammenhangs mit der biologischen Gesamtevolution, gesichert durch das Wissen des Menschen ‚von innen her‘ über seine Transzendentalität, seine Geistigkeit und Freiheit, schon bevor er etwas über die bloße Biosphäre und ihr Verhältnis zum Anorganischen erkannt hat“[17].

Wir stoßen somit auf eine Aporie, auf ein unlösbares Problem. Auf der einen Seite steht die faktisch unbezweifelbare Auffassung von der biologischen Natur des Menschen und unser ungeheuer solide begründetes wissenschaftliches Weltbild, das den Erhaltungssätzen höchste Priorität zubilligt und Kausalität ohne Energieübertrag nicht kennt. Es gibt keine wissenschaftlichen Hinweise darauf, daß von der psychischen Seite her Kausalketten in die physische Welt hineinreichen.

Auf der anderen Seite glauben wir unerschütterlich an transzendentale Freiheit, an sittliche Verantwortung und Kreativität (und setzen damit eine Intervention des Geistes in den Vorgängen der Materie voraus). Die Aporie erscheint unlösbar; vermutlich *ist* sie unlösbar. Wir stoßen, so scheint es, an die Grenzen des Erkennens. Ein monistisches Weltbild erscheint unerreichbar. Für unser Verhalten bedeutet die Unlösbarkeit der Aporie, daß wir als moralische Wesen „praktische Dualisten“ bleiben, auch wenn wir als Wissenschaftler die Identitätstheorie (s. S. 14) für richtig halten und entsprechend als „theoretische Monisten“ argumentieren.

Die Leib/Seele-Aporie zwingt uns dazu, die Frage zu prüfen, ob wir tatsächlich mit unlösbaren Problemen zu rechnen haben, ob es prinzipielle Grenzen des Erkennens gibt.

Wir widmen deshalb das nächste Kapitel der Evolutionären Erkenntnistheorie.

[17] Rahner, K.: Vom Geheimnis des Lebens. Universitas 38 (1983) 473–484.

3. EVOLUTIONÄRE ERKENNTNISTHEORIE

Die Evolutionäre Erkenntnistheorie ist eine Satellitentheorie der allgemeinen Evolutionstheorie im Grenzbereich zwischen Biologie und Philosophie. Sie erklärt die kognitiven Grenzen des Menschen. Die Aussagen der Evolutionären Erkenntnistheorie sind somit nicht nur für die Epistemologie, sondern auch für die Ethik („kognitive Defizite") von besonderem Interesse.

3.1 Erkenntnis und Erkenntnistheorie

Erkenntnistheorie (Epistemologie) ist der Versuch des Menschen, sich verständlich zu machen, wie Erkenntnis entsteht und was sie bedeutet. Erkenntnistheorie gilt unter Naturwissenschaftlern als eine philosophische und deshalb leicht zu entbehrende Disziplin. Ich habe es als Student nie erlebt, daß die Kardinalfrage der Erkenntnistheorie: Worauf gründet sich unser Sprechen und Denken über die Welt, in einem physikalischen oder biologischen Seminar ernsthaft gestellt oder gar kompetent behandelt worden wäre.

Wie kommt das, wie erklärt sich diese erkenntnistheoretische Abstinenz ausgerechnet bei jener Menschengruppe, deren Tun und Trachten auf Erkenntnis gerichtet ist? Die Antwort lautet: Der Naturforscher weiß aus Erfahrung, daß Erkenntnisgewinnung auch ohne Erkenntnistheorie möglich ist. Erkenntnistheorie ist ihrem Anspruch nach die (normative?) Theorie richtigen Erkennens (oder eine Post-factum-Rekonstruktion des wissenschaftlichen Erkenntnisprozesses), aber ganz offensichtlich ist sie nicht die Ursache richtigen Erkennens. Erkenntnisgewinnung, der vorwissenschaftliche Erkenntniserwerb ebenso wie die methodisch disziplinierte wissenschaftliche Erkenntnisgewinnung, funktionieren ohne explizite Metatheorie. Die den Erkenntnisfortschritt gewährleistende Methodologie der wissenschaftlichen Forschung ist irgendwie vorgegeben, vorgewußt. Die meisten praktizierenden Naturwissenschaftler, darunter auch offensichtlich erfolgreiche Fachleute, kümmern sich überhaupt nicht um Erkenntnistheorie. Epistemologische Skrupel sind ihnen völlig fremd. Trotzdem hat sich ein ungeheurer Erkenntnisprozeß vollzogen. Die Tatsache, daß ein gewaltiger Schatz an zuverlässigem Wissen von erkenntnistheoretisch naiven Wissenschaftlern erarbeitet wurde, kann auch der radikale philosophische Skeptiker im Ernst nicht bestreiten. Wer sich in ein Flugzeug setzt, wer mit 130 km Stundengeschwindigkeit über eine Autobahn rast, wer sich einem Herzschrittmacher anvertraut: er bekundet ein ungeheures, kaum noch zu überbietendes Vertrauen in wissenschaftliche Erkenntnis. (Und natürlich rechnet man in praxi nicht mit Falsifikation von Gesetzen; man rechnet allenfalls noch mit menschlichem Versagen.)

Wir halten fest, daß aller Erfahrung nach Erkenntnisgewinnung möglich ist, ohne daß man explizit zu wissen braucht, wie Erkenntnisgewinnung funktioniert. Philosophisch ausgedrückt: Metatheorie, insbesondere exogene Methodologie, ist keine conditio sine qua non erfolgreicher Theorie. Dies ist ein in höchstem Maße erstaunlicher Sachverhalt.

Entsprechendes gilt für das Verhältnis von logischem Argumentieren und Logik. Wissenschaftliche Erkenntnis setzt logisches Argumentieren voraus. Wir alle können offensichtlich korrekt argumentieren, auch dann, wenn wir von Logik nichts wissen. Logik ist zwar die „Lehre von den Prinzipien des korrekten Argumentierens", aber ganz offensichtlich keine Voraussetzung dafür.

3.2 Die These der Evolutionären Erkenntnistheorie

Was ist in diesem Kontext der Anspruch einer Evolutionären Erkenntnistheorie?[1] Die Evolutionäre Erkenntnistheorie erhebt den Anspruch, sie könne erklären, wie die dispositionellen Mechanismen unserer Erkenntnisleistungen im Zuge der biologischen (darwinischen) Evolution entstanden sind; sie könne erklären, warum erfolgreiche Theorienbildung ohne Metatheorie funktioniert. Die Hauptthese der Evolutionären Erkenntnistheorie ist einfach. Sie lautet: Der Mensch ist ein Produkt der Evolution, also müssen auch seine Denk- und Erkenntnisstrukturen – nicht nur seine Handlungsstrukturen – evolutiv entstanden und entsprechend erklärbar sein. Unsere subjektiven Erkenntnisstrukturen passen deshalb auf die reale Welt, weil sie sich im Laufe der Evolution in Anpassung an diese Welt herausgebildet haben. Die Struktur unseres Denkens – unsere Denkkategorien – und die Struktur der Welt – die Realkategorien – müssen wenigstens partiell übereinstimmen, weil nur eine solche Koinzidenz Überleben und Evolution in dieser Welt er-

[1] Mohr, H.: Evolutionäre Erkenntnistheorie – ein Plädoyer für ein Forschungsprogramm. Sitz. Ber. Heidelberg. Akad. Wiss. Math.-naturwiss. Klasse, Jahrgang 1983, 6. Abhandlung. Heidelberg 1983.

möglichte. Die Art, wie wir denken, und die Reichweite unseres Denkens sind in unserem Erbgut, sind in unseren Genen vorgeprägt.

Ich fasse das Ergebnis meiner Vorbemerkung zusammen: Die Theorie der Evolution, das zentrale und tragende Paradigma der modernen Biologie, erlaubt ohne metatheoretische Verwicklung einen wissenschaftlichen Angriff auf die Frage, wie die kategorialen Bedingungen des Erkennens entstanden sind. Wir gehen – wie beim wissenschaftlichen Arbeiten – von einem unbezweifelbaren konsensualen Sachverhalt aus („Es gibt Erkenntnis") und fragen nach einer wissenschaftlichen Erklärung für diesen Sachverhalt. Einen Sachverhalt erklären bedeutet in der Wissenschaft, ihn auf eine akzeptierte Theorie zurückzuführen. Die These der Evolutionären Erkenntnistheorie lautet demnach, daß sich unser Erkenntnisvermögen und die Art, wie wir denken, forschen, Erkenntnis gewinnen und Erkenntnis anwenden, aus der Evolutionstheorie heraus erklären lassen.

3.3 Die Zuverlässigkeit der Evolutionstheorie

Hier erhebt sich die Frage, ob die Evolutionstheorie eine derart zuverlässige Sache ist, daß man darauf ein wissenschaftliches Argument von solcher Tragweite aufbauen kann.

C. F. von Weizsäcker sagte einmal:

„Die Grunddisziplin der heutigen Physik, die Quantentheorie, läßt sich einem mathematisch Gebildeten in ihren Prinzipien auf einer Druckseite mitteilen: es gibt heute wohl eine Milliarde einzelner Erfahrungen, die ihr gehorchen, und nicht eine, die ihr in nachprüfbarer Weise widersprochen hätte."[2]

Für die moderne synthetische Evolutionstheorie gilt dasselbe wie für die Quantentheorie: Es gibt zahllose einzelne Erfahrungen aus allen Bereichen der Biologie, die mit ihr verträglich sind, und nicht eine, die ihr in nachprüfbarer Weise widerspräche. Die Evolutionstheorie erklärt Anpassung und Fortschritt. Die angepaßte Zweckmäßigkeit eines Organismus kann sie ebenso überzeugend erklären wie seine Unzulänglichkeiten, seine Dysfunktionen, sein Leiden und Sterben. Die Evolutionstheorie deutet die Existenz lebender Fossilien ebenso elegant wie die Tatsache, daß die allermeisten Evolutionslinien wieder ausgestorben sind. All dies waren entscheidende Gründe dafür, daß die heutigen Biologen die Evolutionstheorie als ein zentrales und tragendes Paradigma ihrer Disziplin akzeptiert haben. Es gibt zur Evolutionstheorie keine Alternative.

[2] Weizsäcker, C.F. von: Der Garten des Menschlichen. Frankfurt a.M. 1980, 69.

3.4 Klassische Probleme der Epistemologie im Lichte der modernen Evolutionstheorie

Als zentrale Frage der Erkenntnistheorie gilt seit Immanuel Kant die Frage nach der Möglichkeit synthetischer Urteile a priori. Kant gelangte seinerzeit zu der Überzeugung, daß das Anschauen und das Denken des Menschen vor der Erfahrung bestimmte funktionelle Strukturen besitzt, Anschauungsformen und Kategorien. Das Kantsche Argument führte noch weiter: Jeder Satz, jedes Urteil, das aus der Erfahrung stammt, d. h. nur eine Verallgemeinerung von Erfahrung ist, kann auch durch Erfahrung widerlegt werden, ist also nur wahrscheinlich gültig. Es gibt aber Sätze, so argumentierte Kant, und zwar gerade grundsätzliche Voraussetzungen aller Naturerkenntnis, die wir als durch keine Erfahrung widerlegbar, mithin als streng und allgemeingültig ansehen: so die Axiome der Geometrie, so das allgemeine Kausalgesetz, daß jeder Vorgang eine Ursache haben muß. Woher stammen diese die Erfahrung strukturierenden Begriffe und Urteile, um die wir offenbar vor jeder Erfahrung, also a priori, wissen; und woher nehmen wir das Recht, ihnen eine uneingeschränkte gegenständliche Gültigkeit zuzuschreiben?

Die Mathematik ist ein rein deduktives System von Axiomen und Theoremen. Ihre Sätze sind Tautologien, die keine Aussagen über die reale Welt machen. Und trotzdem gilt die Feststellung des Galilei, daß das Buch der Natur in mathematischer Sprache geschrieben ist. Dieser Spruch des Galilei – authentisch oder nicht – ist von zahllosen Wissenschaftlern über die Jahrhunderte hinweg wiederholt und bestätigt worden, aber keiner konnte eine Erklärung dafür geben, warum dem so ist.

Die formale Logik – eine Konstruktion unseres Geistes – nimmt für sich in Anspruch, die Lehre vom richtigen Schließen zu sein, die Lehre vom richtigen deduktiven Denken. Warum können wir uns in der Tat unerschütterlich darauf verlassen, daß ein logischer Schluß im täglichen Leben ebenso wie bei der wissenschaftlichen Erkenntnisgewinnung gilt? Woher nehmen wir die Sicherheit, daß sich die Konstruktionen der formalen Logik unter allen Umständen beim Umgang mit der realen Welt bewähren werden?

Dehnen wir diese Betrachtung auf eine Konfrontation aus, die sich durch die ganze Geschichte der Philosophie zieht: Empirismus gegen Rationalismus. Der Empirist geht davon aus, daß alles, was wir über die Welt wissen können, aus unserer sinnlichen Erfahrung stammt. Der Rationalist behauptet, daß wir unabhängig von der Erfahrung wahre Aussagen über die Welt machen können.

Zitiert aus dem Buch des englischen Philosophen Ayer ›Language, truth and logic‹[3]:

„Der Empirist hat Schwierigkeiten, wenn er auf die wahren Sätze der formalen Logik und der Mathematik trifft. Während nämlich eine empirische Induktion (also eine erfahrungswissenschaftliche Generalisierung) jederzeit mit einer Widerlegung rechnen muß, erscheinen uns die Sätze der Mathematik und der formalen Logik als notwendig und sicher, und zwar unter allen Umständen und für jedermann. Aber wenn der Empirismus recht hat, dann kann es keine Aussagen geben, die sich auf die Natur beziehen und gleichzeitig notwendig und sicher sind.

Demgemäß hat der Empirist den Sätzen der formalen Logik und der Mathematik gegenüber die beiden folgenden Möglichkeiten: Er muß entweder behaupten, sie seien nicht notwendigerweise und unter allen Umständen wahr. (In diesem Fall kommt er in einen unüberwindlichen Konflikt mit der allgemeinen Überzeugung, daß es sich um notwendige Wahrheiten handelt); oder er muß sagen, daß die Sätze der Logik und Mathematik keine faktische Verbindlichkeit, keinen faktischen Gehalt haben (aber dann muß er erklären, wie eine Aussage, die faktisch leer ist, bei der Beschreibung der realen Welt und bei der Bewältigung der Probleme unseres Lebens absolut zuverlässig und extrem nützlich sein kann).

Da offensichtlich keine der beiden argumentativen Möglichkeiten eine Chance hat, ernst genommen zu werden, so bleibt uns nur die Zuflucht zum Rationalismus.

Wir müssen schlicht zugeben, daß es wahre Sätze über die Welt gibt, die wir allen Objekten zuschreiben können, obgleich wir dies natürlich empirisch niemals in Erfahrung bringen könnten. Und wir müssen es letztlich als ein geheimnisvolles unerklärliches Faktum akzeptieren, daß unser Denken die Kraft hat, uns autoritativ die Eigenschaften von Dingen zu enthüllen, die wir nie gesehen haben."

Soweit Ayer. Die Verfechter der Evolutionären Erkenntnistheorie sind davon überzeugt, daß das „Faktum", auf das sich Ayer bezieht, weder geheimnisvoll noch unerklärlich ist. Dieses Faktum, unser zuverlässiges apriorisches Wissen über die Welt, ist vielmehr eine notwendige Folge der Tatsache, daß auch unser Erkenntnisvermögen das Ergebnis einer biologischen (genetischen) Evolution ist.

Der entsprechende Wenn-dann-Satz lautet: Wenn es eine genetische Evolution der Organismen gegeben hat (was innerhalb der Wissenschaft niemand bezweifelt), dann müssen auch das Denken des Menschen, sein Erkenntnisvermögen, seine kognitiven Strukturen Teil dieser Evolution gewesen sein, und dann war es nicht nur möglich, sondern notwendig, im strengen Sinn unausweichlich, daß sich unser Denken an die Strukturen der realen Welt angepaßt hat. Die Selektion hat für uns die der

[3] Ayer, A. J.: Language, truth and logic. London 1936.

Natur gemäßen Denkmuster ausgelesen. Es muß bei Tier und Mensch zu einer zumindest partiellen Entsprechung von kognitiver Struktur und Realstruktur gekommen sein. Die Muster unseres Denkens wurden an die Muster der Natur angepaßt. Dieses prinzipielle Wissen über die Welt brauchen wir nicht zu lernen; es ist in unseren Genen verankert, ist genetische Information. Es ist ebenso in unseren Genen verankert wie die Information für unseren aufrechten Gang, für unsere Fähigkeit zum Sprechen, zum Sehen, zum Hören, zum Fühlen, zum Kooperieren. Konrad Lorenz wählte die folgende, treffsichere Metapher[4]: Unsere Anschauungsformen und Kategorien passen auf das real Existierende, wie der Huf des Pferdes auf den Steppenboden paßt oder die Flosse des Fisches ins Wasser. So wie die Formen von Huf und Flosse a priori gegeben sind, vor jeder individuellen Auseinandersetzung des Jungtieres mit Steppenboden oder Wasser, und so wie sie diese Auseinandersetzung erst möglich machen, so ist dies auch bei unseren Anschauungsformen und Kategorien in ihrem Verhältnis zu unserer Auseinandersetzung mit der realen Außenwelt.

Es ist genau so wie Galilei vermutete: Das Buch der Natur ist in mathematischen Lettern geschrieben, oder noch allgemeiner, die Struktur der Welt läßt sich in einer logischen Sprache beschreiben. Weil wir uns im Zuge der Evolution kognitiv an die Struktur der Welt angepaßt haben, können wir im Einvernehmen mit den Strukturen der realen Welt richtig denken. Dieses richtige Denken brauchen wir nicht zu lernen. Jeder gesunde Mensch trägt dieses Denkvermögen a priori in seinen Genen.

Letztlich freilich stammt auch unser apriorisches Wissen über die Welt aus der Erfahrung; aber es ist die Erfahrung des Stammes, die im Laufe der Evolution durch Auslese und Anpassung akkumulierte genetische Information. So wie sich unsere Hand an die reale Welt angepaßt hat, unsere Beine, unsere Augen, unser Kreislauf, so hat sich auch die kognitive Struktur unseres Gehirns an die reale Welt, in der die Evolution der Hominiden vonstatten ging, angepaßt. Es kann nicht anders gewesen sein.

Falsches Denken war ein gravierender Mangel an Fitness, richtiges Denken, d.h. Denken in Übereinstimmung mit der Realstruktur, erhöhte die Gesamtfitness. Deshalb wurde die Fähigkeit zum richtigen Denken, deshalb wurden richtige, der Welt angemessene Anschauungsformen und Erkenntniskategorien in unseren Genen verankert. Zum Beispiel ist die Erwartung kausaler Zusammenhänge ein „selektionsbewährter Algorithmus" (Riedl), den die Evolution mit dem Ziel einer

[4] Lorenz, K.: Die Rückseite des Spiegels. München 1973.

ökonomischen, der realen Welt gerecht werdenden Datenverarbeitung in unsere Gene und damit in unser Zentralnervensystem eingebaut hat. Die Vorgänge in der für uns relevanten Natur sind kausal: Die Erwartung kausaler Zusammenhänge ist deshalb ein hoher Selektionsvorteil. Vererbt wird freilich nicht ein „Kausalprinzip", sondern eine logische Struktur kausalen Denkens und eine entsprechende Erwartungshaltung.

Für uns Heutige, für das Individuum hat das ererbte Vorwissen über die Struktur der Welt den Charakter synthetischer Urteile a priori, also den Charakter richtiger unumstößlicher Aussagen, die aller Erfahrung vorausgehen; vom Standpunkt der Evolution aus sind dieselben Urteile synthetische Urteile a posteriori, begründet auf Erfahrung, nämlich auf die Erfahrung des Stammes.

Damit entpuppt sich das traditionsreiche Empirismus-Rationalismus-Problem der Philosophie als ein Scheinproblem.

Ayer schreibt in ›Language, truth and logic‹[5]:

„Das Zugeständnis, daß es Fakten über die Welt gibt, die wir unabhängig von der Erfahrung wissen können, wäre unverträglich mit unserer fundamentalen Überzeugung, daß ein Satz nichts aussagt, wenn er nicht empirisch zu bestätigen ist – die grundlegende Behauptung des Rationalismus besagt, daß das Denken eine unabhängige Quelle der Erkenntnis ist, und darüber hinaus eine vertrauenswürdigere Quelle der Erkenntnis als die Erfahrung.

Manche Rationalisten haben sich sogar zu der Auffassung verstiegen, daß das Denken die einzige Quelle der Erkenntnis sei. Der Grund für diese Ansicht ist einfach der, daß die einzig notwendigen Wahrheiten über die Welt, die wir kennen, aus dem Denken stammen und nicht aus der Erfahrung."

Wie wir gesehen haben, existiert das Empirismus-Rationalismus-Problem deshalb nicht, weil die Wahrheiten, die aus dem Denken stammen, auch auf Erfahrung beruhen, nämlich auf der Erfahrung unserer Vorfahren, die in unserer genetischen Information erhalten und gespeichert ist.

3.5 Die Reichweite des apriorischen Wissens

Wie weit reicht unser apriorisches Wissen über die Welt, und wie tragfähig ist es? Dies ist nicht nur eine philosophisch-epistemologische, sondern eine eminent praktische Frage. Unsere Vorfahren haben sich während ihrer genetischen Evolution rasch über weite Teile der Welt ausgebreitet. Das wissen wir aufgrund der fossilen Dokumente. Unser

[5] Ayer, A.J.: Language, truth and logic. London 1936.

genetisch verankertes apriorisches Wissen über die Welt wird, so kann man daraufhin argumentieren, nur solche Strukturen der realen Welt betreffen, die genereller Natur sind, also überall gelten. Die Detailstrukturen des jeweiligen Biotops müssen während des Lebens individuell und spezifisch gelernt werden. Ein Wissen um die Schwerkraft ist uns angeboren; wie aber eine Kokosnuß fällt oder eine Schneeflocke, das lernen wir individuell.

Am Beispiel des Spracherwerbs läßt sich das Zusammenwirken von stammesgeschichtlicher und individueller Erfahrung leicht illustrieren. Jedes gesunde Kind (d.h. jedes Kind, das nicht an genetischen Defekten wie Taubstummheit leidet) ist fähig, jede beliebige natürliche Sprache zu lernen. Die Basisgene für das Erlernen einer natürlichen Sprache liegen in jedem intakten menschlichen Genom vor. Welche der möglichen natürlichen Sprachen ein Kind als Muttersprache erlernt, ist jedoch – wie jedermann weiß – durch die individuelle Erfahrung bedingt. Zwar ist das menschliche Gehirn auf bestimmte grammatische Strukturen natürlicher Sprachen programmiert (nur Sprachen solcher Struktur kann das Kind erlernen), es können die angeborenen Strukturen eine konkrete, natürliche Sprache aber nicht restlos determinieren. Welche der innerhalb der vorgegebenen Strukturen möglichen Sprachen das Individuum schließlich erlernt, wird durch die zufällige Umgebung bestimmt, in die es hineingeboren wird.

Es sind also drei Faktoren zu unterscheiden, die beim individuellen Erwerb einer Sprache zusammenspielen: 1. der Spracherlernungsapparat (language-acquisition-device). Er ist angeboren. – 2. Sprachliche Universalien, also Strukturmerkmale, die alle menschlichen Sprachen gemeinsam haben – und die garantieren, daß die Sprache, die wir lernen, der Welt, in der wir zu leben haben, angemessen ist. Diese sprachlichen Universalien sind ebenfalls angeboren. – 3. Die spezifische Umwelt, in der das Kind seine Muttersprache erwirbt. Die individuelle Spracherfahrung, die das Kind macht, bestimmt, welche Sprache innerhalb der begrenzten Menge potentiell möglicher Sprachen tatsächlich erlernt wird.

Ähnlich wie der Spracherwerb läßt sich die Genese moralisch relevanter Fähigkeiten des Menschen verstehen, z.B. die Ausbildung des Gewissens. Das Gewissen sagt uns, daß es Dinge gibt, die man nicht tun darf. Das Gewissen macht uns somit fähig zur Moral und damit fähig zum Leben in einer Gemeinschaft. Kant sagt: „... Gewissen ist die dem Menschen ... seine Pflicht zum Lossprechen oder Verurteilen vorhaltende praktische Vernunft." Seneca schrieb: „Es wohnt in uns ein heiliger Geist als Beobachter und als Wächter über unsere guten und schlechten Taten." Auf die Fragen: Woher kommt das Gewissen? Hat es jeder Mensch? Kann man es sich erwerben, wenn man es nicht hat? antwortet Kant: „... das Gewissen ist nicht etwas Erwerbliches, und es gibt keine Pflicht, sich eines anzuschaffen; sondern jeder Mensch, als sittliches Wesen, hat ein solches ursprünglich in sich." Die apriorische Verankerung des Gewissens bedeutet nicht, daß das Gewissen nicht entwicklungsfähig wäre („Schärfung des Gewissens"). Und jedermann weiß, daß das Gewissen abstumpfen kann. Vielleicht gibt es von Natur aus gewissenlose Menschen wie es aufgrund genetischer Defekte Taubstumme gibt. Ähnlich wie bei der Sprache scheint es auch beim Gewissen „Universalien", konstitutive Gewissensregungen, zu geben, die den meisten Menschen gemeinsam sind. Sie sind für das Zusammenleben der Menschen unverzichtbar. Aber es kann auch kein Zweifel bestehen, daß die spezifische Umwelt, die uns moralisch prägt, einen wesentlichen Einfluß darauf hat, wann und wie stark sich unser Gewissen regt.

Was wir soeben am Beispiel der Sprache und des Gewissens klargemacht haben, gilt generell:

Die enormen Erfolge des Homo sapiens bei der Eroberung der Welt beruhen auf einer Kombination von genetisch fixierter Erfahrung (Wissen a priori) und individueller Erfahrung (durch Lernen erworbenes Wissen a posteriori). In die individuelle Erfahrung gehen Versuch und Irrtum ebenso ein wie (richtige oder falsche) Tradition, Kultur, Erziehung und Konditionierung.

3.6 Der Mesokosmos – unsere kognitive Nische

Zurück zu der zentral wichtigen Frage: Wie weit reicht unsere genetisch fixierte Erfahrung, wie weit trägt die in unseren Genen akkumulierte Erfahrung der Stammesentwicklung?

Auch unsere Vorfahren können Erfahrungen nur über ihre Sinneseindrücke gemacht haben. Demgemäß ist die Anpassung unserer kognitiven Strukturen an die Struktur der Welt eng begrenzt. Die Anpassung – bedingt durch die Leistungsfähigkeit unserer Sinnesorgane – bezieht sich auf den Bereich der „mittleren Dimensionen", auf den Mesokosmos. Die Auflösungskraft unseres Sehvermögens z. B. ist etwa 1/10 mm im Raum und 1/16 s in der Zeit.

Der Grund für die Begrenzung unseres sensorischen Systems und damit unserer Anschauungsformen und kognitiven Strukturen ist darin zu suchen, daß die genetische Evolution des Menschen abhing von der Struktur und Auflösungskraft jener Sinnesorgane, die ihrer prinzipiellen Konstruktion nach viel früher in der tierischen Evolution angelegt waren und kaum noch verbessert werden konnten. Demgemäß war die genetische Evolution der Hominiden in den letzten zwei Millionen Jahren in erster Linie eine Evolution des Gehirns, eine Evolution der Datenverarbeitung. Diese Evolution des Gehirns und der kognitiven Strukturen wurde aber ihrerseits limitiert durch die Leistungsfähigkeit unserer Sinnesorgane oder (in anderen Worten) durch die Verfügbarkeit von Signalen (Daten) und damit von „Erfahrung" aus der realen Welt.

Als beim Aufstieg der modernen Wissenschaften einige Disziplinen den Mesokosmos verließen und den Vorstoß in die Makro- und Mikrowelt wagten, konnte man eigentlich nicht erwarten, daß die kognitiven Strukturen unseres Geistes, unsere Begriffe, unsere Anschauungsformen, unsere Kategorien, unsere Logik sich in diesen Bereichen als beliebig tragfähig erweisen würden. Glücklicherweise stellte sich heraus, daß sich die Physik auf die von ihr benützten Sätze der Mathematik anscheinend überall verlassen konnte. Ein Ausdruck der Erleichterung (von Heisenberg) lautet[6]: „Die Gesetze der Mathematik – und zwar alle Gesetze der Mathematik – gelten auch auf dem fernsten Stern." Wir rechnen in der Tat mit der kosmischen Invarianz mathematischer Theoreme.

Andererseits ergaben sich in der Physik der kleinen und der großen Dimensionen erschreckende erkenntnistheoretische Probleme, die bis heute ungelöst geblieben sind: Die Unschärferelation, das scheinbare „Versagen" des Kausalitätsprinzips in der Mikrophysik, die unbegreiflichen Konsequenzen des zweiten Hauptsatzes der Thermodynamik bei seiner Anwendung auf das Universum, die unüberwindlichen Schwierigkeiten mit den uns vertrauten Ideen (oder „Anschauungsformen") von Raum und Zeit in der Relativitätstheorie. Auch wenn die nicht-euklidsche Welt in ihren mathematischen Strukturen noch (partiell?) erkennnbar sein sollte, sie ist definitiv nicht mehr vorstellbar.

Diese Schwierigkeiten überraschen uns nicht. Wenn sich unser kognitiver Apparat in Anpassung an die Welt der mittleren Dimensionen entwickelt hat, müssen wir damit rechnen, daß es Grenzen unseres Erkenntnisvermögens geben wird, und damit Grenzen der Wissenschaft, die auf einer prinzipiellen Limitierung unserer kognitiven Strukturen beruhen. Die Probleme, auf die wir beim Vorstoß in die kleinen und großen Dimensionen treffen, bestätigen diese Erwartung. Unser ererbtes kategoriales Vorwissen über die Welt – Raum, Zeit, Substantialität, Kausalität, Quantität – bezieht sich lediglich auf die mittleren Dimensionen, auf jenen Mesokosmos, auf jene kognitive Nische, an die sich unser Stamm

[6] Gingerich, O. (Hrsg.): The nature of scientific discovery. Washington, D.C. 1975, 559.

im Lauf der genetischen Evolution angepaßt hat. Der (naive) Realismus wird außerhalb der mittleren Dimensionen auch für den Wissenschaftler zum Problem.

Nochmals einige Sätze von Heisenberg:

„Ob wir entfernte Sterne oder Elementarteilchen studieren – auf diesen neuen Gebieten endet die Kompetenz unserer Sprache, die Kompetenz unserer konventionellen Kategorien. Mathematik ist die einzige Sprache, die uns verbleibt. Ich persönlich halte es für falsch, zu sagen, die Elementarteilchen der Physik seien kleine Stückchen von Materie; ich ziehe es vor, zu sagen, sie seien Repräsentanten von Symmetriegesetzen. Je kleiner die Partikel werden, um so mehr bewegen wir uns in einer rein mathematischen Welt und nicht mehr in der Welt der Mechanik.“[7]

Wie dem auch sei – die plumpen kategorialen Schachteln, in die wir unsere Außenwelt packen müssen, „um sie als Erfahrungen buchstabieren zu können“ (Kant), sie können keine autonome und keine absolute Gültigkeit beanspruchen. Wir sind von Natur aus lediglich an die Welt der mittleren Dimensionen adaptiert. Dieser Mesokosmos ist deterministisch – im Sinn der klassischen Mechanik und in Übereinstimmung mit dem gesunden Menschenverstand. Hier können wir uns uneingeschränkt auf Raum und Zeit, auf Substantialität, Quantität und Kausalität verlassen. Bei unserem Urteil über die Welt der großen und der kleinen Dimensionen hingegen verheddern wir uns in unlösbare epistemologische Probleme. In der Makrophysik werden Raum und Zeit, in der Mikrophysik werden Kausalität und Substantialität problematisch. Nur in der Welt der mittleren Dimensionen bewährt sich unser pragmatischer Realismus.

3.7 Apriorisches Wissen über strukturelle Eigenschaften der Welt

Unser ererbtes apriorisches Wissen über die Welt der mittleren Dimensionen bezieht sich nicht nur auf die Anschauungsformen von Raum und Zeit, auf unser uneingeschränktes Vertrauen in Substantialität, Kausalität und logische Wahrheit, sondern auch auf strukturelle Eigenschaften der Welt:

Wir rechnen mit einer geordneten, stetigen, regelmäßig strukturierten und kohärenten Natur, die keine Sprünge macht; wir rechnen mit einer „Konstanz der Koinzidenzen“ (Riedl). Die „Idee“ von Naturgesetzen setzt eine Welt voraus, die regelmäßig strukturiert, kohärent und unwandelbar ist. Wir rechnen damit, daß wenn etwas 100mal funktioniert hat,

[7] Ebd. 558.

es auch beim 101. Mal funktionieren wird: Wir vertrauen auf das Induktionsverfahren. „Induktion" ist für uns kein Problem, sondern eine selbstverständliche Erwartungshaltung. „Ein Experiment ist reproduzierbar", in diesem Satz offenbart sich ein ungeheurer Glaube an die Uniformität und Verläßlichkeit der Natur. Dieser Glaube ist darauf zurückzuführen, daß unsere kognitiven Strukturen in einer Welt evolviert sind, die in der Tat keine Sprünge machte. Unser apriorisches Wissen rechnet mit jener Zuverlässigkeit und Kontinuität der realen Welt, auf die sich unsere Vorfahren im Pleistozän in ihrer Lebensspanne von 30 Jahren verlassen konnten.

Diese angeborene Erwartungshaltung kann in einer Welt des raschen Wandels lebensgefährlich sein. Die Menschen können sich zum Beispiel kaum vorstellen, daß uns von heute auf morgen die Energie ausgehen kann, oder daß die Entsorgungskapazität der Atmosphäre für Schadstoffe ab einem bestimmten Schwellenwert zusammenbricht oder daß ein exponentielles Wachstum der Menschenmassen die Welt innerhalb kurzer Frist katastrophal verändern muß oder daß ein atomarer Krieg alles Leben zerstören könnte. Wir haben keine zuverlässigen Anschauungsformen für exponentielles Wachstum und kein sicheres intuitives Verständnis für katastrophale Änderungen, weil unser apriorisches Wissen in einer Welt ohne abrupte Wechsel, in einer Welt der Homöostasis und der mittleren Zeitspannen, entstanden ist. Unsere angeborenen kognitiven Strukturen sind im wesentlichen entstanden als Anpassung an die Umwelt des späten Pleistozäns. Diese Welt unserer Cromagnon-Vorfahren war in ihren mittleren Dimensionen eine stabile, geordnete, kohärente Welt mit Sippen-Selektion und K-Strategie (s. S. 80), eine Welt, in der keine abrupten Wechsel, kein exponentielles Wachstum, keine Sprünge vorkamen, eine Welt, in der sich lineare Kausalität, monokausales Denken in kurzen Kausalketten, bewährte, weil das eigene Handeln kaum Rückkoppelungen im System verursachte. Dieser an die mittleren Dimensionen des Pleistozäns angepaßte Menschenverstand ist nicht dazu geschaffen, das Verhalten komplizierter Sozialsysteme zu begreifen. Wir haben deshalb kein intuitives Verständnis dafür, wie gefährdet unsere Welt ist. Die pathologische Sorglosigkeit, mit der wir den Planeten vollends ausplündern und unsere Existenz aufs Spiel setzen, ist biologisches Erbe.

Unser Freiburger Nobelpreisträger in Nationalökonomie, Friedrich A. von Hayek, betont immer wieder, daß der Homo sapiens zwar glaube, es sei seine Vernunft gewesen, die die Ordnung der Welt geschaffen habe; tatsächlich sei der Mensch aber nie in der Lage gewesen, die während der kulturellen Evolution „spontan" entstandenen Institutionen zu verstehen. „Wir müssen einsehen, daß die Ordnung, in der wir heute leben, nicht unsere Schöpfung ist, sondern die Schöpfung eines unpersönlichen Entwicklungsprozesses."[8]

Als Biologe muß ich Hayek zustimmen. Das uns aus der Evolution der Hominiden überkommene apriorische Wissen hat zwar ausgereicht, den Mesokosmos dieser Welt allmählich durch und durch zu verändern; es scheint aber nicht auszureichen, die geänderte, durch menschliche Aktivität bestimmte Welt zu verstehen und aus diesem Verstehen heraus eine Überlebensstrategie zu schaffen. Die über unsere Zukunft entscheidende Frage lautet, ob unser Intellekt – angepaßt an die Welt, aus der wir kommen – hinreicht, die von uns geformte Welt, in der wir leben, zu begreifen und zu zügeln. Die Frage ist offen. Wir können nur hoffen, daß die Kraft unserer Vernunft und Sittlichkeit stärker sein wird als die Zwänge, die uns das biologische Erbe auferlegt.

Um so drängender stellt sich die Frage nach der Zuverlässigkeit von Wissenschaft. Welche Instanzen verbürgen die Zuverlässigkeit der Erkenntnis in dem Bereich der Wirklichkeit, der uns kognitiv zugänglich ist?

[8] Hayek, F. A. von: Die Überheblichkeit der Vernunft. Veröff. der Hanns Martin Schleyer-Stiftung, Bd. 19. Köln 1985, 47–55.

4. DAS WISSENSCHAFTLICHE ETHOS

4.1 Wissenschaft

Wissenschaft (im Sinn des englischen „science") kann aufgefaßt werden als ein methodisch geordneter, systematischer Versuch des menschlichen Geistes, gesichertes Wissen („Erkenntnis") zu erlangen. Wissenschaftliche Erkenntnis ist „öffentliches Wissen" (public knowledge)[1]. Es ist ein Wissen, das den kompetenten Mitgliedern einer wissenschaftlichen Gruppe, einer „scientific community" gemeinsam gehört, das sie gemeinsam erarbeiten, gegenseitig kritisch prüfen, in die Form wissenschaftlicher Aussagen bringen und gemeinsam verantworten (Konsensusprinzip). So werden beispielsweise die Maxwellschen Gleichungen der Elektrodynamik von allen Physikern akzeptiert und angewandt, unabhängig von ihrer Nationalität, ihrem Herkommen und ihrer politischen Überzeugung.

Erkenntnisgewinnung setzt drei Dinge voraus: Erkenntnisdrang (Forscherpropensität), eine wissenschaftliche Methode (Forschungsstrategie), ein wissenschaftliches Verhalten (Forschertugenden). Dieses Kapitel zielt auf die normativen Voraussetzungen wissenschaftlichen Tuns, auf das innere Wertsystem der Wissenschaft, das die verschiedenen Scientific Communities in die Lage versetzt, Erkenntnis zu gewinnen. Wir nennen dieses verbindliche Wertsystem das wissenschaftliche Ethos oder die Forschertugenden. Dieses Ethos wird von den Mitgliedern der globalen Scientific Community deshalb respektiert, weil der Erfolg von Wissenschaft für jeden offensichtlich davon abhängt, wie strikt sich die Mitglieder der Scientific Community zu dem Ethos bekennen. Erkenntnisgewinnung setzt also die strenge und vor allem stetige Bindung an ein vorgegebenes Ethos voraus. Das „Offenlegen der je eigenen Voraussetzungen" reicht für eine Legitimation der Wissenschaft nicht aus, weil ein verbindlicher Verhaltenskodex als eine conditio sine qua non vorgegeben ist. Die wissenschaftliche Methode steht und fällt mit der Verbindlichkeit des wissenschaftlichen Ethos.

Man kann es als ein System praktisch bedingter Konventionen oder als einen Kodex normativer Regeln auffassen; auf jeden Fall bestimmt es das Verhalten der Scientific Community und damit das Verhalten

[1] Ziman, J. M.: Public knowledge. Cambridge 1968.

jedes einzelnen Wissenschaftlers, solange sein Tun und Streben auf Erkenntnis zielt.

Soweit der empirische Sachverhalt.

Die Frage, der dieses Kapitel gewidmet ist, lautet: Steht das Ethos der Wissenschaft mit den Thesen der Evolutionären Erkenntnistheorie in Einklang? Handelt es sich beim wissenschaftlichen Ethos um ein Kulturprodukt, oder läßt es sich aus der Evolutionären Erkenntnistheorie heraus begründen?

4.2 Erkenntnis als terminaler Wert

„Erkenntnis um der Erkenntnis willen" lautet das noble Ideal, zu dem sich viele Wissenschaftler – meist unreflektiert – bekennen:

> „Wissenschaft war die Leidenschaft unserer Jugend und blieb Sinn und Freude unseres Daseins. Ist sie doch in ihrer reinen Form Suche nach Erkenntnis und Wahrheit innerhalb des rational Zugänglichen. Darin liegt ihre Größe. Damit ist sie unvergänglicher Bestandteil der abendländischen Kultur. Deshalb ziert sie die Länder, die sie fördern, die Universitäten, die sich diesem Ideal widmen."[2]

Jacques Monod, einer der Begründer der Molekularbiologie, präzisierte diesen Standpunkt mit den folgenden Sätzen:

> „Das letzte Ziel, das höchste Gut, ist nicht ... die Glückseligkeit des Menschen, noch vergängliche Macht oder die Bequemlichkeit des Lebens; auch nicht das Sokratische ‚Erkenne dich selbst' – sondern objektive Erkenntnis. Dies ist eine Ethik voll Strenge und Zwang, die zwar den Menschen als das erkenntnisgewinnende Wesen respektiert, aber nichtsdestotrotz einen Wert definiert, der über den Menschen hinausragt."[3]

Diese Ansicht wird – in abgeschwächter Form allerdings – von den meisten Wissenschaftlern geteilt: Erkenntnis ist im ethischen Sinn „gut"; Erkenntnis ist ein überragender terminaler Wert (Primat der Erkenntnis).

Das wissenschaftliche Ethos, so lautet (unreflektiert zumeist) der gängige Konsens, folgt als instrumentales Wertsystem (Mittel zum Zweck) zwangsläufig aus der Akzeptanz des terminalen Werts (Erkenntnis als Selbstzweck).

[2] Bernhard, W.: Wissenschaft in einer menschlicheren Welt. Nova Acta Leopoldina N. F. 43 (1975), 25–37.

[3] Monod, J.: Zufall und Notwendigkeit. Philosophische Fragen der modernen Biologie. München 1971.

Das wissenschaftliche Ethos ist somit aus logischen Gründen der richtige Verhaltenskodex, wenn wir objektive Erkenntnis als den überragenden terminalen Wert anerkennen.

Die eigentliche Frage, der wir nachzugehen haben, lautet deshalb: Läßt sich „objektive Erkenntnis" als ein überragender terminaler Wert rechtfertigen?

Anhand der simplen Abbildung 2 läßt sich die moralische Struktur der Wissenschaft mit einigen Sätzen zusammenfassen: Am Anfang steht die Zielsetzung, Erkenntnis. Erkenntnis ist für den Wissenschaftler der höchste terminale Wert. Die Zielsetzung „Erkenntnis" verlangt (wie jeder terminale Wert) ein instrumentales Wertsystem, das die Erreichung des Ziels gewährleistet. Das wissenschaftliche Ethos ist dieses instrumentale Wertsystem.

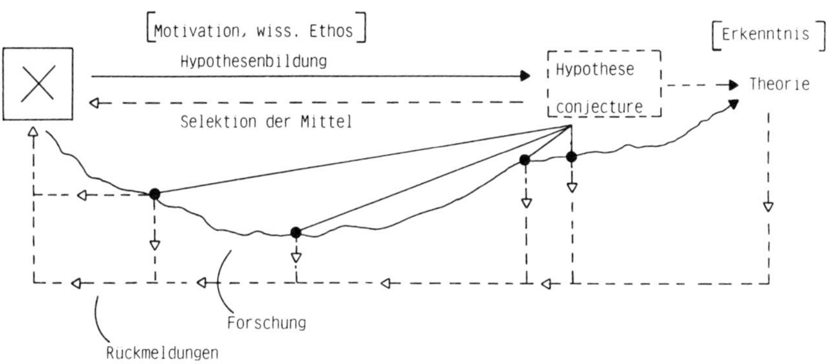

Abb. 2: Eine Skizze zur Illustration der teleologischen Struktur der Wissenschaft (vgl. Abb. 1, S. 8). X: der handelnde Wissenschaftler.

Das Ziel des Wissenschaftlers ist die richtige Theorie, Erkenntnis. Die Zielsetzung, der Entwurf einer Theorie (die Antizipation der Theorie) ist die Hypothese, von Karl Popper treffend „conjecture" genannt. Den Weg, das Ziel – die zuverlässige Theorie – schließlich zu erreichen, nennt man Forschung. Das Wertsystem, das hinter oder über der Forschung steht, ist das wissenschaftliche Ethos; die treibende Kraft, die Motivation hinter der Forschung, ist das Interesse des Menschen an zuverlässigem Wissen. Die Rückmeldungen ergeben sich aus einem Vergleich des jeweiligen Standes der Forschung mit der Hypothese/Theorie.

4.3 Erkenntnis und instrumentales Ethos

Der ethische Kodex der Wissenschaft kann rein deduktiv als ein Satz von Theoremen aus einigen wenigen Axiomen abgeleitet werden. Das zentrale unabdingbare Axiom ist der Primat der Erkenntnis als der übergeordnete, terminale Wert. Das wissenschaftliche Ethos ist eine notwendige Vorschrift für menschliches Verhalten, sobald wir Erkenntnis als einen überragenden terminalen Wert akzeptieren.

Es bleibt also die Frage, ob Erkenntnis in diesem Sinn zu rechtfertigen ist. Oder müssen wir bei der traditionellen Sicht verharren, wonach der Primat der Erkenntnis als nicht weiter hinterfragbares Axiom zu respektieren sei? Ich glaube, daß die evolutionäre Erkenntnistheorie einen neuen Ansatzpunkt bietet. Es müßte gelingen, zu begründen, daß unser Streben nach Erkenntnis eine notwendige Folge der Tatsache ist, daß auch der menschliche Geist während der Evolution entstanden ist. Wenn Erkenntnis bei der genetischen Evolution der Hominiden einen Selektionsvorteil darstellte (im darwinischen Sinne die „Gesamtfitness" erhöhte), dann muß bei uns rezenten Hominiden das Streben nach Erkenntnis mit hoher Priorität in den Genen verankert sein. Der entsprechende Syllogismus lautet:

Prämissen:

(1) Erkenntnis erhöht Gesamtfitness (und war somit ein Selektionsvorteil in der Hominidenevolution).

(2) Explorieren zielt auf Erkenntnis.

Konklusion:

(3) Eine Neigung („Propensität") zum Explorieren *und* ein intuitives „Wissen" um das hierfür richtige Verhalten ist in uns genetisch verankert.

4.4 Motivation für Wissenschaft

Jacques Monods asketische Doktrin[4] (s. S. 32) könnte allenfalls für eine Wissenschaft gelten, die sich wie ein strenger, in sich geschlossener Orden, fixiert auf ihren terminalen Wert und unbeirrt von äußeren Rücksichten, völlig auf ihr Anliegen „Erkenntnis" konzentrierte.

Aber davon kann keine Rede sein. Die moderne Wissenschaft ist in die Gesellschaft verwoben, sie ist auf das Wohlwollen und auf die materielle Unterstützung der Öffentlichkeit ständig angewiesen. Und an

[4] Ebd.

dieser Stelle dürfen wir uns nicht täuschen: Die Sympathie der Gesellschaft für die Institution Wissenschaft ist keine Selbstverständlichkeit. Wissenschaft als autonome kulturelle Institution – im Sinne von Bernhard und Monod: Erkenntnis als supremer Wert, Erkenntnisprogreß als überragende Zielsetzung menschlicher Vernunft –, diese Motive greifen immer weniger, wenn es darum geht, Wissenschaft als Institution gegenüber unseren Mitbürgern zu rechtfertigen. Die Motivation der Gesellschaft, eine autonome Wissenschaft mit der terminalen Zielsetzung „Erkenntnis um der Erkenntnis willen" zu unterstützen, ist eine labile, sekundäre Motivation. Viele Menschen, vermutlich die meisten Menschen unserer Tage, sind an Wissenschaft als einer auf Erkenntnis gerichteten, kulturellen Institution nicht ernsthaft interessiert. Die Natur der interstellaren Materie interessiert sie ebensowenig wie die chemische Struktur des lac-Repressors oder das self assembly der Ribosomen oder das „erste Gen". Was die Menschen von der Wissenschaft wollen und erwarten, ist nicht primär „Erkenntnis", sondern die Lösung existentieller Probleme, konkret: Wohlstand und Freiheit – ein bequemes Dasein, Sicherheit, einen hohen Lebensstandard, Freiheit von Hunger, Befreiung von harter Arbeit, Befreiung von Krankheit, von Not, von ständiger Angst und Bedrohung. Sie teilen die Meinung von Bertolt Brecht, der seinem Galilei die Worte in den Mund legte: „Ich halte dafür, daß das einzige Ziel der Wissenschaft darin besteht, die Mühseligkeit der menschlichen Existenz zu erleichtern." Ein maßgebender deutscher Politiker (Peter Glotz) hat diese Haltung kürzlich folgendermaßen beschrieben: „Der Politiker hat ein anderes Interesse an Wissenschaft und Forschung als der Wissenschaftler ... als Politiker interessiert es mich, ob wissenschaftliche Fortschritte unsere technischen und sozialen Probleme lösen."

Wie verträgt sich dieses Interesse mit dem auf Erkenntnis zielenden Wissenschaftsideal autonomer Wissenschaft: Erkenntnis als das Ziel der Wissenschaft, Erkenntnis als supremer Wert, Erkenntnis um der Erkenntnis willen?

Zwischen beiden Interessen besteht kein Gegensatz; es ist vielmehr so, daß der unreflektierte Wille des Menschen zur Lösung von Problemen und die kultivierte Sehnsucht des Menschen nach Erkenntnis der gleichen genetischen Wurzel entstammen. Unsere Intuition weiß, daß Erkenntnis die Grundlage für erfolgreiche Problemlösungen darstellt, im kleinen wie im großen, in der Praxis ebenso wie in der Theorie.

Solange die Menschen gute Gründe haben, an einen engen Zusammenhang zwischen Erkenntnis und Problemlösung zu glauben, werden sie eine autonome, auf Erkenntnis zielende Wissenschaft gewähren lassen und sie unterstützen.

Sollte sich aber der Glaube der Menschen an einen engen Zusammenhang von Erkenntnis und Wohlfahrt verlieren, würde die Unterstützung für die auf Erkenntnis gerichtete Wissenschaft rapide verschwinden. Warum? Die Wertschätzung objektiver Erkenntnis um der Erkenntnis willen ist ein Produkt kultureller Evolution und deshalb jederzeit hinfällig und reversibel. Von Natur aus, unserer genetischen Herkunft nach, sind wir an Erkenntnis nur um des Überlebens, nur um der Fitness willen interessiert. In der genetischen Evolution des Menschen gab es keinen Selektionsvorteil für Erkenntnis ohne Anwendung.[5]

Warum wird man Wissenschaftler, warum unterwirft man sich freiwillig dem strengen Ethos und dem Konsensusprinzip? Ich lasse einmal das Einkommen und die Vorteile des Staatsdienstes beiseite: Die Bezüge der meisten Wissenschaftler sind relativ bescheiden, und im Staatsdienst genießen sie häufig keine besonderen Privilegien.

Es gibt tatsächlich, auch wenn es meist überbetont wird, das „wissenschaftliche Interesse", das kultivierte Interesse an der Natur und an ihren Gesetzen. Es gibt die mächtige, einsame Freude an der gescheiten Konjektur und am gelungenen Experiment. Es gibt das unbeschreibliche Glücksgefühl, das einen Menschen überkommen kann, wenn er eine Entdeckung macht, also einen Zusammenhang sieht, den noch keiner gesehen hat.

Albert Einstein hat über seine Motivation einmal geschrieben:

> „Was mich zu meiner wissenschaftlichen Arbeit motiviert, ist kein anderes Gefühl als das unwiderstehliche Verlangen, die Geheimnisse der Natur zu verstehen. Meine Liebe zur Gerechtigkeit und mein Streben, einen Beitrag zur Verbesserung der menschlichen Lebensbedingungen zu leisten, sind völlig unabhängig von meinen wissenschaftlichen Interessen."

Dies gilt sicher nicht allgemein. Es gibt derzeit viele junge Wissenschaftler, die glaubhaft versichern, daß sie sich zur Wissenschaft deshalb entschlossen haben, weil sie einen Beitrag zur Verbesserung der menschlichen Lebensbedingungen leisten möchten.

So verschiedenartig die Motivation der Wissenschaftler auch sein mag, in einem sind sie sich alle gleich: Sie sind ehrgeizig, sie wünschen Anerkennung durch das jeweils zuständige Kollektiv, durch die Scientific Community. Anerkennung bedeutet: Bestätigung durch die kompetenten Kollegen, daß die eigene Arbeit gut gemacht und wichtig ist für das Fortschreiten der Wissenschaft.

Der Wunsch nach Anerkennung, die Bedeutung des Erfolgserleb-

[5] Mohr, H.: Lectures on structure and significance of science. Heidelberg–New York 1977.

nisses ist bei den Großen in der Wissenschaft ebenso mächtig ausgeprägt wie beim Fußvolk. Bertrand Russell, einer der mächtigsten Geisteshe-roen unserer Zeit, schrieb noch 1967: „Ich kann keine harte Denkarbeit leisten aus reinem Pflichtgefühl heraus. Ich brauche offensichtliche Erfolge von Zeit zu Zeit, sonst fehlt mir der Antrieb.“ Wird die Anerkennung verweigert, oder bleibt sie hinter der Erwartung zurück, so kommt es nicht selten zu bösen Reaktionen. Streitigkeiten, manchmal wilde und unerbittliche Kämpfe um Priorität und Anerkennung, durchziehen die Geschichte der Wissenschaft.

Wird die erwartete Anerkennung öffentlich eingefordert und dennoch verweigert, entstehen in der Regel bittere, auch nach außen getragene Ressentiments. Auch hier bilden die Großen keine Ausnahme.

Der überragende Physiker Max Born zum Beispiel entwirft in seiner Autobiographie ›My Life: Recollections of a Nobel Laureate‹ ein offenes und geradezu ergreifendes Bild seiner emotionalen Reaktion gegenüber der ihm im Lauf seiner Karriere gewährten oder verweigerten Anerkennung. Er glaubt, daß einige seiner Leistungen von der Scientific Community überbewertet, andere hingegen unfair übergangen wurden. Insbesondere hat Max Born schwer darunter gelitten, daß sein Beitrag zur Begründung der Quantenmechanik nicht anerkannt wurde. Diese Wunde, in der er immer wieder gerührt hat, begann erst zu vernarben, als ihm 28 Jahre später, bereits nach der Emeritierung, doch noch der Nobelpreis verliehen wurde.

Ein anderes Beispiel ist Erwin Chargaff, ein bedeutender Biochemiker, der Entdecker der Chargaffschen Regeln über die Zusammensetzung der DNA. Der Umstand, daß ihm die höchste Anerkennung, der Nobelpreis, verweigert wurde, hat ihn in eine wilde, auch ins Persönliche gehende Polemik gegen die Molekularbiologie hineingetrieben, die man von diesem ungewöhnlich kultivierten Mann eigentlich nicht erwartet hätte.

Wir können aus zahllosen Fallstudien dieser Art lernen, daß die Idee falsch ist, Wissenschaftler würden ausschließlich von dem Wunsch getrieben, als anonyme Mitglieder einer Scientific Community zum Erkenntnisprogreß beizutragen. Was sie in Wirklichkeit zu Höchstleistungen treibt, ist Ehrgeiz, der Wunsch nach Anerkennung, die Sehnsucht nach wissenschaftlichem Ruhm. Ich finde es faszinierend, daß das Ringen um Anerkennung, das zur menschlichen Natur gehört, von der Scientific Community durch die Verfeinerung des wissenschaftlichen Ethos derart kultiviert wurde, daß Erkenntnis, das wertvollste Gut der kulturellen Evolution neben Kunst und Poesie, entstehen konnte.

4.5 Scientific Communities

Wissenschaftliches Tun ist eine soziale Aktivität, gebunden an eine Gruppe, die jeweilige „scientific community".

Eine „scientific community" ist die Internationale der jeweiligen Fachkollegen, die sich die Resultate ihrer Arbeit gegenseitig mitteilen, sich gegenseitig kritisieren und korrigieren und gemeinsam die Kontinuität der Erkenntnisgewinnung, die Weitergabe von Erkenntnis und die Perpetuation der wissenschaftlichen Methode gewährleisten. Der letztere Aspekt bedeutet „Tradition": die Einübung der jeweils neuen Generation, das Training der Novizen in den instrumentalen, intellektuellen und moralischen Grundlagen der Wissenschaft.

Die globale Scientific Community aller Naturforscher ist operational definiert durch die Verpflichtung ihrer Mitglieder gegenüber dem wissenschaftlichen Ethos. Es ist also die Loyalität gegenüber einem obersten moralischen Prinzip, einem instrumentalen Wertsystem, das die Internationale der Naturforscher über ideologische und politische Barrieren hinaus zusammenhält.

Diese globale Scientific Community zerfällt in eine Vielzahl von Gruppierungen, „partikuläre Scientific Communities" genannt, denen die Praktiker der jeweiligen wissenschaftlichen Disziplinen als Mitglieder angehören, z.B. Physiker, Chemiker, Botaniker, Astronomen, usw.[6] Manche Gruppierungen dieser Art sind identisch mit den traditionellen globalen oder regionalen wissenschaftlichen Gesellschaften (z.B. Gesellschaft Deutscher Chemiker). Scientific Communities in diesem Sinn existieren jedoch auf allen möglichen Stufen: Die offiziellen Akademien gehören ebenso dazu wie die „invisible colleges" oder „clubs", die sich gelegentlich im Einzugsgebiet herausragender Wissenschaftler ausbilden, wenn sich bei diesen eine besondere wissenschaftliche Kompetenz mit einer starken Persönlichkeit und einem Schuß Charisma verbindet. Besondere Bedeutung für den Erkenntnisprogreß kommt heutzutage jenen Gruppen zu, deren Mitglieder nicht nur besonders stark motiviert sind, sondern auch *ständig* Primärdaten austauschen, z.B. phage group, recombinant DNA group, phytochrome group.

Die partikulären Scientific Communities, denen die Praktiker einer wissenschaftlichen Disziplin angehören, sind jene Gruppierungen, die „Erkenntnis" hervorbringen. Diese Gruppierungen werden von einer „disziplinären Matrix" zusammengehalten, insbesondere von den „Paradigmen", den wissenschaftlichen Grundüberzeugungen und Grundanschauungen einer Disziplin, die ihnen gemeinsam sind.

[6] Mohr, H.: Biologische Erkenntnis. Stuttgart 1981.

Auch das „Konsensusprinzip" wird in erster Linie innerhalb der partikulären Scientific Communities praktiziert. Damit ist gemeint, daß der Konsens, die Übereinstimmung der Fachleute, darüber bestimmt, was als „Erkenntnis" zu gelten hat und was nicht. Die Bedeutung der Persönlichkeit im Forschungsprozeß wird komplementär gezügelt durch das Konsensusprinzip, das auch die geniale Idee auf den Prüfstein kollegialer Kritik zwingt.

Das Konsensusprinzip schließt auch die Anerkennung ein. Es ist in der Regel die partikuläre Scientific Community, die dem einzelnen Wissenschaftler Anerkennung zuteil werden läßt, die seine Leistungen honoriert. Nur in seltenen Fällen empfangen die Wissenschaftler ihre Anerkennung von der globalen Scientific Community. Ein Beispiel hierfür sind die Nobelpreisträger.

Auch die Kritik, die ein Wissenschaftler empfängt, stammt in der Regel aus dem Kreis der für ihn zuständigen partikulären Scientific Community. Nur im Fall von schweren Vergehen, z. B. bei Betrug, reagiert die globale Scientific Community; jedenfalls dann, wenn der Betreffende vorher eine prominente Rolle innerhalb der Wissenschaft gespielt hatte.

4.6 Der intuitiv begriffene Verhaltenskodex

Es ist erstaunlich, daß der normative Verhaltenskodex wissenschaftlichen Tuns, das wissenschaftliche Ethos, bis in unsere Tage weder explizit formuliert noch systematisch untersucht wurde, obgleich dieser normative Kodex das Verhalten der Wissenschaftler an der Laborbank, am Schreibtisch und am Rednerpult seit jeher bestimmt hat. Prinzipien wie intellektuelle Redlichkeit oder Objektivität wurden von den Wissenschaftlern zwar stets als unabdingbar angesehen; die sittlichen Grundlagen wissenschaftlichen Tuns wurden aber schlicht als gegeben betrachtet und unreflektiert und intuitiv befolgt. Erst um die Mitte unseres Jahrhunderts formulierte Robert Merton[7] einige Prinzipien als die „allgemeinen Normen wissenschaftlichen Tuns": "Universalism, a principle of organized scepticism, the principle of disinterestedness and communalism" (um der Genauigkeit willen bleiben diese Prinzipien unübersetzt).

Später haben dann Cournand und seine Mitautoren die normativen Grundlagen wissenschaftlicher Arbeit von neuem formuliert und dabei dem Verhalten des individuellen Wissenschaftlers besondere Beachtung

[7] Merton, R. K.: The sociology of science. Chicago 1973.

geschenkt. Cournand hält Ehrlichkeit, Objektivität, Toleranz, disziplinierte Skepsis und selbstlose Hingabe an das gesteckte Ziel für besonders wichtig.[8]

Meine eigenen Untersuchungen[9] zielten auf eine umfassende und möglichst explizite Post-factum-Rekonstruktion des vom modernen Wissenschaftler tatsächlich befolgten normativen Kodex. Dabei ergab sich, daß der normative Kodex ein heterogener Komplex ist. Er besteht zumindest aus zwei Teilen: Grundannahmen und Grundvoraussetzungen, die von allen Mitgliedern der globalen Scientific Community emphatisch geteilt werden, und den eigentlichen Geboten.

4.7 Der explizit gemachte Kodex

4.7.1 Grundannahmen

Zu den Grundannahmen gehören:

- Es gibt eine reale Welt (negative Version: die Idee des Solipsismus ist nicht akzeptabel).
- Die reale Welt ist erkennbar. Es gibt eine Annäherung an die Wahrheit über die Welt und über den Menschen (Wahrheit als regulative Idee).
- Logik (einschließlich Mathematik) ist gültig (brauchbar) bei der Untersuchung und Beschreibung der realen Welt.
- Es gibt keinen Bruch im Kausalnexus (in der Kette von Ursache und Wirkung).

Die meisten Naturforscher haben keine Schwierigkeiten, mit diesen Grundannahmen zurechtzukommen. Selbst der Ausbruch „philosophischer Reflexion“, der auf die Formulierung der Unschärferelation durch Heisenberg hin erfolgte, hat (glücklicherweise) das Vertrauen der Naturforscher in diese Grundannahmen nicht erkennbar erschüttert. Beispielsweise halten sich die Naturforscher nach wie vor an die klassische zweiwertige Logik und damit an die Idee der logischen Wahrheit.[10]

Die Schwierigkeiten, die aufgrund der Heisenbergschen Unschärferelation bei der Formulierung des Kausalitätsprinzips in der Quanten-

[8] Cournand, A. F.: The code of the scientist and its relationship to ethics. Science 198 (1977), 699–705.

[9] Mohr, H.: The ethics of science. Interdisciplinary Science Review 5/4 (1979), 45–53.

[10] Hughes, R. I. G.: Quantum logic. Scientific American 245 (4), (1981), 146–157.

physik entstanden sind, haben das an den mittleren Dimensionen orientierte allgemeine Bewußtsein mit Recht nicht berührt. Was die Biologie anbelangt, so hat Erwin Bünning bereits 1943 in einem wegweisenden Aufsatz über ›Quantenmechanik und Biologie‹[11] gezeigt, daß Akausalität mit Lebensvorgängen unverträglich ist. Was die Quantenphysik deutlich gemacht hat, sind gewisse Grenzen der Voraussagbarkeit.

Das Kausalitätsprinzip ist, so kann man vom Standpunkt der Evolutionären Erkenntnistheorie aus argumentieren, für den Menschen von heute apriorisches Wissen über die Struktur der Welt (vgl. S. 24). Für die Spezies hingegen, die aus einer genetischen Evolution hervorgegangen ist, bedeutet das Kausalitätsprinzip aposteriorisches Wissen über die Struktur der Welt der mittleren Dimensionen. Unsere Vorfahren haben dieses Wissen nach den Gesetzen genetischer Evolution erworben. Wir glauben also deshalb so unerschütterlich an das Kausalitätsprinzip, weil dieser Glaube in unseren Genen verankert ist.

4.7.2 Grundvoraussetzungen

Zu den Grundvoraussetzungen gehören:
- Gedankenfreiheit (intellektuelle Freiheit),
- Freiheit der Forschung (das Resultat einer wissenschaftlichen Forschung darf nicht von Faktoren bestimmt werden, die von außerhalb der Wissenschaft stammen).
- Erkenntnis ist gut, d.h. zuverlässiges Wissen ist unter allen Umständen besser als Ignoranz. Anders formuliert: Erkenntnis ist ein überragender Wert, das höchste Gut für einen Menschen, solange er Wissenschaft betreibt (Primat der Erkenntnis).

„Freiheit der Forschung" schließt nicht ein, daß der Forscher in der Wahl seines Forschungsziels jederzeit frei ist. Es muß aber gewährleistet sein, daß die Resultate der Forschung nicht von außerwissenschaftlichen Faktoren beeinflußt oder gar bestimmt werden.

„Freiheit der Forschung" bedeutet auch, daß prinzipiell jedes Forschungsziel gewählt werden kann. Irgendein „Index verbotenen Wissens" oder ein „Katalog tabuisierter Forschungsziele" oder ein Forschungsmoratorium sind mit dem Selbstverständnis und der Würde der Wissenschaft deshalb unverträglich, weil wir unbeirrbar daran festhalten müssen, daß Erkenntnis unter allen Umständen besser ist als Ignoranz. Würden wir von dieser Maxime abweichen, wäre die For-

[11] Bünning, E.: Quantenmechanik und Biologie. Naturwissenschaften 31 (1943), 194–197.

schung dem jeweiligen Vorurteil, dem tagtäglichen Opportunismus ausgeliefert. „Freiheit der Forschung" ist unteilbar; jede der Wissenschaft auferlegte Zensur zerstörte langsam, aber sicher den Impetus der Forscher.

4.7.3 Die eigentlichen Gebote

Zu den eigentlichen Geboten gehören die folgenden Imperativsätze:

- Sei ehrlich! Manipuliere niemals Daten oder Schlußfolgerungen! (Intellektuelle Redlichkeit, Prinzip reziproken Vertrauens)
- Sei undogmatisch! (Verzicht auf Dogmatismus)
- Sei genau! (Präzisionspostulat)
- Sei fair! (z. B. in Fragen der Priorität)
- Sei ohne Vorurteil! (z. B. hinsichtlich der Daten und Ideen deines Rivalen)
- Erlaube dir keinen Informationsabweis (d. h. akzeptiere glaubwürdige Information auch dann, wenn sie nicht in dein vorgeprägtes Überzeugungsmuster paßt)!
- Schließe keinen faulen Kompromiß; versuche stets, ein Problem zu lösen!
- Argumentiere symmetrisch (d. h. prüfe die Alternative zu der von dir bevorzugten Hypothese mit derselben Sorgfalt)!
- Benutze eindeutige Worte und Symbole!
- Formuliere klare Sätze! (Klarheit der Ausdrucksweise)
- Formuliere konsensible Sätze (d. h. ein Satz ist nur dann erlaubt, wenn die Aussage von jedem, der die geistigen und technischen Voraussetzungen dafür hat, auf seine logische und inhaltliche ‚Wahrheit' hin kontrolliert werden kann).
- Mache Voraussagen in Form von Wenn-dann-Sätzen!
- Beachte stets empirische Daten als die letzte Appellationsinstanz!
- Sei jederzeit bereit, singuläre oder generelle Sätze zu modifizieren oder zu ersetzen, falls sich innere Widersprüche zeigen oder neue empirische Daten dies nahelegen!
- Denke stets daran, daß die Mitglieder einer Scientific Community sich voll aufeinander verlassen müssen. Dies betrifft die Zuverlässigkeit der materiellen und intellektuellen Methoden ebenso wie die Zuverlässigkeit der Daten, der Schlußfolgerungen und der Theorien.
- Betrachte Einfachheit als einen hohen Wert! Schaffe keine neuen Konstrukte, wenn es nicht wirklich unvermeidbar ist.

4.7.4 Das wissenschaftliche Ethos in der täglichen Praxis

Der Wissenschaftler unterliegt stets einer strengen sozialen Kontrolle. Die Gruppe, der er angehört, die jeweilige Scientific Community, mißt sein Verhalten an den Forderungen des wissenschaftlichen Ethos. Da die Anerkennung durch die Scientific Community für den Wissenschaftler das höchste berufliche Ziel darstellt, akzeptiert er das normative Wertsystem der Wissenschaft als verbindlich.

Das wissenschaftliche Ethos wird in der Praxis straff gehandhabt. Die Sanktionen sind streng. Wer beispielsweise gegen das Gebot der intellektuellen Redlichkeit verstößt – fälscht, betrügt, lügt oder (schwere) Fehler macht –, verliert seine Vertrauenswürdigkeit und damit seinen Status als Wissenschaftler. Auch wenn der Betreffende seinen Arbeitsplatz behält, so verliert er doch die Achtung und das Vertrauen seiner Kollegen und scheidet damit mehr oder minder schnell aus dem engeren Kreis der Wissenschaft aus. Das wissenschaftliche Ethos sichert somit die Zuverlässigkeit der wissenschaftlichen Aussagen. Es verhindert, daß an die Stelle von Erkenntnis die Beliebigkeit der Spekulation tritt.

Natürlich tun wir uns alle mit dem wissenschaftlichen Ethos schwer, jeder von uns hat sein Sündenregister. Aber glücklicherweise gilt auch für das wissenschaftliche Ethos die Regel, daß ein Ethos dann funktioniert, wenn ein hinreichend großer Prozentsatz einer Community, unbeirrt vom (gelegentlichen) eigenen Versagen, daran festhält.

4.8 Läßt sich das wissenschaftliche Ethos rechtfertigen?

Mit dieser Frage ist nicht nur gemeint, ob das wissenschaftliche Ethos mit den Thesen der Evolutionären Erkenntnistheorie *verträglich* ist; wir gehen noch einen Schritt weiter und fragen uns, ob sich das wissenschaftliche Ethos aus den Thesen der Evolutionären Erkenntnistheorie *begründen* läßt.

Wie oben bereits angedeutet (s. S. 34), läßt sich das wissenschaftliche Ethos (Grundvoraussetzungen und Gebote) als ein Satz von Theoremen auffassen, die aus einem Satz von Axiomen abzuleiten sind. Die Axiome schließen die „Grundannahmen" (4.7.1) ein und den festen Glauben daran, daß Erkenntnis ein oberstes Gut, ein supremer terminaler Wert ist. Der eigentliche ethische Kodex, die „Freiheit der Forschung" und die „Gebote", können dann rein deduktiv (d.h. ohne weitere Annahmen) aus diesen Prämissen (Axiomen) als Schlußfolgerungen (Theoreme) abgeleitet werden.

Es ist faszinierend festzustellen, daß die Schlußfolgerungen (die „Gebote"), die sich im streng logischen Argument aus den „Grundannahmen" ergeben, genau mit jenem Verhaltenskodex übereinstimmen, den die Wissenschaftler intuitiv praktizieren, seitdem sich die modernen Wissenschaften etabliert haben (s. Kap. 3). Offenbar ist das wissenschaftliche Ethos eine Notwendigkeit; offenbar ist es die einzig mögliche Form menschlichen Verhaltens, wenn es darum geht, „objektive Erkenntnis" zu gewinnen.

Die Kernfrage bleibt, ob „objektive Erkenntnis" als ein überragender terminaler Wert zu rechtfertigen ist. Wir haben bereits oben (s. S. 34) das entscheidende Argument angedeutet: Wenn „objektive Erkenntnis" die Fitness erheblich steigert, dann muß im Verlauf der genetischen Evolution des Menschen eine genetische Kodifizierung jener Verhaltensweisen, die „objektive Erkenntnis" gewährleisten, eingetreten sein. Dieses Argument wird jetzt näher ausgeführt.

Die genetische Evolution des Menschen betrachten wir als eine Tatsache. Dies bedeutet, daß unter den kompetenten Wissenschaftlern Konsens darüber besteht, daß die Genpools und die Genfrequenzen der rezenten menschlichen Populationen in einem historischen Prozeß entstanden sind, der im wesentlichen von den Gesetzen der genetischen Evolutionen beherrscht wurde, die „natürliche Selektion" eingeschlossen.

Der Ausdruck „natürliche Selektion" bedeutet in der Theorie der Evolution, daß im Durchschnitt jenen Individuen, die infolge ihrer Genausstattung am besten an die jeweiligen Lebensbedingungen angepaßt sind, die höchste Wahrscheinlichkeit zukommt, ihre Gene an die nächste Generation weiterzugeben. Dies ist die Bedeutung der Aussage, daß der Geeignetste die höchste Überlebenschance besitzt (im englischen Urtext, "that the fittest shows the highest survival rate of progeny"). Die natürliche Selektion ist eine Art negativer Rückkopplung. Sie bedeutet, negativ formuliert, das Erlöschen von Irrtum und von wenig adaptierten Genkombinationen. Das Konzept der „inclusive fitness" dehnt die „natürliche Selektion" auf Sozietäten aus[12,13]. Es bedeutet im Prinzip, daß die Fitness eines Individuums nicht nur am Überleben und an der Reproduktion seiner selbst und seiner Nachkommen zu messen ist, sondern auch an dem positiven Einfluß, den das Individuum auf die Fitness seiner genetischen Verwandten (außer seinen eigenen Nachkommen) ausübt. „Inclusive fitness" (oder deutsch: Gesamtfitness) schließt also jene Einflüsse mit ein, die das

[12] Hamilton, W. B.: The genetical evolution of social behavior I, II. J. Theoretical Biol. 7 (1964), 1–52.

[13] Wilson, E. O.: Sociobiology. The new synthesis. Cambridge/Mass. 1975.

Individuum zu der Überlebenschance der Sozietät, der es angehört, beisteuert (Sippenselektion).

Das Konzept der „inclusive fitness" erlaubt ohne weitere Annahmen die genetische Erklärung für die Entstehung kooperativen Handelns, auch dann, wenn es für ein Individuum selbstzerstörerisch ist oder zumindest seine individuelle Fitness (eigenes Überleben und Reproduzieren) reduziert. Ein solches Handeln nennen wir altruistisch (s. S. 81).

Im Zusammenhang dieses Kapitels kommt es uns auf die Frage an: Ist Erkenntnis ein Mittel, um individuelle und Gesamtfitness zu erhöhen? Für den Evolutionsbiologen ist die Antwort klar: Erkenntnis, objektive Erkenntnis über die reale Welt steigert Fitness! „Wissen ist Macht!" Was auch immer wir von einem Homo „sapiens" halten mögen, der sich gegen jede Vernunft vermehrt und vermehrt und vermehrt – im Sinn biologischer Evolution ist Erkenntnis ungeheuer nützlich gewesen: Erkenntnis hat die Gesamtfitness des Menschen derart gesteigert, daß seine Reproduktionskraft in absehbarer Zeit seine Existenz gefährden könnte. Wie dem auch sei: Erkenntnis steigert die (inclusive) Fitness der Menschen; Erkenntnis ist somit im Sinn darwinischer Evolution nützlich, funktional, zweckdienlich.

Sobald der Mensch im Verlauf seiner Evolution anfing, teleologisch zu denken, d. h. über Ziele und Mittel nachzudenken, bevor er in Aktion trat, hatte er die Alternative, hauptsächlich richtig zu denken (d. h. in Übereinstimmung mit der Realität) – und damit Erfolg zu haben, oder bevorzugt falsch zu denken – und damit unterzugehen.

Nur wenige Hominidenpopulationen, die wir alle zur gleichen Spezies rechnen, haben die genetische Evolution überlebt. Ich stelle mir vor, daß die anderen Zweige unseres Stammbaums hauptsächlich deshalb wieder von der Erde verschwunden sind, weil sie nicht in der Lage waren, das Risiko falschen Denkens durch den Vorteil richtigen Denkens und Handelns zu überkompensieren. „Richtiges Denken" bedeutet ein Denken in Übereinstimmung mit der Realität, mit der Natur.

Die genauere Analyse zeigt indessen, daß in der Evolution ein hoher Selektionswert lediglich auf Erkenntnisbenutzung und Erkenntnistradierung lag.

Unsere kognitiven Strukturen entstanden im Pliozän und – vor allem – im Pleistozän beim Leben in relativ kleinen, aus Verwandten und Freunden bestehenden, territorial verankerten Gruppen (s. S. 79). Dieser Umstand ließ nicht nur die Evolution kooperativen Verhaltens zu (weil über die Gesamtfitness eine positive Bilanz für die Sippe resultierte), sondern begünstigte auch die Kommunikation und Tradierung von Erkenntnis und von technischem Know-how innerhalb einer Population, weil eine rasche und zuverlässige Verbreitung von praktisch relevanter Erkenntnis die Überlebenschance der Sozietät gewaltig erhöhte. Als Medium zuverlässiger Kommunikation von Erkenntnis entwickelte sich die Sprache.

Die Entwicklung einer Begriffssprache mit Syntax, die vielleicht schon mit dem Homo habilis einsetzte, bedeutete einen Quantensprung der Evolution, der in seiner Bedeutung nur verglichen werden kann mit der Herausbildung der Eukaryotenzelle.[14] Die Entstehung des begrifflichen Denkens und der Wortsprache machte nicht nur eine schnelle Verbreitung von Erkenntnis innerhalb der Sozietät möglich, sondern auch eine Tradierung, eine geistige Vererbung von Generation zu Generation. Es genügte im Prinzip, die Möglichkeit von Agrikultur, den Pfeil oder das Schöpfwerk *einmal* zu entdecken.

Die Sprache diente indessen nicht nur einer möglichst präzisen und rationalen Kommunikation über die Sachverhalte der materiellen Welt, sondern auch dem Austausch von Gefühlen, der Paarbindung, der Überredung, der Verführung, dem Ritual, der Demagogie, der Lüge, dem Selbstgespräch. Kein Wunder, daß die natürlichen Sprachen, die stets vielen Zwecken dienen, mit ihrer Minimallogik den Anforderungen formaler Sprachen nicht genügen.

Für unser Argument ist lediglich wichtig, daß in einer Sozietät mit einer einigermaßen treffsicheren Sprache der selektionstheoretische Vorteil für den Entdecker und Erfinder und für seine Nachkommen stets nur von kurzer Dauer gewesen sein dürfte. Die Erkenntnis gehörte bald nicht mehr dem Entdecker oder dem Denker, sondern seiner Sozietät. Anders ausgedrückt: Der Selektionswert, der auf Erkenntnis liegt, fiel (und fällt) im wesentlichen der Sozietät zu. Er läßt sich nur als Gesamtfitness messen.

Vor diesem Hintergrund lassen sich auch zwei weitere „klassische" Fragen der Erkenntnistheorie beantworten:

(1) Warum ist das genuine Interesse an Erkenntnis bei den verschiedenen Menschen sehr unterschiedlich entwickelt?

(2) Warum ist Forschung so erstaunlich ineffizient?

ad 1. Erkenntnis war zwar für das Überleben essentiell; aber es gab in der Evolution keinen „Fitness-Bonus" für „Erkenntnis *ohne* Anwendung" und auch keinen spezifischen Vorteil für jenen, der Erkenntnis gewann (im Vergleich zu jenem, der Erkenntnis zwar nicht gewann, aber übernahm und in praxi anwendete). Dies bedeutet, daß eine allzu große Konzentration des einzelnen oder der Sozietät auf Erkenntnisgewinnung für die individuelle oder Gesamtfitness durchaus nachteilig sein konnte, falls dies auf Kosten von erfolgsorientiertem „Handeln"

[14] Ebd.

ging. Auf der Ebene der Sozietät bildeten Erkennen und Handeln eine Einheit. Wir müssen deshalb damit rechnen, daß unsere genetisch verankerte Neigungs- und Handlungsstruktur, die sich im Pleistozän herausgebildet hat, einen delikaten Kompromiß zwischen der „Neigung" zum Erkennen und der „Pflicht" zum erfolgreichen Handeln darstellt. Deshalb sind die allermeisten rezenten Menschen nicht vorrangig oder gar ausschließlich auf theoretisches Erkennen und rationales Denken programmiert und die Zielsetzung „Erkenntnis" ist auch im Leben der meisten Wissenschaftler nicht die einzige Zielsetzung.

ad 2. Der prominente Wissenschaftskritiker Paul Feyerabend bemüht sich mit Erfolg, das heroische Bild umzustoßen, das die „naive und eingebildete Philosophie" des kritischen Rationalismus vom Gang der Wissenschaft entworfen hatte.[15] Diesem Bemühen ist eine gewisse Berechtigung nicht abzusprechen. Immer wieder wird von Wissenschaftlern oder von solchen, die es gut mit der Wissenschaft meinen, der Eindruck erweckt, das „Unternehmen Forschung" sei in aller Regel ein disziplinierter, systematischer, glänzend organisierter und wohlüberlegter Prozeß der Erkenntnissuche. Eher das Gegenteil ist richtig. Forschung ist nicht nur ein komplexer, sondern ein in hohem Maße undurchsichtiger und unberechenbarer Prozeß. An ihm sind eine große Zahl von Menschen beteiligt, deren Interessen und Zielsetzungen verschieden sind und die sich nach Motivation, Talent, Intellekt und geistiger Penetranz unterscheiden.[16]

Nur von Zeit zu Zeit ergeben sich aus dem Durcheinander wenig koordinierter Forscheraktivitäten ("almost anything goes" könnte man in diesem Zusammenhang mit Recht sagen) jene Resultate, die wir (d. h. die Scientific Community) als definitiv zuverlässig und wichtig anerkennen und denen wir den stetigen Erkenntnisprogreß ebenso verdanken wie wissenschaftliche und technische Revolutionen.

Die bescheidene Rationalität im Wissenschaftsbetrieb unserer Zeit spricht nicht gegen das „Unternehmen Wissenschaft" und ist kein Grund, an der Wissenschaft zu verzweifeln oder sie zynisch zu diffamieren. Die nahezu unüberwindlichen Schwierigkeiten, die einem durchgängig rationalen Forschungsprozeß entgegenstehen, liegen in unserer Natur. Warum? Die Selektion im Pleistozän maß primär die Zuverlässigkeit von Erkenntnis und erst sekundär die Effizienz der Erkenntnisgewinnung. Da Erkenntnis mit Hilfe der Sprache leicht und rasch verbreitet und tradiert werden konnte, fiel in der genetischen Evolution der Hominiden der Aufwand für Erkenntnisgewinnung gegen-

[15] Feyerabend, P.: Against method. London 1975.
[16] Goldstein, M., I. F. Goldstein: How we know. New York 1978.

über dem Vorteil des Erkenntnisbesitzes kaum ins Gewicht. Es wurde deshalb auf Effizienz der Erkenntnisgewinnung kaum selektioniert. Und deshalb sind auch die wissenschaftliche Erkenntnisgewinnung unserer Tage und die zu diesem Zweck entwickelten Institutionen keineswegs durch eine hohe Rationalität ausgezeichnet. So ärgerlich und unerfreulich dies manchmal sein mag (die notorische Ineffizienz von „big science" *ist* ein Ärgernis), man kann und darf vom Homo sapiens nicht mehr erwarten.[17]

Es war ein Risiko in der Evolution, den sicheren, aber engen Schutzraum des instinktkontrollierten Verhaltens zu verlassen. Selbst unsere Generation, der Homo sapiens des wissenschaftlich-technischen Zeitalters, kann sich keineswegs sicher fühlen. Wir bewegen uns immer am Rand des evolutionären Untergangs. Der ungeheure Reichtum an zuverlässigem Wissen, an Erkenntnis, den die modernen Wissenschaften erarbeitet haben, kann jederzeit von der Flutwelle falschen Denkens, von den Eruptionen der Irrationalität, in den Abgrund gerissen werden.

Die Wissenschaft, die Institution, die auf objektive Erkenntnis zielt, ist stets das einladende Ziel von Kritik gewesen. Die Wissenschaft, wie wir sie heute kennen, begann ursprünglich in der Renaissance mit dem Vorsatz, sich letztlich auf *Erfahrung* zu verlassen, statt auf antike oder kirchliche Autoritäten oder auf pure Logik. Die Gegenbewegung war stark. Wir brauchen uns nur daran zu erinnern, daß sich Galilei 1591 in Pisa deshalb nicht mehr halten konnte, weil er Experimente ausführte. Dies war der Grund dafür, daß er sich nach Florenz zurückziehen mußte. Die wissenschaftsfeindlichen Bewegungen unserer Tage, die häufig von den Universitäten ihren Ausgang nehmen und in den Medien bereitwillige Multiplikatoren finden, sind gefährliche Atavismen. Sie treffen uns in einem Augenblick, in dem objektive Erkenntnis mehr denn je gebraucht wird, um eine vernünftige Überlebensstrategie für den Homo sapiens und für unseren Planeten zu finden. Der Verzicht auf objektive Erkenntnis würde beim gegenwärtigen Stand der kulturellen Evolution fast zwangsläufig den Selbstmord der menschlichen Spezies bedeuten. Wir können ohne wissenschaftliche Erkenntnis nicht mehr überleben.

Warum kommt es dann überhaupt zu den Angriffen auf die Wissenschaft? Ist es nur deshalb, weil vielen Intellektuellen die wissenschaftliche Bildung fehlt und sie deshalb unfähig sind, die Bedeutung objektiver Erkenntnis für den Bestand unserer Kultur richtig einzuschätzen? Aber weshalb schließen sich viele Bürger und auch Leute mit hoher politischer Verantwortung diesen antiwissenschaftlichen „Bewegungen" an?

[17] Mohr, H.: Läßt sich Wissenschaft evolutionistisch begründen? Akten des 7. Internat. Wittgenstein Symposiums, Wien 1983, 157–160.

Liegt es nur daran, daß die meisten unserer Mitbürger von der Struktur der Wissenschaft und vom „Wesen objektiver Erkenntnis" nicht viel wissen und daß ihnen zeitlebens der Inhalt der Erkenntnis weitgehend verschlossen bleibt? Wie oft haben wir deshalb unser Bildungssystem getadelt![18] Oder liegt es eher daran, daß den meisten Intellektuellen, die heute über die Massenmedien die öffentliche Meinung bestimmen, das wissenschaftliche und technologische Denken fremd und unheimlich vorkommt? Was uns im geistigen Bereich nicht vor-vertraut ist, lehnen wir nur zu gern ab, sei es explizit oder unterschwellig. Aus Befragungen weiß man, daß die kritische Einstellung zu Wissenschaft und Technik mit der Produktionsferne und mit dem Bildungsniveau zunimmt.

Was auch die Ursachen sein mögen, die gegenwärtige Welle der Wissenschaftskritik rollt gegen einen Popanz. In Wirklichkeit kann man die Wissenschaft weder dafür tadeln, daß unsere gesellschaftlichen Wertsysteme krisenhaft instabil geworden sind, noch daß wir falschen Zielsetzungen zum Opfer fallen, daß Technik mißbraucht, unser Planet geplündert und Menschen unterdrückt werden.

Der zuletzt genannte Anklagepunkt mit seinem starken emotionalen Gehalt ist besonders unfair. Schon ein kurzer Blick auf die kulturelle Evolution zeigt uns, daß menschlicher Scharfsinn von Anfang an ein bewundernswertes Repertoire an ausgeklügelten Legitimationen und Rechtfertigungen für Unterdrückung erfunden hat, sowohl im religiösen als auch im säkularen Bereich, völlig unabhängig vom Aufstieg der modernen Wissenschaft. Ein vorurteilsfreies Studium der menschlichen Geschichte zeigt uns ferner, daß wissenschaftliche Erkenntnis nicht nur unsere materiellen Lebensbedingungen – Reichtum und Sicherheit – ungeheuer verbessert hat, sondern auch Freiheit geschaffen hat: Freiheit von Hunger, Freiheit von Krankheit, Freiheit von ständiger physischer Bedrohung und geistiger Unterdrückung. Die Wissenschaft darf von sich behaupten, daß sie einen Standard an Objektivität geschaffen hat, der weit über das hinausreicht, was auf anderen Sektoren menschlicher Kultur erzielt wurde. Diese Objektivität ist die Basis geworden für den Reichtum, die Sicherheit und die Freiheit, die wir in einem Maße genießen wie keine Generation vor uns.

Ich will diesen schwierigen Abschnitt (›Läßt sich das wissenschaftliche Ethos rechtfertigen?‹) mit einigen Sätzen zusammenfassen:

Wenn wir die Prinzipien der Evolutionstheorie und die Thesen der Evolutionären Erkenntnistheorie akzeptieren, *müssen* wir meines

[18] Mohr, H.: Naturwissenschaft und Menschenbildung. Jahrbuch der Wittheit zu Bremen, Band 15 (1971), 31–43.

Erachtens auch dem Argument zustimmen, daß das Streben nach objektiver Erkenntnis und die Fähigkeit, objektive Erkenntnis zu erlangen, als Neigungsstruktur in unserem Erbgut verankert ist. Objektive Erkenntnis erhöht unsere Gesamtfitness. Dies bedeutet, daß unser fester, unbeirrbarer Glaube an die „Grundannahmen" (4.7.1) und unser intuitives, unreflektiertes „Wissen" über die instrumentalen Werte (4.7.3) und den modus procedendi, den man befolgen muß, um objektive Erkenntnis zu erzielen, in unseren Genen vorgeprägt sind.

Dies bedeutet jedoch nicht, und auf diesen Punkt kommt es mir entscheidend an, daß unser Streben nach Erkenntnis und unser Wissen um das Know-how, wie Erkenntnis zu erzielen ist, nicht blockiert werden könnten, zum Beispiel durch irrationale Kräfte unseres Gemüts. Jedes genetische Programm, das nicht zu unseren Basisfunktionen (oder primären Funktionen) gehört, kann (zumindest vorübergehend) unterdrückt werden, ohne daß das Lebewesen darüber stirbt. Erkenntnisstreben ist keine Basisfunktion, sondern eine sekundäre Funktion, die sich (leicht?) ausschalten läßt, wenn (vorübergehend) andere Funktionen in den Vordergrund zu treten haben.

Der Mensch ist nicht vorrangig oder gar ausschließlich rational, und der terminale Wert „Erkenntnis" ist mitnichten die einzige Zielsetzung in unserem Leben. Deshalb wirken die Thesen von Jacques Monod (4.2) auf einen unvoreingenommenen Menschen überzogen und künstlich. Wir müssen vielmehr damit rechnen, daß unsere genetisch verankerte Neigungsstruktur einen delikaten Kompromiß zwischen rationalen und irrationalen Kräften darstellt.

4.9 Das wissenschaftliche Ethos als Partialethos

Die Scientific Community erwartet von einem Wissenschaftler, daß er dem wissenschaftlichen Ethos unbeirrt folgt, solange er wissenschaftlich arbeitet. Hier hat der Wissenschaftler nur die Alternative „Akzeptanz oder Nicht-Akzeptanz". Beim wissenschaftlichen Ethos gibt es keinen Spielraum subjektiver Beliebigkeit. Allerdings, und dies ist ein entscheidend wichtiger Gesichtspunkt, bin ich dem wissenschaftlichen Ethos nur so lange verpflichtet, wie das Ziel meines Tuns darin besteht, zur Erkenntnis beizutragen. Das wissenschaftliche Ethos ist ein „Partialethos", das im Hinblick auf ein bestimmtes Ziel, im Hinblick auf einen bestimmten, überragenden terminalen Wert, sittliche Normen angibt. Das Ziel ist Erkenntnis. Solange die Bemühungen eines Menschen auf dieses Ziel gerichtet sind, unterwirft er sich dem für die Zielerfüllung geeigneten instrumentalen Wertsystem, dem wissenschaftlichen Ethos.

Um keinen Zweifel zu lassen: Das Damoklesschwert der Strafe ist auch innerhalb der Wissenschaft ein entscheidendes Element. Wer das wissenschaftliche Ethos, das spirituelle Konzept der Gemeinschaft verletzt, wird bestraft. Die Skala reicht vom vorübergehenden Vertrauensentzug bis zur Eliminierung aus der Scientific Community. Ein Wissenschaftler würde vielleicht bei seiner Arbeit nie betrügen, weil er sich an intellektuelle Ehrlichkeit gewöhnt hat; er wird mit hoher Wahrscheinlichkeit aber dann nicht mogeln, wenn er sich beständig klarmacht, daß die Scientific Community ihm die Anerkennung entziehen und ihn in der Regel sogar feuern wird, wenn der Betrug herauskommt. Und der Betrug wird über kurz oder lang herauskommen. In der Naturforschung ist es letztlich unmöglich, bei wichtigen Dingen mit Erfolg zu betrügen.[19] (In der Regel würde sich ein Betrug nur bei wichtigen Fragen lohnen.)

Wie bei anderen ethischen Geboten, fällt dem Menschen auch beim wissenschaftlichen Ethos der Gehorsam schwer, weil die Gebote mit anderen menschlichen Neigungen kollidieren.

Das Gebot „Sei fair!" erfordert einen besonderen Kommentar, weil jeder Wissenschaftler aus eigener Erfahrung weiß, wie schwer es ist, ihm gerecht zu werden. Auch große Wissenschaftler machen hier keine Ausnahme. In ihrem engagierten Buch ›Rosalind Franklin und DNA‹ behauptet Anne Sayre[20], daß „Rosalind beraubt wurde, Stück um Stück", und sie wirft wissenschaftlichen Heroen wie Pauling oder Watson vor, an diesen Raubzügen beteiligt gewesen zu sein. Da die DNA-Geschichte kontrovers geblieben ist[21], wählen wir ein eindeutiges Beispiel, um das Fehlverhalten eines großen Wissenschaftlers zu dokumentieren. Die folgende Anekdote, erzählt von C. L. Pekeris[22] über Isaac Newton, ist deshalb besonders interessant, weil in diesem Fall auch die Frage eines Moratoriums in der Wissenschaft hereinspielt.

„Im Jahr 1776 empfahl Newton in einem Schreiben an den Sekretär der Royal Society, Henry Oldenburg, die Forschungen des Hon. Robert Boyle mit einem Moratorium zu belegen. Newton hatte sich über einen Artikel von Boyle fürchterlich aufgeregt, der in den ›Philosophical Transactions of the Royal Society‹ unter dem Titel ›The Incalescence of Quicksilver with Gold‹ erschienen war. Es handelte sich bei der Incaleszenz um ein Thema der Alchemie, und was Boyle

[19] Walton, S.: Data falsification – Congress asks how much and why. Bio science 31 (1976), 355–358.

[20] Sayre, A.: Rosalind Franklin and DNA. New York 1975.

[21] Klug, A.: Rosalind Franklin and the double helix. Nature 248 (1974), 787–788.

[22] Pekeris, C. L.: In: Scientists in search of their conscience (A. R. Michaelis, H. Harvey, eds.). Heidelberg 1973, 49.

1776 publizierte, war ein neues Rezept dafür, wie man Quecksilber mit Gold unter Hitzeentwicklung (daher ‚Incaleszenz') reagieren läßt. Newton nahm üblicherweise keine öffentliche Notiz von den Arbeiten anderer Wissenschaftler; in diesem Fall aber machte er sich sogar die Mühe, an den Sekretär der Royal Society zu schreiben und ihn zu bitten, die Forschungen Boyles über die Incaleszenz von Quecksilber mit Gold mit einem Moratorium zu belegen, wegen der großen Bedrohung, die derartige Forschungen für die Zukunft der menschlichen Gesellschaft darstellten. Eine genauere Prüfung der Motive, die Newton zu diesem Brief veranlaßt haben, ergab indessen, daß Newton keineswegs aus Altruismus oder aus Sorge um das Wohl der Gesellschaft intervenierte. In Wirklichkeit fürchtete Newton, daß Boyle ihm bei der Entdeckung des Steins der Weisen zuvorkommen könnte. Bekanntlich war auch Newton tief in alchemistische Studien verwickelt ..."

Trotz aller Schwierigkeiten, die uns die menschliche Natur auch in diesem Fall bereitet, wird das Gebot „Sei fair!" von jedem Wissenschaftler als eine unentbehrliche Maxime wissenschaftlichen Tuns respektiert. Wir erwarten selbstverständlich von unseren wissenschaftlichen Kollegen, daß sie sich fair verhalten, zumindest in demselben Maße, wie wir selbst dieser Maxime entsprechen. Die Schwierigkeiten und Konflikte, die uns innerhalb der Scientific Community zu schaffen machen, dürfen uns nicht entmutigen. Es sind konstitutive, prinzipiell unvermeidliche Konflikte. Was wir verhindern müssen, sind Exzesse.

Jeder Wissenschaftler weiß aus persönlicher Erfahrung, daß die Kooperation unter Wissenschaftlern, die gegenseitige Kontrolle und gegenseitige Kritik einschließt, niemals frei von Spannungen ist. Popper[23] hat den tatsächlichen Sachverhalt treffend beschrieben als "the friendly – hostile cooperation of scientists which is partly based on competition and partly on the common aim to get nearer to the truth". In der Regel sind Wissenschaftler nicht besonders moralisch oder bescheiden in ihrem persönlichen Leben, und es gibt keinen Anlaß anzunehmen, daß sie sich im politischen Leben besser oder anders verhalten als ihre Mitbürger. Korruption, besonders Nepotismus, gibt es auch unter Wissenschaftlern. Manche Wissenschaftler legen gegenüber ihren Kollegen ein übles Verhalten an den Tag, sobald es um Prestige, Priorität, Konkurrenz oder (viel seltener!) um Geld geht. Manche Wissenschaftler verbindet persönlich nichts als eine solide Abneigung. Ein besonders kritischer Punkt ist die nicht immer gewährleistete Objektivität von Wissenschaftlern, wenn sie aufgefordert sind, in einem anonymen Verfahren (peer review) die Forschungsanträge oder die Manuskripte ihrer engsten wissen-

[23] Popper, K. R.: The rationality of scientific revolutions. In: Problems of Scientific Revolutions (Hrsg.: R. Harré), Oxford 1975, 72–101.

schaftlichen oder persönlichen Konkurrenten zu begutachten.[24,25] Dies sind menschliche und moralische Defekte, gewiß, und sie werfen gelegentlich ein ungünstiges Licht auf die Scientific Community. Um so wichtiger ist es, klar herauszustellen, warum diese Defekte von den Kollegen (bis zu einem bestimmten Punkt zumindest) ignoriert oder doch toleriert werden. Der Grund für diese Permissivität liegt darin, daß es bei einem Wissenschaftler in erster Linie darauf ankommt, daß an seiner eigentlichen Reputation kein Makel haftet. Diese eigentliche Reputation betrifft seine wissenschaftliche Arbeit, seinen Umgang mit Methoden, Daten, Hypothesen und Theorien, seine Loyalität gegenüber dem wissenschaftlichen Ethos.

Der Wissenschaftler als Person lebt moralisch in mehreren Welten. Das Ethos der Wissenschaft, das seiner wissenschaftlichen Arbeit selbstverständlich und unverrückbar zugrunde liegt, ist im allgemeinen nicht identisch mit den Determinanten seiner privaten und politischen Existenz, es ist in der Regel auch nicht maßgebend für die zwischenmenschlichen Beziehungen der Wissenschaftler. Das wissenschaftliche Ethos ist ein „Partialethos“. Die Anerkennung des wissenschaftlichen Ethos bedeutet nicht, daß für den Wissenschaftler „Güte“, „Schönheit“, „Mysterium“, „Gott“ Gegenwerte darstellen, noch braucht der Wissenschaftler Liebe und Furcht, Bewunderung und Haß, Triumph und Verzweiflung, Zärtlichkeit und Leidenschaft aus seinem emotionalen Repertoire zu eliminieren. Der leidenschaftslose, nur der Erforschung der Wahrheit hingegebene Wissenschaftler ist eine Karikatur, und eine schlechte Karikatur dazu, weil sie den wahren Sachverhalt nicht trifft.

Die herausragenden Wissenschaftler waren in der Regel auch eigenwillige und herausragende Menschen, verbunden mit der Welt, eingefügt in die Kultur ihrer Zeit, ebensoviel oder ebensowenig wie andere Bürger interessiert, zuweilen vital interessiert, an den ideologischen und politischen Spannungen und Kämpfen ihrer Zeit.

4.10 Läßt sich das wissenschaftliche Ethos auf die Domäne personaler Beziehungen ausdehnen?

Immer wieder wird die Frage gestellt, ob das ungemein leistungsfähige wissenschaftliche Ethos geeignet wäre, in einer säkularisierten Welt auch als Grundlage für die engen zwischenmenschlichen Bezie-

[24] Hailman, J. P.: Ethos. BioScience 27 (1977), 715.

[25] Cole, St., J. R. Cole, G. A. Simon: Chance and consensus in peer review. Science 214 (1981), 881–886.

hungen, wir wollen sie „personale Beziehungen" nennen, zu dienen. Ich glaube nicht, daß das wissenschaftliche Ethos hierfür geeignet ist. Es ist als Universalethos unbrauchbar. Ich glaube nicht, daß sich beispielsweise Prinzipien wie Objektivität und absolute intellektuelle Redlichkeit in den zwischenmenschlichen Beziehungen langfristig und strikt aufrechterhalten lassen, ohne daß die Partner Schaden erleiden. Warum? Wir – oder doch die meisten von uns – sind auf gemischte Strategien der Daseinsbewältigung (s. S. 82) programmiert. Bei den personalen Beziehungen der Menschen ist nicht Erkenntnis, ist nicht wissenschaftliche Wahrheit das Ziel, sondern die Erfüllung subjektiver Wünsche, die weite Palette menschlichen Glücks. Das wissenschaftliche Ethos gibt uns hierfür keine verbindlichen Maximen. Es ist ein Partialethos, das auch die Existenz des Wissenschaftlers nur partiell beherrscht. Ein gescheiter Student, ein hervorragender junger Wissenschaftler, hat sich bei mir einmal fast verzweifelt mit den Worten abgemeldet: „Ich muß mich ein paar Tage von der Objektivität erholen." Sein Wunsch war nicht nur verständlich, sondern auch legitim, weil das wissenschaftliche Ethos nicht den Anspruch erhebt, ein Universalethos zu sein.

4.11 Läßt sich das wissenschaftliche Ethos auf die Domäne politischer Beziehungen ausdehnen?

Kann das wissenschaftliche Ethos, das einzige weltumspannende, funktionstüchtige Ethos politisch relevant gemacht werden? Die Erfolge der Wissenschaft, die sich in einem ungeheuren Reichtum an zuverlässiger Erkenntnis manifestieren, haben neuerdings immer wieder die Idee stimuliert, das wissenschaftliche Ethos sollte und könnte über die Domäne der Wissenschaft hinaus auf die politischen Beziehungen ausgedehnt werden[26,27]. Warum sollte ein Ethos, das sich innerhalb der Scientific Communities als unglaublich erfolgreich erwiesen hat, nicht auf andere Domänen menschlichen Zusammenwirkens übertragen lassen? Die Drohung einer weltweiten Katastrophe – bedingt durch die Bevölkerungsexplosion und einen Mißbrauch technischer Kräfte – kommt allmählich vielen Menschen ins Bewußtsein, und einige Denker reagieren darauf mit der Forderung nach einer neuen Ethik, die angepaßt wäre an die Bedürfnisse unserer Zeit und als sittliche Basis einer

[26] Cournand, A. F.: The code of the scientist and its relationship to ethics. Science 198 (1977), 699–705.

[27] Mohr, H.: The ethics of science. Interdisciplinary Science Review 5/4 (1979), 45–53.

Überlebensstrategie dienen könnte. Cournand hat in den letzten Jahren wiederholt betont, daß diese neue Ethik sich am wissenschaftlichen Ethos, dessen Erfolge unbestritten sind, orientieren muß. In seinen Worten:

"The ethic in question should identify the evils of uncontrolled development, a development that does not seek, above all, to eliminate the threats of life and is not guided by the directed application of technology and positive plans for the future. This ethic should also provide a basis for going beyond the competing ideologies and religions of our day ... My goal is to justify the linking of the norms of science, as reflected in its operating code, with an ethic that seeks to foster the values of egalitarianism, political pluralism, and fraternalism in socio-political development."

Meine Ansicht ist dem genau entgegengesetzt. In meinen Augen ist das wissenschaftliche Ethos ein Partialethos, das seine Kraft nur dann entfalten kann, wenn die Zielsetzung, der terminale Wert, „objektive Erkenntnis" heißt. Das Ethos der Wissenschaft ist als instrumentales Wertsystem hingegen nicht besonders dafür geeignet, andere Ziele, andere terminale Werte zu erreichen.

Ich möchte dies im nächsten Abschnitt klarmachen, indem ich den Wissenschaftler in seiner Doppelrolle als Mitglied der Scientific Community und als Bürger in einem politischen Gemeinwesen analysiere.

4.12 Homo investigans versus Homo politicus

Ist die Scientific Community, zusammengehalten durch das wissenschaftliche Ethos, ein politischer Faktor oder gar eine politische Kraft? Die Antwort auf diese Frage ist ein klares „Nein". Warum?

Die Tatsache, daß Wissenschaftler aus verschiedenen Lagern, Kulturen und Gesellschaftssystemen im wissenschaftlichen Ethos übereinstimmen, bedeutet nicht, daß sie auch im Hinblick auf andere Wertsysteme übereinstimmen. In der Tat weichen hier die Auffassungen verschiedener Wissenschaftler nicht selten drastisch voneinander ab. Der Polytheismus der Werte und der politisch-ideologische Pluralismus sind innerhalb der Scientific Communities mindestens ebenso ausgeprägt wie in der menschlichen Gesellschaft insgesamt.[28] Und dies mit gutem Grund: Es gibt schwerwiegende, existentielle Fragen, bei denen weder die wissenschaftliche Erkenntnis noch das wissenschaftliche Ethos uns sagen, was sein soll und was zu tun ist. Wir alle wissen, daß wissenschaftliche Erkenntnis zwar eine unabdingbare Voraussetzung, aber

[28] Jevons, F. R.: Science observed. London 1973.

kein hinreichender Grund ist für die richtige Führung unseres Lebens. Das wissenschaftliche Ethos wird uns nur so lange eine klare und strenge Richtschnur sein, wie wir die Zielsetzung „Erkenntnis" unbeirrbar im Auge haben. Verfolgen wir andere Ziele, so kann uns das wissenschaftliche Ethos keine verbindlichen instrumentalen Werte liefern. Es ist politisch und doktrinär neutral.

Die Funktion des Wissenschaftlers als Homo investigans beschränkt sich bei politischen Entscheidungen und Handlungen auf die Bereitstellung von Erkenntnis, auf die Bereitstellung zuverlässigen Wissens über die in Frage stehenden Sachverhalte. Die Sätze, die von der Wissenschaft in das menschliche Handeln, in die Praxis der Existenzbewältigung, einfließen, haben stets dieselbe Struktur. Es sind „Wenn-dann-Sätze". In allgemeiner Form lauten diese Sätze: Wenn die Faktorenkonstellation *x* gegeben ist, dann werden die Folgen *y* resultieren; oder: Wenn man die Folgen *y* erreichen will, dann muß man die Konstellation *x* schaffen; oder: Wenn man die Folgen *y* vermeiden will, dann muß man die Faktorenkonstellation *x* vermeiden. Sätze wie: „Die Konstellation *x* ist gut", haben erst dann eine wissenschaftliche Bedeutung, wenn man sie in die Form bringt: „Ich sage voraus, daß die Faktorenkonstellation *x* als gut befunden wird, um die Folgen *y* zu erreichen." Ob es wünschenswert oder gerecht ist, *y* zu erreichen, ist in diesem Satz nicht impliziert. Ein solches Vorurteil ist wissenschaftlich nicht begründbar und in einer pluralistischen Gesellschaft, in der die Ziele im Streit liegen, prinzipiell strittig. Wenn die Werturteile, politische oder persönliche Werturteile, wohlgemeinte Warnungen, in Wenn-dann-Sätze einfließen, geht die Zuverlässigkeit der Prognose allzu leicht verloren. Werturteile, auch wenn zufällig Konsens bestehen sollte, sind Einflußgrößen, die sich unversehens und sprunghaft ändern können.

Zusammengefaßt: Die Wissenschaft kann den Menschen zuverlässige Ratschläge dafür geben, wie persönliche oder politische Ziele zu erreichen sind; die Wissenschaft kann den Menschen aber nicht verbindlich sagen, welche persönlichen oder politischen Ziele zu wählen sind. In einem Gemeinwesen freier Menschen werden politische Entscheidungen immer Kompromisse darstellen, die niemals jedermann zufriedenstellen können.

Einige Denker meinen, daß es *eine* Zielsetzung gibt, die allen Menschen gemeinsam ist – das Überleben des Menschen als Individuum und als Spezies. Ich glaube zwar nicht, daß man diese Zielsetzung evolutionistisch begründen kann oder daß uns ein moralisches Argument zugunsten einer kontinuierlichen menschlichen Evolution zu Gebote steht, ich stimme aber der Auffassung zu, daß die meisten Menschen ein Interesse daran haben, als Individuen und als Spezies zu überleben. Nehmen wir an, die Menschen würden weltweit und verbindlich diese Zielsetzung als einen supremen terminalen Wert akzeptieren. Wir stünden dann vor dem gigantischen Problem, ein entsprechendes instrumentales Wertsystem zu schaffen, in einer vielfach bedrohten, übervölkerten und bereits ausgeplünderten Welt, die gänzlich und irreversibel auf wissenschaftlich fundierte Technik gebaut ist.

Pierre Massé und André Cournand haben eine seinerzeit vielbeachtete, für die Kontinuität der Wissenschaft aber nicht unproblematische „Ethik der Entwicklung" (ethic of development) vorgeschlagen, die sie mit dem Untertitel "an ethic of growth to serve man" versehen haben. In ihren Worten:

"In this ethic, objective knowledge, rather than being the supreme good, is subservient to a greater aspiration, namely, man's discovery of a vector of life. The dominant attitude in this ethic is compromise, harmonization, or conciliation, derived from the thesis that the biological survival of the individual, as of the species, depends on accommodation between rigidity and plasticity, between the imperious demands of the genes and an adaptability to the impact and pressures of the environment."[29]

Es ist klar, daß auch diese Ethik künftiger Entwicklung auf ein hohes Maß an globaler Solidarität und auf ein allgemein akzeptiertes instrumentales Wertsystem angewiesen ist. Kann, wie die beiden Denker glauben, die globale Scientific Community hierbei als leuchtendes und relativ leicht nachzuahmendes Vorbild dienen?

Zweifellos existieren eine globale Scientific Community und ein wissenschaftliches Ethos, dem die Gemeinschaft gehorcht. Aber existiert – im politischen Sinn – so etwas wie eine „Menschheit"? Ist die Menschheit eine Institution, der man trauen könnte, so wie man der globalen Scientific Community vertraut? Sind die Vereinten Nationen jemals fähig gewesen, ein Problem zu *lösen*?

Sicherlich sind die horrenden Probleme, vor die uns die Populationskrise und die weltweite Umweltgefährdung stellen, internationale, im wahrsten Sinn des Wortes globale Aufgaben. Es sind Aufgaben der Menschheit; der „geplünderte Planet" ist unser aller Heimstatt. Aber dennoch bleibt „Menschheit" eine Fiktion. In der politischen Realität existiert die Menschheit nicht; und es besteht keine berechtigte Hoffnung, daß die globale Scientific Community von den politischen Kräften jemals zum Vorbild genommen würde. Es gibt, so müssen wir bekennen, offenbar keinen obersten terminalen Wert, der sich im politischen Raum durchsetzen könnte (s. S. 69).

[29] Cournand, A. F.: The code of the scientist and its relationship to ethics. Science 198 (1977), 699–705.

4.13 Das wissenschaftliche Ethos ist bedroht

Die meisten Wissenschaftler haben verschiedene Treuepflichten. Sie sind nicht nur Angehörige von Scientific Communities, sondern auch engagierte Mitglieder anderer sozialer, politischer oder religiöser Gruppierungen. Ein Problem entsteht dadurch, daß manche, vielleicht sogar viele Wissenschaftler Schwierigkeiten haben, die richtige Balance zwischen den verschiedenen Treuepflichten zu finden und einzuhalten.

Besondere Probleme entstehen dann, wenn die Loyalität gegenüber einer bestimmten politischen Ideologie einen angesehenen Wissenschaftler geradezu verblendet. Als wohlbekannte Beispiele können wir auf jene britischen Marxisten der dreißiger Jahre verweisen, unter ihnen Bernal und Haldane, die ganz offen ihr überragendes wissenschaftliches Prestige dazu benützten, ihre politischen Überzeugungen unter die Leute zu bringen, obgleich die stalinistischen Exzesse bereits kein Geheimnis mehr waren. Während der gleichen Zeit kreierten einige deutsche Physiker, unter ihnen zwei Nobelpreisträger, die sogenannte „Deutsche Physik“, eine unverblümte Unterstützung der nationalsozialistischen Ideologie.

Nehmen wir an, alle diese hervorragenden Wissenschaftler waren ehrenwerte Leute. Was folgt für unser Thema daraus? Das moralische Prestige der Wissenschaft wird darunter leiden, wenn einzelne Wissenschaftler, die mit Recht als Glanzpunkt der Scientific Community angesehen werden, ihre politisch-ideologischen Vorurteile zur Schau tragen, ohne klar und immer wieder zum Ausdruck zu bringen, daß ihre fachliche Kompetenz keinen hinreichenden Grund für eine ausgeprägte politische Urteilskraft darstellt. Im Gegenteil, es gibt zahlreiche Beispiele dafür, daß hervorragende Wissenschaftler sich zu politischen, philosophischen und ethischen Fragen erstaunlich naiv und engstirnig geäußert haben, vermutlich deshalb, weil sie sich nie die Zeit genommen und die Mühe gemacht haben, die Komplexität der Welt außerhalb der Reichweite ihrer fachlichen Expertise zu durchdringen. Sobald sie fachlichen Ruhm erworben haben oder gar mit dem Nobelpreis ausgezeichnet sind, möchten sie ihre Stimme erheben, zu welchem Thema auch immer. Eine wirklich ernsthafte Bedrohung der Integrität der Scientific Community setzte aber erst ein, als die militärische und die friedliche Nutzung der Kernenergie gewisse Zweige der Wissenschaft zu einer öffentlichen Angelegenheit machte. Offenbar waren die meisten Wissenschaftler durch die neue, ungewohnte Situation überfordert, und es kam zu ernsten, zum Teil üblen Verletzungen des wissenschaftlichen Ethos. Intellektuelle Redlichkeit und Objektivität wurden bei den öffentlich ausgetragenen Kontroversen nicht immer gewahrt.

„Wenn ein Wissenschaftler in einem wissenschaftlichen Forum spricht, wird er von seinen Kollegen (peers) danach beurteilt, ob er streng beweisen kann, was er behauptet; wenn er sich hingegen in einem öffentlichen Forum äußert, können seine peers ihn nicht ständig auf dem Pfade wissenschaftlicher Tugend halten. Deshalb lädt die transwissenschaftliche Debatte, die in öffentlichen, nicht-wissenschaftlichen Foren stattfindet, zur Verantwortungslosigkeit geradezu ein."[30]

Tatsächlich erweisen sich öffentliche Hearings über kontroverse Fragen im Übergangsfeld zwischen Wissenschaft und Gesellschaft mehr und mehr als Katastrophen für das moralische Prestige der Wissenschaft. Natürlich können zwei Wissenschaftler abweichende Auffassungen in solchen Fragen zum Ausdruck bringen, die sich der streng wissenschaftlichen Betrachtungsweise (noch) entziehen. Es entsteht aber ein miserables Bild vom moralischen Standard der Scientific Community, wenn harte Schlußfolgerungen durch Daten nicht entsprechend gedeckt sind oder wenn Daten manipuliert werden, um „vorgewußte" Schlußfolgerungen zu stützen.[31] Nochmals Weinberg:

„Wenn Wissenschaftler ihre Auffassungen zu wissenschaftlich umstrittenen Fragen in einem öffentlichen Forum vortragen, sind sie nicht den gleichen harten Sanktionen unterworfen wie bei den üblichen Verfahren der wissenschaftlichen Auseinandersetzung. Weil das wissenschaftliche Ethos in diesem Rahmen nicht richtig funktioniert, entwickelt sich die außerwissenschaftliche Debatte nur allzu leicht zum verantwortungslosen Gerede: die Standards für die Beweisführung werden erniedrigt, Halbwahrheiten machen sich breit ... Wenn manche Wissenschaftler sich regelmäßig das Recht nehmen, in öffentlichen Foren über wissenschaftliche Fragen schlampig zu sprechen, wird sich diese Gewohnheit allmählich auch in das wissenschaftliche Forum einschleichen."[32]

Ich möchte hinzufügen, daß Verantwortungslosigkeit dieser Art und in diesem Ausmaß das öffentliche Prestige und die Vertrauenswürdigkeit der Wissenschaft bereits mehr geschwächt hat, als die meisten von uns glauben. Wir werden selbst die Grundmauern unserer Institution allmählich zerstören, wenn wir die an sich scharfe Grenze zwischen wissenschaftlichen und transwissenschaftlichen Äußerungen dauernd verwischen.

Ich habe oben bereits betont, daß der Durchschnittsbürger an „Erkenntnis um der Erkenntnis willen" nicht besonders interessiert ist. Er

[30] Weinberg, A. M.: The limits of science and trans-science. Interdisciplinary Science Reviews 2 (1977), 237–342.

[31] Comar, C.: Bad science and social penalties. Science 200 (1978), 1225.

[32] Weinberg, A. M.: Science in the public forum: Keeping it honest. Science 191 (1976), 341.

(oder sie) ist aber aus praktischen Gründen – weil man technische und soziale Probleme lösen will – an zuverlässigem Wissen, an objektiver Erkenntnis, interessiert. Dies ist, wie wir uns bereits klargemacht haben (s. S. 46), verständlich: In der genetischen Evolution der Menschen gab es keinen Bonus für Erkenntnis ohne Anwendung.

Die Institution Wissenschaft, die „Erkenntnis um der Erkenntnis willen" schafft, wird uns nur so lange erhalten bleiben, wie der Bürger überzeugt ist, daß die Wissenschaft tatsächlich „zuverlässiges Wissen" hervorbringt – jenes Wissen, das die Grundlage unserer Zivilisation bildet, weil man sich beim theoretischen Argument und beim praktischen Handeln auf dieses Wissen jederzeit verlassen kann. Das „Unternehmen Wissenschaft" muß sich deshalb ständig und verständlich rechtfertigen; wir müssen die Menschen um uns immer wieder davon überzeugen, daß Investitionen in der Wissenschaft unabdingbar sind, wenn es darum geht, unsere Zukunft zu meistern, den Fortschritt zu bewältigen. Unsere unmittelbare und wichtigste Aufgabe ist es jedoch, den Glauben der Öffentlichkeit in die Vertrauenswürdigkeit der Naturwissenschaften zu stärken. Eine Institution Wissenschaft mit der Zielsetzung „Objektive Erkenntnis" muß vertrauenswürdig bleiben, über jeden moralischen Zweifel erhaben sein, sonst wird sie als eigenständige kulturelle Kraft nicht überleben.

Diese Vertrauenswürdigkeit wird gemessen an der Strenge, mit der das wissenschaftliche Ethos unser Tun und Streben determiniert, im Laboratorium, am Schreibtisch, im Hörsaal, am Rednerpult.

5. IST ERKENNTNIS NORMATIV?

5.1 Homo investigans – Homo faber[1] – Homo politicus

Die moralische Struktur der Wissenschaft ist einfach: Am Anfang steht „Erkenntnis" als terminaler Wert. Das wissenschaftliche Ethos – ein strikt wissenschaftsimmanentes instrumentales Wertesystem – resultiert aus der Akzeptanz des terminalen Werts. Ohne wissenschaftliches Ethos gibt es keine auf „Erkenntnis" zielende Forschung, keinen „Homo investigans". Das Ergebnis von Forschung, Erkenntnis, wird durch Normen nicht geändert. Die von Habermas[2] und anderen vertretene These, wonach es objektive wissenschaftliche Aussagen nicht gäbe, sondern Erkenntnis immer und überall durch Wertvorstellungen und gesellschaftliche Interessen geprägt werde, trifft auf die strengen Naturwissenschaften nicht zu. Es ist lediglich der Stellenwert von Erkenntnis, der durch unsere „Interessen" und „Zielsetzungen" festgelegt wird, die Erkenntnis als solche bleibt davon unberührt („Kein Schluß vom Sollen auf das Sein").

Die meisten menschlichen Handlungen zielen nicht auf „Erkenntnis". Der die Welt *verändernde* Mensch, der „Homo faber", verfolgt andere Ziele. Die terminalen Werte des Homo faber umfassen die ganze Palette kultureller Aktivität.

Der teleologisch denkende und handelnde Mensch benötigt Wissen in zweierlei Form: Verfügungswissen und Orientierungswissen.

Verfügungswissen gibt die Antwort auf die Frage: Wie kann ich etwas, was ich tun will, tun?

Orientierungswissen beantwortet die Fragen: Was soll ich tun? Was darf ich (nicht – oder nicht mehr) tun?

Zuverlässiges Verfügungswissen ist heute meist wissenschaftliche Erkenntnis, beim Orientierungs- (oder Handlungs-)wissen gestaltet sich die Begründung viel schwieriger. Die dringende Frage nach einem geordneten und verläßlichen Orientierungswissen ist identisch mit der Frage nach einem rational begründeten, kohärenten und in sich kompatiblen System terminaler Werte.

[1] "The purpose of science is to make the world a better place to live in." (Sir Francis Bacon)

[2] Habermas, J.: Technik und Wissenschaft als Ideologie. Frankfurt a. M. 1968.

Die Geisteswissenschaften haben sich seit ihrem Aufblühen im 19. Jahrhundert als die unentbehrlichen Orientierungswissenschaften der modernen Gesellschaft empfunden. Daraus resultierte ihr Bildungsanspruch (s. S. 137). Die Frage, hic et nunc, lautet, ob in der säkularen, pluralistischen Welt, in der wir leben, die Geisteswissenschaften diesen kulturellen Auftrag (noch) zu erfüllen vermögen.[3] Den Geisteswissenschaften werden ethische Probleme zugeschoben, die nach ihrer Eigenart unlösbar sind (s. S. 137). Jedenfalls ist es auch den „kritischen" Sozialphilosophen nicht einmal andeutungsweise gelungen, eine Ethik bereitzustellen, „mit der man begreifen und regulieren könnte, was geschieht"[4].

Auch die präzise Beschreibung des Problems durch H. Lübbe ist eher eine treffsichere Charakterisierung des Defizits als ein konkretes Programm zu seiner Bewältigung:

„Die Kultur des richtigen Umgangs mit den kulturellen Forschungsfolgen, die fällige Fortschreibung der normativen Verfassung unserer Kultur einschließlich unserer Wissenschafts- und Forschungskultur, ... ist ohne methodisch-wissenschaftlich disziplinierten Rekurs auf die normativen Gehalte unserer kulturellen Überlieferung nicht möglich."[5]

Der Pluralismus terminaler Werte bildet in der offenen, freiheitlichen Gesellschaft bestimmte Muster („Parteien"). Parteien – ihre Grundwerte, ihre Programme – sind ein Ausdruck dafür, daß der „Homo politicus" über den ethischen Minimalkonsens (Grundgesetz, Verfassung) hinaus nach einem Konsens des Handlungswissens strebt. Solange wir nicht begreifen können, was geschieht, wird die Parteienbildung das friedliche Zusammenleben in einer säkularen, pluralistischen Gesellschaft am ehesten gewährleisten, weil sie der ethischen Anarchie im politischen Raum entgegenwirkt.

5.2 Das Naturbild

In der Philosophie bedeutet Natur „das Wesen jedes Seienden". In den Naturwissenschaften verstand man ursprünglich unter Natur die

[3] Tenbruck, F. M.: Was sind und was sollen die Geisteswissenschaften. Vortrag auf der Jahresversammlung der Westdeutschen Rektorenkonferenz in Bamberg, 5.–7. Mai 1985.

[4] Luhmann, N.: Alternative ohne Alternative. FAZ vom 2. Juli 1986, Nr. 149, p. 29.

[5] Lübbe, H.: Universitäten im kulturellen Wandel. Vortrag anläßlich der 400. Jahresfeier der Universität Graz im Mai 1985.

materielle Wirklichkeit, soweit sie vom Menschen nicht beeinflußt ist („... was aus sich heraus ohne Einwirkung des Menschen und außerhalb des menschlichen Bewußtseins besteht", G. Ropohl). Die Biologie als Naturwissenschaft bemüht sich um die Erforschung und Deutung der *belebten* Natur.

In der soeben eingeführten Definition ist „Natur" ein Gegenbegriff zu „Kultur", die alles umfaßt, was der teleologisch denkende und handelnde Mensch geschaffen hat.

In der gegenwärtigen Umweltdiskussion wird „Natur" häufig in gleicher Bedeutung wie „Umwelt" aufgefaßt. Wenn beispielsweise bei uns heute von „Naturschutz" die Rede ist, meint man in der Regel den Schutz der (bäuerlichen) Kulturlandschaft, und keineswegs die Restaurierung der ursprünglichen mitteleuropäischen Waldgesellschaften, von denen außerhalb der Fachwissenschaft kaum jemand noch etwas weiß. „Umweltschutz" zielt auf die Erhaltung der natürlichen Grundlagen eines *kultivierten* menschlichen Lebens. Dies ist eine ganz andere Zielsetzung als Erhaltung oder Restaurierung von Natur.

Ist diese Zielsetzung ethisch zu rechtfertigen? Seit Immanuel Kant, der den Akt der Menschwerdung als Emanzipation „aus der Vormundschaft der Natur in den Stand der Freiheit" auffaßte, schien es eine noble Aufgabe der Philosophie zu sein, diesen Akt der Emanzipation immer wieder gedanklich zu erneuern. Mit Recht weisen zeitgenössische Philosophen aber darauf hin, daß Kant – im kategorischen Imperativ zum Beispiel – die Bedeutung der außermenschlichen Natur in mehrfacher Weise unterschätzt hat.[6] Ist auf die außermenschliche Natur nur um des *guten* Lebens willen Rücksicht zu nehmen, oder auch um ihrer selbst willen? Wie gelangt man in dieser Hinsicht über Kant hinaus?

Das Engagement der Philosophie im Umweltdisput war bislang nicht besonders hilfreich, da offenbar keine Klarheit darüber besteht, was den „philosophischen Handlungsbedarf" tatsächlich ausmacht. Ferdinand Fellmann hat kürzlich die klassische Position bekräftigt:

> „Die Philosophie muß den Naturbegriff von Zweideutigkeiten freihalten, damit die dringend notwendige Bewahrung der Lebensgrundlagen industrieller Gesellschaften nicht dem Spiel unkontrollierbarer Stimmungsschwankungen anheimfällt."[7]

Fellmann bezieht sich auf Wilhelm Dilthey, der seinerzeit nachdrücklich vor einer Renaissance der romantischen Naturphilosophie gewarnt hat,

[6] Maurer, R.: Philosophische Ethik und Orientierung im Handeln – Ethik und Ökologie. Universitas 37 (1982), 705–714.

[7] Fellmann, F.: Sentimentale Schwärmerei – Eine Warnung vor falschen Wegen in der Naturphilosophie. FAZ vom 18. 2. 87, Nr. 41, p. 33.

die er als „verwerfliche Zwitterbildung“ bezeichnete, da sie nicht zwischen Begriff und Stimmung zu unterscheiden wisse. Dilthey hat zwar zeit seines Lebens die Erlebnisdimension der Natur in ästhetischer Hinsicht gegen die Abstraktionen der naturwissenschaftlichen Begriffsbildung verteidigt; er war sich aber darüber im klaren, daß die Rehabilitierung der erlebten Natur und die sich darauf beziehende naturphilosophische Reflexion nicht in „die Finsternis sentimentaler Schwärmerien“[8] zurückführen darf.

In der publikumsorientierten Naturphilosophie unserer Tage ist von der Kantschen Tradition und von der begrifflichen Strenge Diltheys wenig zu spüren. Beispielsweise trägt die in normativer Absicht vorgetragene Naturphilosophie Meyer-Abichs[9] zur logischen und emotionalen Verwirrung im Disput um Natur und Umwelt dadurch bei, daß sie die Begriffe „Natur“ und „natürliche Mitwelt“ nahezu identifiziert. Meyer-Abich definiert seinen Handlungsmaßstab zum Beispiel folgendermaßen: „Als natürlich kann dabei einstweilen der Zustand der natürlichen Mitwelt vor einem Jahrhundert und außerhalb der industriellen Ballungsräume gelten ...“ Er verweist auf ein „gesundes Gefühl ..., daß ein kultivierter Garten Natur ist und eine Müllhalde nicht ...“. Dagegen läßt sich einwenden, daß die Abneigung gegen eine Müllkippe biologisches Erbe ist – die Aversion gegen Abfall und Fäkalien, und damit gegen Seuchenherde, ist ein Teil unserer biologischen Natur. Und ein Garten ist nicht „Natur“, sondern ein der Natur mühsam abgerungenes Kulturgut, auch wenn unser kultiviertes Streben nach Harmonie in Form und Farbe eine biologische Basis hat. Das Nachdenken über Evolutionäre Ästhetik, inwieweit unsere ästhetische Urteilskraft biologisches Erbe sei, kann uns davor bewahren, in der Nachfolge Rousseaus die Urteile kultivierter Ästhetik zu einem Urteil über Natur und Unnatur zu machen. Ähnliches gilt für unser historisches Bewußtsein. Handlungsmaßstäbe, die sich an der Vergangenheit orientieren, müssen die historischen Fakten respektieren. „Natürliche Mitwelt“ vor einem Jahrhundert und außerhalb der industriellen Ballungsräume als Handlungsmaßstab?

Manch einer wird sich darauf besinnen, wie erbärmlich und hart das bäuerliche Leben auch vor 100 Jahren noch gewesen ist. Aus der Landschaft meiner badischen Wahlheimat, die uns heute durch ihre Harmonie, durch den geglückten Ausgleich von Ökonomie und Tradition berührt, sind im 19. Jahrhundert unzählige Menschen unter dem Zwang

[8] Ebd.

[9] Meyer-Abich, K. M.: Wege zum Frieden mit der Natur – Praktische Naturphilosophie für die Umweltpolitik. München 1984.

trostloser Verhältnisse nach Amerika ausgewandert: Ausgeplünderte Wälder, armselige Dörfer, verdreckte Straßen, geschundene Zugtiere, politische Unterdrückung, Hungerjahre, verseuchtes Wasser, Cholera, Typhus, Tuberkulose, Kindbettfieber, Scharlach und Diphtherie – kann diese „natürliche Mitwelt" unser Maßstab sein?

Der Ausweg in Naturmystik und Animismus, den Meyer-Abich als einen Pfad zum Frieden mit der Natur suggeriert, erscheint mir auch deshalb unredlich, weil ihn nur jene Auserwählten beschreiten könnten, deren Existenz gesichert ist durch die Arbeit der anderen. Die heute wieder viel zitierten alternativen oder mythischen Weltbilder sind stets sekundäre, kulturell bedingte Luxus-Varianten gewesen, die nur deshalb lebensfähig waren, weil sie auf agrarischen Kulturen parasitieren konnten, die der Realität angepaßt waren.

In allen Agrarzivilisationen unserer Geschichte, so hat es A. N. Whitehead formuliert, bestand die normale Struktur der Gesellschaft darin, „daß eine im relativen Überfluß lebende Minorität von der Arbeit einer gezähmten Bevölkerung lebte, deren Zahl durch Hunger, Krieg und Krankheit in Grenzen gehalten wurde"[10].

Auch die moderne Idylle, der Mythos der heilen Welt, die ökologische Versöhnung des Menschen mit der Natur, ist eine Illusion, geboren aus Unwissenheit und Überfluß. In Wirklichkeit ist der Mensch, wie viele erfolgreiche Arten vor ihm in der Evolution, eine Naturkatastrophe. Seitdem der moderne Homo sapiens auf diesem Planeten existiert, seit dem späten Pleistozän, greift er brutal in die „Ordnung der Natur" ein, vernichtet andere Arten, zerstört die Vielfalt und Schönheit der Schöpfung – um Platz zu schaffen für sich. Dies gehört zum rauhen Alltagsgeschehen der biologischen Evolution und ist deshalb „natürlich". Der Mensch verhält sich wie jede andere erfolgreiche Art. „Natürlich" ist dann allerdings auch die Begrenzungskrise, die rücksichtslose intraspezifische Konkurrenz, und der drohende Untergang: Wenn wir „unserer Natur" weiter nachgeben, sterben wir in absehbarer Zeit unweigerlich aus.

Unsere derzeitige Krise besteht letztlich darin, daß der Mensch *global* mit seiner ungeheuren Zahl und mit seinem Anspruch an Ressourcen und Abfalldeponien weit über die Tragekapazität der Umwelt hinausgeschossen ist (s. S. 91) und damit seinen Untergang provoziert. Das Problem ist die große Zahl. Sechs oder zehn Milliarden Menschen kann unser Planet auf die Dauer nicht aushalten. Die Grenzen des Wachstums werden nicht herbeigeredet, sie sind real.

Vordergründig ist diese Erkenntnis nahezu Allgemeingut. Wer möchte

[10] Whitehead, A. N.: Adventures of Ideas. New York 1933.

nicht in einer menschenfreundlichen und zugleich naturschönen Umwelt leben? Wer wünschte nicht den gesitteten, vernünftigen Umgang mit der technischen Zivilisation und mit der Natur? Wer würde nicht Edward Wilson zustimmen, wenn er schreibt:

"The cleaning of jungles in the Amazon to make room for bony white cattle can be defended (with difficulty) on economic grounds, but it is like burning a Renaissance painting to cook dinner."[11]

Die Frage ist, warum uns vernünftiges *Handeln* trotzdem so schwerfällt. Sind unserer Vernunft enge biologische Grenzen gesetzt? (s. S. 30). Oder kann man damit rechnen, daß ein besseres Wissen um die Natur und um die „Natur des Menschen" dazu beitragen wird, die richtigen Normen für unser Leben zu finden, bevor die natürlichen Voraussetzungen für ein *gutes* Leben zerstört sind?

5.3 Kein Schluß vom Sein auf das Sollen?

Die klassische Behauptung der Philosophie, der Schluß vom Sein auf das Sollen sei ein naturalistischer Fehlschluß, Normen könnten nur aus Normen gewonnen werden, erscheint dem Naturforscher zu einfach. Die Biologie kann, wie alle Naturwissenschaft, zumindest dadurch zum moralischen Handeln beitragen, indem sie über Grenzen von Handlungsmöglichkeiten und über die Folgen von Handlungen und Normensystemen Aussagen macht[12] – und damit *falsche* Normen aufdeckt. Nur gestützt auf Erkenntnis kann das menschliche Denken die Rationalität, Kohärenz und Kompatibilität eines instrumentalen Wertsystems gewährleisten, nachdem wir uns auf ein Ziel geeinigt haben. Die Einigung auf das Ziel ist das Problem; hingegen erscheint es uns nahezu selbstverständlich, daß wissenschaftliche Erkenntnis bei der Auswahl der Mittel *und* bei der Begründung des *instrumentalen* Wertsystems heutzutage die entscheidende Rolle spielt.

Eine Fallstudie: Die Zunahme des CO_2 in der Atmosphäre. Im 18. und 19. Jahrhundert wurde die Energiekrise durch die Einbeziehung fossilen Kohlenstoffs in die Energieerzeugung gemeistert. Außerdem wurden und werden die Hochwälder in weiten Teilen der Welt gerodet und damit

[11] Wilson, E. O.: Biophilia: the human bond with other species. Cambridge/Mass. 1984.

[12] Stöckler, M.: Eine neue Evolutionäre Ethik? Der Beitrag der Soziobiologie zur Moralphilosophie. In: Der Mensch und die Wissenschaften vom Menschen (Hrsg. G. Frey und J. Zelger). Innsbruck 1983, 621–629.

der als Biomasse gebundene Kohlenstoff als CO_2 freigesetzt. Die meisten Fachleute sind sich heute darin einig, daß die daraus resultierende stetige Erhöhung des CO_2-Partialdrucks in der Atmosphäre in sehr absehbarer Zeit das thermische Gleichgewicht auf unserem Planeten im Sinne eines „Treibhauseffekts" verändern wird, daß sich die Vegetationszonen gewaltig verschieben und gewisse Regionen der „Verwüstung" anheimfallen werden. Vielleicht wird die Erde überhaupt unbewohnbar. Es gibt hier verschiedene Prognosen, aber sie stimmen alle darin überein, daß es in höchstem Maße unverantwortlich ist, das derzeitige Ausmaß an anthropogener CO_2-Produktion beizubehalten oder gar zu steigern, z. B. durch die forcierte Verbrennung von Kohle, Öl oder Biomasse, oder durch die weitere Abholzung der Hochwälder.[13]

Eine Zielsetzung globaler Ökologie, ein überragender terminaler Wert im Interesse *aller* Menschen müßte es demnach sein, den CO_2-Gehalt der Atmosphäre nicht weiter anwachsen zu lassen. Die wissenschaftlich-technische Problemlösungskapazität steht auch in diesem Fall im Prinzip bereits zur Verfügung. Aber sie kann nicht genutzt werden, weil Passivität, Vorurteile, Ängste, parteipolitischer Opportunismus der Zielsetzung „Reduktion des CO_2-Ausstoßes in die Atmosphäre" entgegenstehen. Wir werden also weiterhin Kohle, Öl, Erdgas und rezente Biomasse in steigendem Maße verbrennen – und politisch das CO_2-Problem herunterspielen –, bis es schließlich für eine Umkehr des CO_2-Trends zu spät ist.

Auch in diesem Fall liegt das Versagen vor der Praxis darin begründet, daß Erkenntnis allein keine *terminalen* Werte zu begründen vermag. Es gibt keinen *zwingenden* Grund, die Welt vor dem drohenden „Treibhauseffekt" zu bewahren. Was man der Wissenschaft allenfalls zum Vorwurf machen kann, ist ihr Unvermögen, Erkenntnis angemessen in die politische Debatte einzubringen. Die nähere Betrachtung des Problems zeigt indessen (s. S. 121), daß es sich auch in diesem Fall weniger um ein Versagen der Wissenschaft handelt als vielmehr um ein Akzeptanzproblem auf seiten der Bürger und ihrer politischen Repräsentanten.

[13] Flohn, H.: Das CO_2-Klima-Problem und die Rolle biologischer Vorgänge. Biologie in unserer Zeit (1984), 41–47.

5.4 Erkenntnis und terminale Werte

Das Unternehmen Wissenschaft beruht darauf, daß wir als Wissenschaftler „Erkenntnis“ als überragenden terminalen Wert anerkennen und ein entsprechendes instrumentales Wertsystem – *das wissenschaftliche Ethos* – unserem Handlungsverhalten zugrunde legen, solange „Erkenntnis“ unsere Zielsetzung ist.

Das wissenschaftliche Ethos ist enorm leistungsfähig. Es rechtfertigt die moralische Autonomie der Wissenschaft und garantiert die Zuverlässigkeit der Erkenntnis. Aber es hat seine klaren Grenzen; es ist *kein* Universalethos, weil Erkenntnisgewinnung auch für den Wissenschaftler nicht das einzige Handlungsverhalten ist, von unseren Mitbürgern ganz zu schweigen. Die Tatsache, daß Wissenschaftler aus verschiedenen Kulturen in der terminalen Zielsetzung und im wissenschaftlichen Ethos völlig übereinstimmen, bedeutet, daß sich Wissenschaft überall nach dem gleichen Handlungsverhalten und nach der gleichen Moral vollzieht. Es bedeutet dies aber keineswegs, daß Wissenschaftler auch im Hinblick auf andere terminale Werte übereinstimmten. Tatsächlich weichen hier die Auffassungen nicht selten drastisch voneinander ab. Der Pluralismus terminaler Werte ist innerhalb der Scientific Community ebenso ausgeprägt wie sonst im Leben. Bei privaten Gesprächen unter Wissenschaftlern wird es schnell offensichtlich, daß es schwerwiegende Fragen gibt, bei denen weder die Zielsetzung „Erkenntnis“ noch die bereits verfügbare wissenschaftliche Erkenntnis, noch das wissenschaftliche Ethos oder die nachgeordneten Spielregeln der Scientific Community uns klar sagen, was zu tun ist.

Wenn dem so ist, kann dann die viel beschworene normative Vernunft, die auf terminale Werte, auf Normen des *allgemeinen* Sollens zielt, mit dem Anspruch auf Wissenschaftlichkeit auftreten? Dies ist eine Kernfrage.

Eine neomarxistische Auffassung zu dieser Frage bringt Peter Schneider am Ende seines Buches über die ›Theorie normativer Vernunft‹ wie folgt zum Ausdruck:

„... Für die industrielle Massengesellschaft kann keineswegs mehr als gesichert gelten, daß die gemeinsame Willensbildung aller tatsächlich auch zur inhaltlich richtigen Entscheidung führt; weil es äußerst fraglich ist, ob das Gros der unter das Motivationsmuster optimaler Kapitalverwertung geratenen und dadurch deformierten Menschen seine wahren Interessen noch kennen und artikulieren kann ... Die tatsächliche ‚Humanisierung der gesamten gesellschaftlichen Reproduktion‘ steht und fällt mit den Inhalten; und diese sind weder gesichert durch die Diktatur des Proletariats und noch viel weniger durch parlamentarische Demokratie. Normative Vernunft braucht zwar historisch adäquate Organisationsformen, aber was zu tun ist, kann nicht mehrheitlich entschieden werden.

... Erst wenn kritische Vernunft ihr normatives Fundament wissenschaftlich verfügbar macht, können gleicherweise die Ideologie der Wertfreiheit von Wissenschaft und ihr ... Gegenstück, das Dogma von der Unfehlbarkeit der (proletarischen) Bewegung als das entlarvt werden, was sie sind: Instrumente zur Beherrschung des gesellschaftlichen Bewußtseins."[14]

Ich glaube, daß man dieser Argumentation nicht folgen darf. Die Erfahrungen, die die Menschheit bereits hinter sich hat, sprechen gegen die These, eine im wissenschaftlichen Sinn verbindliche normative Logik terminaler Werte sei möglich – oder auch nur wünschenswert.

Blicken wir zurück: Die Säkularisierung des menschlichen Lebens im Zuge der Neuzeit zerstörte die Hoffnung, die terminalen Werte ergäben sich unangefochten aus dem Glauben an Gott. Der Fehlschlag der Aufklärung zerstörte die Hoffnung, die von den Fesseln kirchlicher Autorität befreite menschliche Vernunft setzte – begleitet von einem allgemeinen Konsens – die terminalen Werte. Die säkulare Vernunftreligion der Aufklärung – bis hin zu den Neomarxisten unserer Tage – konnte die Lücke nicht ausfüllen, die der Niedergang kirchlicher Autorität gerissen hatte. Geblieben von den Gedanken der Aufklärung sind uns die Menschenrechte, die menschliche Freiheit, die Selbstbestimmung, die eigene Verantwortung – und damit unvermeidlich der Pluralismus. Wir müssen mit dem Pluralismus terminaler Werte leben. Der säkulare Polytheismus ist der Preis der Menschenrechte! Die angemessene Regierungsform ist die freiheitliche Demokratie.

Demokratie, das Recht der Mehrheit, beruht nicht auf der irrigen Annahme, die Mehrheit hätte in der Sache oder vor Gott, vor dem Richterspruch der Geschichte oder angesichts von Erkenntnis immer recht. Demokratie beruht darauf – und nur darauf –, daß Legitimität in der Zustimmung der Mehrheit verankert ist. Man kann dies für richtig halten oder nicht. Ich halte es für richtig, weil uns nichts Besseres einfallen kann. In einer säkularen, auf individuelle Freiheit und Verantwortlichkeit gegründeten Gesellschaft werden die terminalen Werte stets im Streite liegen; es wird stets eine *pluralistische* Gesellschaft sein. Die Autorität einer Regierung kann in diesem Fall nur von der Zustimmung der jeweiligen Mehrheit her legitimiert sein.

Der Pluralismus einer freiheitlichen Demokratie ist in erster Linie ein Pluralismus *terminaler* Werte, ein Pluralismus der Zielsetzungen. Jeder soll seine Zielsetzungen begründen, gewiß; es gehört aber zum Wesen menschlicher Freiheit, daß die terminalen Werte umstritten sind, abgesehen von jenem Minimalkonsens, der unverzichtbar ist, wenn ein Gemeinwesen nicht in Anarchie verfallen soll.

[14] Schneider, P. K.: Theorie normativer Vernunft. München 1976.

5.5 Begründung von Grundwerten

Ein geordnetes Staatswesen setzt einen Katalog allgemein akzeptierter Grundwerte voraus. Dieser sittliche Minimalkonsens, der uns ein Minimum an Zwang und ein Maximum an Freiheit (Grundrechte!) zusichert, muß gegen ethische Anarchie in Schutz genommen werden. Den ethischen Minimalkonsens zugunsten blinder Anarchie beständig aufs Spiel zu setzen, würde die Grundlagen der menschlichen Kultur zerstören. Zumindest mittelfristig muß der einmal erreichte Minimalkonsens paradigmatischen Charakter gewinnen, d.h. der tagtäglichen, in der Regel destruktiven Diskussion entzogen sein. Andernfalls kann eine kultivierte, humane Gesellschaft, die notwendigerweise auf kulturelle Tradition und ethische Orientierung angewiesen ist, nicht aufrechterhalten werden. Menschliche Freiheit, auch wenn wir sie als höchsten Wert betrachten, impliziert nicht, daß wir es uns leisten können, jederzeit alles zu bezweifeln.

Lassen sich wenigstens einige Grundwerte derart begründen, daß sie unbezweifelbar werden, daß ihnen allgemeiner Konsens gesichert ist? Ich bin nicht sicher, nicht einmal für unsere Demokratie. Die Grundwertekommissionen der beiden großen Parteien sind nicht weit gekommen. Der Marxismus hat seinen hohen theoretischen und moralischen Anspruch durch ein trostloses Versagen in der Praxis des menschlichen Zusammenlebens verspielt. Auch die metaphysische Naturrechtslehre hat ihre bestimmende Kraft längst verloren. Diese Lehre vom Naturrecht besagt, daß der Mensch in der Gestaltung der Sozialordnung vorgegebenen, in der Schöpfungsordnung niedergelegten Prinzipien unterworfen sei. In diesem Sinn sei bei jedem Gesetz sein moralischer Gehalt zu prüfen. Auch ein formell korrekt zustande gekommenes Gesetz sei Unrecht, wenn sein Inhalt moralisch abgelehnt werden müsse.

Auch wenn man das Naturrecht aus seiner ursprünglichen Verbindung zur Theologie löst und es zu einem Vernunftsrecht entwickelt – wie es erstmals in der Aufklärung versucht wurde –, bleibt der praktische Erfolg fraglich. Sicher, die Menschenrechtskonventionen und die allmähliche Abschaffung von Leibeigenschaft und Sklaverei waren seinerzeit ein ungeheuerer moralischer Fortschritt, aber vergessen wir nicht, in wie vielen Staaten unserer heutigen Welt die Menschenrechte nur so viel wert sind, wie es den jeweiligen Machthabern opportun erscheint.

Angesichts dieser instabilen Situation stellt man sich die Frage, inwieweit die Biologie dazu beitragen kann, den ethischen Minimalkonsens zwischen den Menschen zu begründen und zu stabilisieren.

Im Prinzip gibt es zwei Möglichkeiten:

(1) Der Versuch einer positiven Begründung von Grundwerten aus den Einsichten der Evolutionären Ethik (s. S. 85).
(2) Die Begründung von Unwerten aus dem Wissen der Biologie.

5.6 Erkenntnis und Unwerte

Unwerte sind die Negation von Werten. An dem Übergang eines Wertes in einen Unwert läßt sich der Wertwandel besonders deutlich ablesen. Eine erste Fallstudie: Wachstum als Wert und Unwert.[15]

Populationswachstum und damit einhergehendes ökonomisches Wachstum wurden über einen langen Zeitraum hinweg als hohe Werte – hoch in der Rangliste der terminalen Werte – angesehen. Warum? – Unser Engagement für Wachstum ist Teil unserer *genetisch* vorgegebenen Interessenstruktur (propensity structure). Zumindest im Unterbewußtsein ist es uns allen – auch dem Nullwachstumsfan – unangenehm, zu einer numerisch schrumpfenden Population zu gehören oder zusehen zu müssen, wie das Bruttosozialprodukt sinkt und damit die finanziellen, materiellen und kulturellen Möglichkeiten der Population schwinden. Dies ist in der Essenz biologisches Erbe! Unter den Bedingungen der genetischen Evolution muß ein starkes Interesse an Wachstum, Expansion, Eroberung neuer Territorien und Nischen entscheidend wichtig gewesen sein für Überleben und Evolution der Populationen. Deshalb wurde Wachstum als terminaler Wert in unserer genetischen Struktur verankert. Heute nun, nachdem die Grenzen des Wachstums für jedermann sichtbar erreicht sind, erscheint uns dieser terminale Wert nicht nur als überflüssig und veraltet, sondern als extrem gefährlich und selbstzerstörerisch! Erschwerend kommt hinzu, daß sowohl das judaisch-christliche *kulturelle* Erbe als auch die marxistische Doktrin die Idee des Wachstums gefördert haben. So verstärkt eine kulturelle Konditionierung die Wirkung unseres Erbgutes. Unter diesen Bedingungen ist es extrem schwierig, ideologisch und faktisch auf Nullwachstum oder Schrumpfung umzuschalten.

Im Prinzip ist die Sache einfach. Jedermann sieht ein, daß die Erde (abgesehen von Strahlung) ein geschlossenes System ist. Jedermann weiß, daß in einem geschlossenen System ein Wachstumsvorgang nicht ewig weitergehen kann. Wird in einem geschlossenen System ein Wachstumsvorgang nicht durch Regulation gestoppt, so ist der chaotische Kollaps des Systems nur eine Frage der Zeit. Die meisten Experten – ver-

[15] Mohr, H.: Wissenschaft und Ethik. In: Freiburger Vorlesungen zur Biologie des Menschen (Hrsg. B. Hassenstein). Heidelberg 1979.

mutlich alle, die wirklich Experten sind – stimmen darin überein, daß die Erde bereits weit überbevölkert ist und ein weiteres Wachstum mit der Belastbarkeit der Ökosysteme und mit dem noch verbleibenden Ressourcenreservoir nicht zu vereinbaren ist. Die Bevölkerungsexplosion zerstört nicht nur die Biosphäre, sie zerstört auch irreversibel das genetische Potential der Evolution, den Reichtum an Tieren und Pflanzen, und sie zerstört die menschliche Kultur. Die nicht mehr zu befriedigenden Bedürfnisse von Massen, die tagtäglichen Sorgen um Energie, Nahrung und Abfallbeseitigung bei einer hyperexponentiell wachsenden Population werden das begrenzte geistige Potential des Homo sapiens immer mehr und schließlich total absorbieren. Dies wäre das Ende der Kultur.

Vom Standpunkt biologischer Erkenntnis aus ist bei der heutigen Sachlage Wachstum ein Unwert! Diese Feststellung empfinden wir deshalb als unfair und unrealistisch, weil „Wachstum als Wert" in uns genetisch verankert ist. Ein Konzept, das psychologisch akzeptabel erscheint, wäre „qualitatives Wachstum". Dieser neue Wert stellt vielleicht eine brauchbare Alternative zum quantitativen Wachstum dar. Im Prinzip geht es darum, bei gleichbleibendem oder gar sinkendem materiellen Input Güter und Dienstleistungen zu verbessern, und zwar durch verstärktes *menschliches* Engagement, durch *mehr* Arbeit, durch *mehr* Leistung, durch *mehr* Disziplin (s. S. 147).

Natürlich ist der Wertewandel beim „Wachstum" eher deskriptiv als logisch zwingend. Der Argumentation lag die Annahme zugrunde, die Wohlfahrt des Menschen und das wenigstens mittelfristige Überleben unserer Spezies sei ein universales Ziel, ein *überragender* terminaler Wert. Demgemäß werden solche terminalen oder instrumentalen Werte zu Un-Werten, denen wir um des Überlebens willen keine Gültigkeit mehr zubilligen dürfen.

Natürlich kann man auch „Überleben" als Zielsetzung bestreiten. Es gibt genügend Anhänger der Apokalypse. Und somit ist es nicht mehr als eine (bestreitbare) Annahme, eine Überlebensstrategie für den Homo sapiens sei ein überragend positiver terminaler Wert.

Eine zweite Fallstudie: Indoktrinierbarkeit als Unwert.[16]

Seit den Erfahrungen aus dem Dritten Reich und seit den bestürzenden Beobachtungen während der sogenannten „Studentenrevolte" des Jahres 1968 hat mich dieses Thema intensiv beschäftigt. Es geht um die Frage nach der genetischen Basis und damit nach der Evolution von Indoktrination und Indoktrinierbarkeit. Indoktrinierbarkeit ist ein Faktum. Menschen sind absurd leicht zu indoktrinieren. Für einen charismatischen Führer, für einen religiösen Fanatiker oder für einen

[16] Ebd.

großen Vorsitzenden ist Indoktrinierbarkeit ein hoher Wert, für einen liberalen, aufgeklärten, erfahrenen Menschen ist Indoktrinierbarkeit hingegen ein Ärgernis, ein Unwert. Auf jeden Fall existiert das Phänomen. Kann Indoktrinierbarkeit durch genetische Selektion entstanden sein? Sie kann nicht nur, sie *muß* im Laufe der genetischen Evolution entstanden sein – sagt der Soziobiologe. Sowohl vom Standpunkt der Sippenselektion als auch unter der Annahme, das Individuum sei die Einheit der Selektion, ergibt sich ein Selektionsdruck für Konformität. Bis zu einem bestimmten Pegel kommt der Fähigkeit von Individuen zur Konformität ein hoher selektionistischer Wert zu. Die Anlage dafür erlaubt den Individuen kooperative Leistungen mit einem Minimum an Energie und Risiko. Indoktrinierbarkeit ist nichts anderes als die durch Konditionierung ins Pathologische übersteigerte Fähigkeit des Menschen zur Konformität im Denken und Handeln.

5.7 Erkenntnis im totalitären Staat

Die Verabsolutierung einer bestimmten normativen Theorie führt notwendigerweise zum totalitären Staat und damit zum Despotismus. Kein Despot, auch kein Politbüro, kann das Risiko eingehen, daß wissenschaftliche Erkenntnis an den Säulen seiner ideologischen Macht rüttelt. Es gibt deshalb im totalitären Staat notwendigerweise einen Kodex verbotenen Wissens. Die moralische *und* inhaltliche Fremdbestimmung, der Verlust an Autonomie, ist charakteristisch für die Wissenschaft im totalitären Staat. In der Praxis einigt man sich auf einen Kompromiß. Da wissenschaftliche Erkenntnis als Grundlage für Technik, als Basis für die praktische Daseinsbewältigung, unentbehrlich ist, läßt man die Wissenschaft in einer Art „Naturschutzpark" existieren. Innerhalb des Zauns wird Gedankenfreiheit gewährt, allerdings „Gedankenfreiheit auf Widerruf".

5.8 Wissenschaft und Doktrin

Der Konflikt zwischen Wissenschaft und politischer oder weltanschaulicher Doktrin ist unvermeidlich. Der Fall Galilei enthält alle Elemente, die man braucht, um den prinzipiellen Konflikt zwischen Wissenschaft und (in diesem Fall, kirchlicher) Doktrin zu verstehen.[17]

Galilei hat das Experiment, die geplante und kontrollierte Beobach-

[17] Mohr, H.: Biologische Erkenntnis, Kapitel 3.3.1. Stuttgart 1981.

tung, in die Wissenschaft eingeführt. Seitdem gilt in den Naturwissenschaften als maßgebend für die Zuverlässigkeit einer Theorie die Übereinstimmung der Theorie mit den relevanten experimentellen Beobachtungen. In der auf das Experiment gegründeten „wissenschaftlichen Methode“ haben die Naturwissenschaften ein Denksystem aufgebaut, innerhalb dessen relativ leicht entschieden werden kann, ob ein Satz zuverlässig („richtig“, „wahr“) ist oder nicht. Galilei geriet mit seiner neuen Denkweise in Konflikt mit der damals herrschenden Kirche, die aus Dogmen und Aussagen von Autoritäten (Aristoteles spielte eine herausragende Rolle) ein spekulatives Weltbild von imponierender Geschlossenheit konstruiert hatte. Dieses Weltbild bezog sich natürlich auch auf jene Bereiche, in denen Galilei experimentell gegründete Aussagen machte. Was die Repräsentanten der Kirche, schließlich auch Papst Urban VIII., gegen Galilei aufbrachte, war vermutlich nicht in erster Linie das von Galilei propagierte kopernikanische Weltbild, sondern die Abkehr vom Aristotelismus, der Umstand, daß Galilei mehr an die „Macht des Experiments“ glaubte als an Autoritäten.

Mit allen Mitteln repressiver Macht erklärte die damalige Kirche, daß dem Naturforscher, der sich der experimentellen Methode bediene, eine kritische Prüfung des Weltbildes verwehrt sein müsse. Das traditionelle Weltbild dürfe, um der sittlichen Ordnung willen, nicht auf den Prüfstein präziser Empirie.

Galilei hat sich vor der Inquisition gebeugt. Man hält es für wahrscheinlich, daß der damals 69jährige Mann den Widerruf seiner Lehre, die Erde drehe sich um die Sonne, aus Angst vor dem Martyrium vollzog. Es ist aber auch möglich, daß Galilei allmählich zu der Überzeugung kam, er sei es den Menschen schuldig, die Ordnungskraft der Kirche, den Glauben der Menschen und die Sittlichkeit seiner Zeit nicht zu gefährden. Natürlich wußte Galilei, daß sich die Erde doch bewegt, aber er war möglicherweise bereit, „Erkenntnis“ außerwissenschaftlichen Interessen, in diesem Fall den wohlverstandenen Interessen der Kirche, unterzuordnen. Was auch immer Galilei bei seiner Entscheidung dachte und fühlte, wir sind heute davon überzeugt, daß der Widerruf nicht nur moralisch, sondern auch taktisch falsch war, und wir werfen Galilei Feigheit und Verrat an den übergeordneten Werten vor. „Willkommen in der Gosse, Bruder in der Wissenschaft und Vetter im Verrat“, so heißt es bei Bertolt Brecht im ›Leben des Galilei‹. Taktisch falsch war die Verurteilung des Galilei im Retrospekt auf jeden Fall: Das Urteil konnte den Aufstieg der Naturwissenschaften und den Niedergang der alten Ordnung nicht verhindern. Der Sieg der Inquisition über Galilei wandelte sich in eine Niederlage für die Kirche. Und was schlimmer war: Es hat Wissenschaft und Kirche einander entfremdet und die ethische und geistige Kapazität der Naturwissenschaften davon abgehalten, sich am Bau der sittlichen Fundamente eines neuen Weltbildes und einer neuen tragfähigen Weltordnung angemessen zu beteiligen.

Den Fall Galilei fassen wir auf als einen Konflikt zwischen dem Anspruch der Wissenschaft und dem Anspruch kirchlicher Doktrin. Es handelt sich nicht um einen Konflikt zwischen dem wissenschaftlichen Ethos und dem Gottesglauben. Als Naturforscher sind wir Repräsentanten einer bestimmten Weltsicht. Das wissenschaftliche Weltbild unserer Zeit ist gottlos – aber es ist nicht antitheistisch. Die besonnene Antwort von Laplace, der auf die provokative Frage Napoleons nach seinem Verhältnis zu Gott antwortete: „Sire, je n'avais pas besoin de cette hypothèse", spiegelt keine Hybris, sondern die methodische Sorgfalt, die Disziplin im Denken eines Naturforschers wider – daran hat sich seit Laplace nichts geändert.

Die meisten Naturforscher sind behutsam argumentierende religiöse Agnostiker, keine militanten Atheisten. Ich kenne auch nur wenige, die von der Idee durchdrungen sind, sie müßten, um der Wahrheit willen und entgegen ihrem Bedürfnis, den Gottes*glauben* leugnen.

Auch in den folgenden Ausführungen wird Gott nicht vorkommen: Die Theodizee ist ebensowenig ein Thema meiner Wissenschaft wie die Frage, ob die Materie von Gott erschaffen ist. Gewiß ist die Welt als ständige Schöpfung eines allwissenden und allmächtigen Schöpfers ein brauchbarer Ausgangspunkt für die Erklärung der Evolution. Allerdings bereitet die überzeugende Erklärung der in jedem biologischen System vorkommenden Defekte und rudimentären Teile unter diesen Umständen nahezu unüberwindliche Schwierigkeiten. Es fällt dem Naturforscher schwer, offensichtliche Defekte und Fehlkonstruktionen als Teil eines göttlichen „Heilsplans" oder als die Folgen einer Ursünde anzuerkennen. Die darwinische Evolutionstheorie hingegen kann die angepaßte Zweckmäßigkeit eines Organismus ebenso überzeugend und elegant erklären wie seine Unzulänglichkeiten. Dies ist ein entscheidender Grund dafür, daß die heutigen Biologen die Evolutionstheorie als ein unerschütterliches Paradigma ansehen.

6. EVOLUTIONÄRE ETHIK

6.1 Ethik

Ethik ist die philosophische Theorie der Werte: „Erkenntnis des Guten in Theorieform“. Aufgabe der Ethik ist es, sittliches Verhalten rational zu begründen und damit normativ zu wirken.

Wie können wir wissen, was „gut“ ist – nicht gut für *etwas*, sondern unbedingt gut; und warum tun wir „Böses“ auch dann, wenn wir wissen, daß es „böse“ ist? Beide Fragen – und die Antworten auf sie – sind Bestandteile eines kultivierten Lebens. „Kultur“ impliziert, daß wir nicht alles tun dürfen, was wir innerhalb der Grenzen unserer Leistungsfähigkeit tun könnten. „Kultur“ bedeutet die Einengung der Verhaltensmöglichkeiten des Menschen durch Moral, durch verläßliche sittliche Normen.

Woher stammen diese Normen und wie lassen sie sich ethisch begründen? Reicht ein Regreß auf funktional bedingte Verhaltensweisen aus – „gut“ ist, was individuelle oder Gesamtfitness steigert –, oder sind das unbedingt „Gute“ und das absolut „Böse“ eine neue Dimension des Erlebens, jenseits des Reduktionismus?

Platon und Aristoteles haben es so gesehen, wenn sie übereinstimmend schreiben, der Staat entstehe aus der Notwendigkeit des bloßen Lebens, aber, einmal entstanden, bestehe er um des *guten* Lebens willen. Und was das gute Leben sei, ließe sich aus den Entstehungsbedingungen nicht mehr herleiten.[1]

6.2 Evolutionäre Ethik

Die Evolutionäre Ethik[2] ist eine Satellitentheorie der allgemeinen Evolutionstheorie. Wie jede wissenschaftliche Theorie, versteht sich die Evolutionäre Ethik als eine erklärende (explanatorische) Theorie, die

[1] Spaemann, R.: Sein und Gewordensein. Was erklärt die Evolutionstheorie? In: Evolutionstheorie und menschliches Selbstverständnis (Hrsg. R. Spaemann). Acta humaniora, Weinheim 1984.

[2] Mohr, H.: Evolutionäre Ethik. In: Wörterbuch der ökologischen Ethik (Hrsg. B. Stoeckle). Freiburg i. Br. 1986.

keine imperativen oder normativen Absichten verfolgt. Es handelt sich vielmehr darum, die historische Genese des tatsächlichen sittlichen Verhaltens wissenschaftlich zu *erklären*.

Die Vertreter der Evolutionären Ethik gehen davon aus, daß nicht nur unsere kognitiven Strukturen (s. S. 19), sondern auch unsere angeborenen *Verhaltens-* und *Handlungsstrukturen* im Zuge der darwinischen Evolution entstanden sind. Deshalb unterliege die Natur des Menschen, seine Neigungsstruktur ebenso wie seine tatsächliche Verhaltens- und Handlungsstruktur, genetischen Determinanten. Unsere Verhaltens- und Antriebsstruktur, auch unsere Neigung und Fähigkeit zur sozialen Organisation, sei zu einem guten Teil biologische Mitgift, die durch Erziehung und soziale Konditionierung nicht beliebig zu überspielen sei. Statt von einer extremen Plastizität des Menschen auszugehen, müsse man mit (engen?) Grenzen der Formbarkeit und auch der Belastbarkeit durch moralische Vorschriften (kulturelle Normen) rechnen. Diese Grenzen der Kulturfähigkeit seien darauf zurückzuführen, daß unsere unbewußte „erste Natur" im wesentlichen eine genetische Anpassung an die Lebensverhältnisse des Pleistozäns (Sammler und Jäger) und des postglazialen Neolithikums (Anfänge von Ackerbau und Viehzucht) darstelle.

Die Evolutionäre Ethik zielt somit darauf ab, unsere (angeborenen) Verhaltens- und Handlungsstrukturen, kooperatives Verhalten und Altruismus eingeschlossen, als darwinische Anpassungen an unsere evolutionäre Vergangenheit, vor allem an die Umwelt des späten Pleistozäns und des postglazialen Neolithikums zu *erklären*. Damit eröffnet sich eine Chance, aus der Evolutionsgeschichte zu lernen, wie es zur Moral kam und welche Funktion ihr „von Natur aus" zufällt.

6.3 Idealistische Ethik

Der naturalistische Fehlschluß vom Sein auf das Sollen (s. S. 66) wird in der biologischen Ethikdiskussion strikt vermieden (No „ought" from an „is"!). Die Evolutionäre Ethik läßt somit Raum für ein Transzendieren unserer biologischen Verhaltensdeterminanten durch Vernunft. Je mehr wir über die genetisch bestimmten Determinanten unseres Handelns erfahren, um so dringender erscheint eine konsequente Rückbesinnung auf die idealistische Ethik unserer abendländischen Tradition, die seit Platon von dem Vertrauen ausgeht, daß der menschliche Geist – erleuchtet von der Idee des Guten – aus der Tugend der Gerechtigkeit heraus Handlungsregeln, Anweisungen für gerechtes Handeln, für die vernünftige Führung des Lebens, ableiten kann.

„Vernünftig handeln" bedeutet – in der Sicht idealistischer Ethik – *aus*

Einsicht in die Notwendigkeit handeln. „Notwendig ist das Vernünftige als das Substantielle, und frei sind wir, indem wir es als Gesetz anerkennen“, so hat es Hegel formuliert.

Einer Renaissance idealistischer Ethik steht der Sachverhalt entgegen, daß diese Richtung der Moralphilosophie praktisch wirkungslos geblieben ist. Können wir es uns leisten, von neuem auf eine sittliche Theorie zu setzen, die bislang an der (politischen) Praxis abgeprallt ist? Gibt es für uns noch einen Zugang zum „unbedingt Guten“?

6.4 Warum tun wir Dinge, die wir nicht tun sollten?

Leichter zugänglich als die Frage nach dem „unbedingt Guten“ erscheint dem Biologen die zweite der eingangs gestellten Fragen: Warum tun wir Dinge, die wir *nicht* tun sollten?[3] In der Sprache des Apostels Paulus: „Denn das Gute, das ich will, tue ich nicht, sondern das Böse, das ich nicht will, das tue ich“ (Röm. 7, 19).

Ist es eine evolutionäre Mitgift, die unserer Vernunft und unserem sittlichen Willen Grenzen setzt? Verbirgt sich hinter der Metapher von der Erbsünde ein biologisches Erbe? Ist unsere Unfähigkeit, vernünftig auf die Herausforderungen der Zeit zu reagieren, eine kulturelle Fehlanpassung, die sich (leicht?) beheben ließe, oder ist sie Ausdruck eines evolutionären Erbes, das sich unter den heutigen Kulturbedingungen als Fehlanpassung erweist? Sind es biologische Grenzen, die dem Menschen unserer Zeit den Weg zum ewigen Frieden und zu einer globalen ökologischen Vernunft versperren?

Das ethische Dilemma wird besonders deutlich bei der Frage nach Krieg und Frieden. Warum können die Menschen nicht in Frieden miteinander leben? Warum ist die Geschichte des Menschen, aller ethischen Reflexion und christlicher Verkündigung zum Trotz, durchsetzt, ja erfüllt, von Aggression und Totschlag, von Krieg und Völkermord?

›Zum ewigen Frieden‹ – dieser philosophische Entwurf Immanuel Kants von 1795 gehört zum Vornehmsten, was die Aufklärung hervorgebracht hat. Ein paar Jahre später erschien Napoleon, l'Empéreur, und trieb – mit leichter Hand – Europa in seine Kriege. Die kulturelle und moralische Evolution des 19. Jahrhunderts wurde von dem nationalen Begeisterungsrausch zu Beginn des 1. Weltkriegs hinweggefegt. In Europa gingen die Lichter aus – und keine Wissenschaft und keine Philosophie konnte es verhindern.

[3] Mohr, H.: Evolutionäre Erkenntnistheorie, Ethik und Moral. In: Die Evolutionäre Erkenntnistheorie (Hrsg. R. Riedl, F. M. Wuketits). Berlin 1987.

Frieden. Heute wollen ihn angeblich alle. Die einen wollen den Frieden um jeden Preis – auch um den Preis der Unterwerfung; andere wollen *ihren* Frieden durchsetzen, auch mit Gewalt; wieder andere ziehen die pax horroris, das Gleichgewicht atomarer Abschreckung, einer pax sovietica vor, weil es für sie Schlimmeres gibt als die Drohung eines nuklearen Todes: die tägliche Knechtung, den Verlust von Freiheit und Menschenwürde. Es hat Hiroschima gegeben – so sagen sie –, aber auch Auschwitz; Nagasaki, aber auch den Gulag.

Andere vertrauen nach wie vor auf die These idealistischer Ethik, der Mensch sei kraft seiner Sittlichkeit zum Frieden *fähig*, Frieden lasse sich letztlich auf die Einsicht in das Sittengesetz begründen – obgleich sie wissen, daß es den Menschen bisher nie gelungen ist, in Frieden miteinander zu leben.

Die Evolutionäre Ethik kann die Frage, warum uns der ewige Frieden so schwerfällt, plausibel beantworten.

6.5 Sippen – die Vorstellung vom Nächsten

Werfen wir einen kurzen Blick auf die Evolutionsbedingungen der Hominiden im späteren Pleistozän! Zwischen etwa 100000 und 30000 Jahren vor unserer Zeitrechnung löste allmählich der moderne Homo sapiens die mehr archaischen Vertreter der Gattung Homo ab. Die anatomischen Veränderungen am Schädel und am postcranialen Skelett deuten darauf hin, daß die Menschen damals weniger robust, dafür aber metabolisch und energetisch effizienter wurden. Mit der Verbesserung von Geräten und Waffen und mit einer Stärkung kooperativen Verhaltens in Sippe und Jagdverband ging eine bessere Versorgung mit pflanzlicher und tierischer Nahrung einher und eine numerische Vergrößerung der Sozietäten. Die Tragekapazität der ganzen, für unsere paläolithischen Sammler- und Jäger-Vorfahren erreichbaren Erde betrug seinerzeit zwischen ein und zehn Millionen.[4]

Vor ca. 30000 Jahren hatte sich der moderne Homo sapiens physisch herausgebildet. Wir müssen aber davon ausgehen, daß die gewaltige Erweiterung der Nahrungsnische durch die Entwicklung einer ortsbeständigen Agrikultur im Neolithikum die darwinische Evolution unserer mentalen Eigenschaften wesentlich beeinflußte. Die Ackerbauern und Viehzüchter wurden in Verteidigung ihres Territoriums und ihres Be-

[4] Markl, H.: Die Dynamik des Lebens: Entfaltung und Begrenzung biologischer Populationen. In: Natur und Geschichte (Hrsg. H. Markl). München 1983.

sitzes vermutlich um einiges aggressiver als die Jäger- und Sammlerhorden des Paläolithikums, bei denen territoriale Aggression keine so lebensentscheidende Rolle spielte. Der biblische Brudermord dürfte die Härte und die Tendenz der Konflikte richtig beschreiben: Kain, der Akkerbauer, erschlug Abel, den Viehzüchter.[5]

Andererseits festigte sich die friedfertige Sippe. Die Selektion, in der Regel wohl eine restriktive K-Selektion in der Nähe der Tragekapazität[6], spielte sich im späten Pleistozän und im Neolithikum innerhalb der Kleingruppen, innerhalb der kohärenten Sozietäten, aller Wahrscheinlichkeit nach meist unblutig ab. Dafür liefern die Fossilien und die ältesten kulturellen Überlieferungen gute Argumente. Der Dekalog, die Zehn Gebote, sind ein wunderbares Beispiel für die Moral der Kleingruppe. „Du sollst nicht töten" – bedeutet im Verständnis des Alten Testaments: „Du sollst keinen Israeliten töten." Aber selbst diese Einschränkung wird dem gemeinten Sachverhalt nicht völlig gerecht. Im hebräischen Text steht das Verb „razach", das nicht jedwede Art zu töten meint, sondern nur jenes Töten, das außerhalb des Gesetzes geschieht. Für die gesetzliche Hinrichtung von Verbrechern oder für das Töten im Krieg wird „razach" nicht verwendet.

Die Vorstellung vom „Nächsten", dem sich die Liebe des Menschen zuwenden soll, war den Juden auch schon in vorchristlicher Zeit geläufig (3. Buch Mose, 19, 18). Als Nächster wurde aber vorrangig der (nahe) Verwandte angesehen. Über die Verwandtschaft – die Sippe – hinaus war offenbar kein Gefühl stärkerer sozialer Verantwortung oder Liebe entwickelt.[7]

[5] Lorenz, K.: Der Abbau des Menschlichen. München 1983.

[6] K-Strategen sind durch eine K-Selektion entstanden. Diese Selektion begünstigt jene Eigenschaften, die eine Spezies braucht, um in einer stabilen, vorhersehbaren Umwelt zu überleben, in der ein strenger Wettbewerb mit ähnlich gut ausgestatteten Konkurrenten um die begrenzten Ressourcen herrscht. Die Populationsgröße liegt in der Nähe der Tragekapazität des Biotops (K). Die K-Selektion begünstigt Eigenschaften wie Größe, langes Leben, kleine Zahl von Nachkommen bei ausgedehnter, sorgfältiger Brutpflege.

[7] Bratzler, K.: Die Evolution des sittlichen Verhaltens. Berlin 1984.

6.6 Inclusive fitness – Gesamtfitness

Die Evolutionstheorie erklärt die vorherrschende Friedfertigkeit und Nächstenliebe innerhalb der Kleingruppen überzeugend mit dem soziobiologischen Konzept der „inclusive fitness" und der Sippenselektion.[8]

„Inclusive fitness" oder Gesamtfitness ist die Summe der Fitness, die ein Individuum als solches besitzt (individuelle Fitness), plus aller Einflüsse, die das Individuum auf die Fitness seiner genetischen Verwandten ausübt. „Inclusive fitness" bedeutet also, daß die genetische Fitness eines Individuums nicht nur am Überleben und an der Reproduktion seiner selbst und seiner Nachkommen gemessen wird, sondern auch an der Förderung der Fitness genetisch Verwandter. „Inclusive fitness" schließt also alle jene Einflüsse mit ein, die das Individuum zu der Überlebenschance der Sippe, der es angehört, beisteuert. Die am Individuum angreifende Selektion wird überlagert von einer Sippenselektion. Dem Konzept der Gesamtfitness liegt also die Vorstellung zugrunde, daß alle sozialen Lebewesen durch die natürliche Selektion genetisch daraufhin disponiert werden, ihr soziales Verhalten so zu gestalten, daß die Weitergabe ihrer Gene maximiert wird, unabhängig davon, ob sie selber oder *andere* Angehörige der Sippe diese Gene weitergeben.[9] Dies erklärt, wie gesagt, das „altruistische" Verhalten, daß ein Organismus die Fitness eines anderen Organismus erhöht auf Kosten der eigenen Fitness.

Das Konzept der Gesamtfitness, ursprünglich an tierischen Sozietäten entwickelt[10], erlaubt ohne weitere Annahmen die genetische Erklärung für kooperatives Handeln, für selbstloses Verhalten und Verläßlichkeit, auch dann, wenn es für ein Individuum selbstzerstörerisch ist oder zumindest seine individuelle Fitness (eigenes Überleben und Reproduzieren) reduziert. Ein solches Handeln nennen wir beim Menschen altruistisch. Altruismus gilt seit jeher als ein hoher Wert. Nächstenliebe, bis hin zur Zerstörung des eigenen Lebens für seine „Brüder", spielt eine wichtige Rolle in jeder menschlichen Kultur. „Niemand hat größere Liebe denn der sein Leben läßt für seine Brüder." Die biologische Wurzel für diesen Wert ergibt sich unmittelbar und zwingend aus dem biologischen Konzept der Gesamtfitness und der Sippenselektion.

[8] Einen besonders günstigen Zugang zur Begrifflichkeit, Argumentationsweise und Literatur der Soziobiologie bietet R. Dawkins in ›The extended phenotype‹ (Oxford 1983).

[9] Markl, H.: Wie unfrei ist der Mensch? Von der Natur in der Geschichte. In: Natur und Geschichte (Hrsg. H. Markl). München 1983.

[10] Hamilton, W. D.: The genetical evolution of social behavior I, II. J. Theoretical Biol. 7 (1964), 1–52.

Ohne Zweifel sind Anlagen zu Altruismus und Mitleid, die Fähigkeit zu Kooperation und Liebe und die Bereitschaft zum Verzicht und zur Fürsorge in uns genetisch verankert, auch wenn sie stets im Widerstreit liegen mit Egoismus (ein Verhalten invers zum Altruismus)[11] und Gehässigkeit (ein Verhalten invers zur Liebe).[12]

Gehen wir noch einen Schritt weiter: Inclusive fitness – Gesamtfitness – ist nicht notwendigerweise auf eine Gruppe von Individuen beschränkt, die miteinander durch *genetische* Verwandtschaft verbunden sind. Ein „Freund" z. B. ist eine Person, deren Merkmale, und damit Gene, ich hoch schätze, auch wenn ich mit der Person nicht verwandt bin. Ich behandle also einen „Freund" so, als ob er eine Person sei, die zu meiner Sippe gehörte. In den Begriffen „Bruderschaft", „Bruder im Glauben", „Bruder im Geist", „Waffenbruder" ... kommt dies zum Ausdruck. Denken Sie an den Rütlischwur: „Wir wollen sein ein einzig Volk von Brüdern, in keiner Not uns trennen und Gefahr ..."

Die Größe dieser Sympathiegruppen blieb naturgemäß begrenzt. Wir können in der Geschichte verfolgen, wie mühsam die Ausdehnung der Sippen- und Klan-Solidarität auf größere menschliche Verbände war, etwa seinerzeit in der griechischen Polis. Und bis jetzt hat man noch bei keinem Lebewesen Anzeichen für einen echten Altruismus gefunden, der sich ohne Diskriminierung auf die ganze Art oder auch nur auf eine Population erstreckte.[13,14] Es gibt in praxi keinen ethischen Kosmopoli-

[11] Das „inclusive fitness"-Konzept der Soziobiologie erklärt unser soziales Verhalten auch in solchen Fällen, die zunächst unerklärbar erscheinen, weil der Verwandtschaftsgrad zur Erklärung nicht ausreicht. Ein Beispiel ist das Verhältnis zwischen Großeltern und Enkeln. Trotz gleichen Verwandtschaftsgrades verhalten sich Großeltern gegenüber Enkeln selbstloser als diese gegen die Großeltern. Weil die Enkel die größere Lebenserwartung besitzen, verfügen die Gene für den Egoismus von Enkeln gegenüber den Großeltern über einen größeren selektiven Vorteil als die Gene für den Egoismus der Großeltern gegenüber den Enkeln. (Vgl. auch Anm. 7, S. 80.)

[12] Auch innerhalb der Sippe beobachten wir selbstverständlich Mischstrategien: Altruismus *und* Egoismus, Liebe *und* Haß, Verzicht *und* Bereicherung, Mitleid *und* Schadenfreude. Die Spieltheorie zeigt, daß nur Mischstrategien evolutionär stabil sind. (Maynard Smith, J.: The evolution of behavior. Sci. American 239 [3], [1978], 136–145.) Dies erklärt, warum ein moralischer Rigorismus („Normen müssen ausnahmslos befolgt werden") gegen unsere Natur ist und uns so entsetzlich schwerfällt.

[13] Vogel, Chr.: Evolution und Moral. In: Zeugen des Wissens (Hrsg. H. Maier-Leibnitz). Mainz 1986.

[14] Alexander, R. D.: Biologie und moralische Paradoxa. In: Der Beitrag der Biologie zu Fragen von Recht und Ethik (Hrsg. M. Gruter, M. Rehbinder). Berlin 1983.

tismus; die potentiell friedfertige, altruistische Moral der Kleingruppe bleibt auf „Sippe“ und „Stamm“ begrenzt.[15]

6.7 Die Härte der Gruppenkonflikte

Der blutige Kampf ums Dasein erfolgte seinerzeit, als unsere „erste Natur“ sich herausbildete, zwischen den Sippen und der feindlichen Natur, aber vor allem zwischen den Sozietäten selbst. Alle günstigen ökologischen Nischen waren im späten Pleistozän besetzt. Die Tragekapazität, bezogen auf die damaligen Produktionsbedingungen, war erreicht. Expansion mußte auf Kosten anderer Gruppen erfolgen. Die Härte der Gruppenkonflikte dokumentieren sowohl die Prähistorie als auch die frühen geschichtlichen Überlieferungen. Die meisten territorialen Eroberungen in der Geschichte des Homo sapiens gingen mit einem Genozid einher! Völkermord – wo immer man das entsetzliche Buch unserer Geschichte aufschlägt. Der Sieg der Israeliten über die Midianiter, wie es im 4. Buch Mose, im 31. Kapitel prägnant beschrieben ist, kann als Beispiel gelten:

> Und der Herr sprach zu Mose: Räche die Kinder Israels an den Midianitern – und sie führten das Heer wider die Midianiter, wie der Herr dem Mose geboten hatte, und erwürgten alles, was männlich war. – Und die Kinder Israels nahmen gefangen die Weiber der Midianiter und ihre Kinder und brachten's zu Mose – und Mose ward zornig über die Hauptleute des Heeres – und sprach zu ihnen: Warum habt ihr alle Weiber leben lassen? – So erwürgt nun alles, was männlich ist unter den Kindern, und alle Weiber, die Männer erkannt und beigelegen haben; aber alle Kinder, die weiblich sind und nicht Männer erkannt haben, die laßt für euch leben.

Unter diesen Rahmenbedingungen entstand unser Verhaltensrepertoire, entstanden unsere selektionsbewährten Verhaltensstrategien. Daraus folgt zwangsläufig eine genetisch vorgegebene (kollektive) Aggressionskompetenz des Menschen. Die kulturelle Überformung dieser Neigungen darf uns nicht darüber hinwegtäuschen, daß sie mühsam gebändigt in uns schlummern und jederzeit losbrechen können. Es ist zwar ein Märchen, wenn immer wieder behauptet wird, bei den höheren Säugetieren oder gar bei den Primaten sei das innerartliche Töten unbekannt; aber die Beobachtung ist richtig, daß die Neigung zum Quälen und Töten von Artgenossen beim Homo sapiens besonders ausgeprägt ist. Gnadenlose Grausamkeit, Mord, Totschlag, Folter und Genozid markieren die Kulturgeschichte des Menschen bis zum heutigen Tag.

[15] Vgl. Anm. 12.

6.8 Das ethische Dilemma

Der Umstand, daß die Evolutionäre Ethik die Verhaltensstruktur des modernen Menschen als Folge einer evolutionär entstandenen, auch im rezenten Menschen genetisch verankerten Neigungsstruktur erklären kann, bedeutet auch in den Augen der Soziobiologen keine Legitimation für kulturelles Fehlverhalten. Aus dem Sein folgt nicht das Sollen (No „ought" from „is")! Wohl aber folgt aus der Einsicht in unsere Neigungsstruktur eine Einsicht in die Grenzen des Sollens. Unser Verhalten ist nicht im präzisen Detail genetisch determiniert, wir sind nicht Marionetten eines genetischen Verhaltensprogramms. Wohl aber tragen wir moralische Universalien in uns, eine genetisch bedingte Neigungsstruktur, die unser Verhalten disponiert, den Spielraum und die Grenzen möglichen Verhaltens einengt – und uns damit auf das Leben in einer menschlichen Gemeinschaft vorbereitet.[16] Ein Vergleich mit dem Spracherwerb mag dies verdeutlichen: Sprachliche Universalien, also Strukturmerkmale, die alle natürlichen Sprachen gemeinsam haben, sind uns angeboren.[17] Sie garantieren, daß die Sprache, die wir lernen, der Welt, in der wir zu leben haben, angemessen ist. Es können die angeborenen Strukturen eine konkrete, natürliche Sprache aber nicht restlos determinieren. Ein Kind lernt zwar nicht „sprechen", aber es muß Vokabeln lernen – wie es Otto Koehler formuliert hat. Welche der innerhalb der vorgegebenen Strukturen möglichen Sprachen das Individuum erlent, wird durch die kulturelle Umgebung bestimmt, in die es hineingeboren wird. Dies ist ein Beispiel für soziales Lernen auf der Basis genetisch vorgegebener Universalien (s. S. 25).

Entsprechend verhält es sich mit der Moral. Wir brauchen moralisches Verhalten nicht zu lernen – es ist eine angeborene Disposition, die uns befähigt, das moralisch Richtige zu treffen. Aber die jeweils geltenden sittlichen Normen müssen wir lernen. Damit diese uns einleuchten, müssen sie in den angeborenen sittlichen Spielraum passen. Mit anderen Worten: Wir sind von Natur aus moralfähig, normativ anpassungsfähig, so wie wir im kognitiven Bereich lernfähig sind, aber wir sind es nicht unbegrenzt.

Daraus ergibt sich das ethische Dilemma unserer Zeit: Einerseits läßt sich unsere evolutionär entstandene Neigungsstruktur (propensity structure) nicht beliebig überspielen. Andererseits kann kultiviertes Ethos in unserer Zeit nicht mehr konform mit unseren Genen sein. Vielmehr wird

[16] Mohr, H.: Biologische Wurzeln der Ethik? Heidelberg 1983.

[17] Chomsky, N.: Knowledge of language: its nature, origin, and use. New York 1986.

die Zukunft des Menschen entscheidend davon abhängen, inwieweit es uns gelingt, die in der modernen Welt *obsolet* gewordenen biologischen Determinanten unserer Neigungsstruktur bei unserem tatsächlichen Handeln durch Vernunft und Moral zu überspielen. Natürlich können (und wollen) wir an unseren Genen nichts ändern, aber wir könnten (und müßten) die Expression unserer verhaltensbestimmenden Gene durch Vernunft und Moral stärker zügeln und kanalisieren als dies in den vergangenen Epochen der kulturellen Evolution geschehen ist.[18]

6.9 Die Frage nach der richtigen Moral

Für uns, für unsere Generation, gewinnt die Frage nach der richtigen Moral eine neue, gewaltige Dimension, jenseits philosophischer Tradition. Das unerhörte Vernichtungspotential, das sich der moderne Mensch geschaffen hat, die Menetekel aus der Umwelt, die darauf hindeuten, daß wir den Planeten überfordern und unsere kulturelle Evolution in eine Sackgasse treibt, sie geben der ethischen Reflexion über die richtige Führung unseres Lebens, über Gut und Böse, eine neue Dringlichkeit. Es gibt ethische Fragen, auf die *wir*, hic et nunc, eine neue Antwort finden müssen. Das Natürliche mag in der heutigen Welt weit davon entfernt sein, *gut* zu sein. Was früher vernünftig gewesen sein mag, kann heute unvernünftig sein, was früher Überleben garantierte, mag heute Chaos und Ende bedeuten.

Eine Moral, die uns politisch und ökologisch in die Zukunft führte – die richtige Führung unseres Lebens garantierte, ist weder in unseren Genen noch in unserer Tradition vorprogrammiert, aber Elemente davon, brauchbare Elemente, tragen wir in uns, die wir als Individuen und als Sozietät vernünftig kombinieren könnten.

Auf welche moralische Substanz kann unsere Vernunft zurückgreifen? Es sind, worauf Friedrich v. Hayek immer wieder hingewiesen hat[19,20], drei Quellen:

(1) Die tief in unserer biologischen Evolution verankerte Schicht genetisch vererbter Antriebe und Verhaltensweisen. Sie sind die Forschungsziele der Evolutionären Ethik. Hierzu gehören viele Verhaltens-

[18] Mohr, H.: Biologische Grenzen des Menschen. Zeitwende 56 (1985), 1–16.

[19] Hayek, F. A. v.: Die drei Quellen der menschlichen Werte. Walter Eucken Institut: Vorträge und Aufsätze, Nr. 70. Tübingen 1979.

[20] Vogel, Chr.: Evolution und Moral. In: Zeugen des Wissens (Hrsg. H. Maier-Leibnitz). Mainz 1986.

weisen, die nach „kulturwissenschaftlicher“ Deutung das Ergebnis *kulturell* entwickelter Normen darstellen. Ein Beispiel ist das Inzesttabu.[21] Bei Tieren lassen sich häufig Inzestschranken feststellen. Beim Menschen gibt es ein Inzesttabu in allen Kulturen; auch dort, wo Ausnahmen davon unter besonderen Bedingungen gestattet oder sogar geboten sind. Beim Phänomen der Inzestvermeidung ist die biologische Basis leicht zu erkennen: Inzest bedeutet Inzucht, und Inzucht würde dem mit der Neukombination des Erbguts verbundenen populationsgenetischen Vorteil biparentaler sexueller Fortpflanzung entgegenarbeiten. Die Vermeidung von Inzest ist deshalb in uns genetisch vorprogrammiert. Entsprechend ergibt sich aus Verhaltensanalysen eine grundsätzliche Differenz zwischen primärer Vertrautheit des Individuums (mit Eltern und Geschwistern) und sekundärer Vertrautheit (mit dem Geschlechtspartner). Primäre und sekundäre Vertrautheit schließen sich natürlicherweise aus. Der primären Vertrautheit entspricht eine sexuelle Vermeidungsreaktion, wodurch in der Regel ein Inzest ausgeschlossen wird.[22]

(2) Die Traditionsanpassungen: die mächtige Schicht traditional überkommener, in langer geschichtlicher Erfahrung erprobter gesellschaftlicher Verhaltensregeln, die – wie Hayek immer wieder betont – „weder geplant noch verstanden sind“. Hierzu gehört vermutlich auch der reziproke Altruismus, der in allen Hochkulturen zu beobachten ist[23] und allenthalben in der goldenen Regel seinen treffsicheren Ausdruck findet: „Was du nicht willst, das man dir tu’, das füg’ auch keinem andern zu“ – oder positiv gewendet: „Was du willst, das man dir tue, das lasse auch dem andern zukommen.“ In dem Kantschen Grundgesetz der praktischen Vernunft: „Handle so, als ob die Maxime deiner Handlung durch deinen Willen zum allgemeinen Naturgesetz werden sollte“ hat die Goldene Regel ihre vornehmste Formulierung gefunden. Banaler ausgedrückt: Moralische Entscheidungen sollten so gefällt werden, als ob niemand wüßte, in wessen Haut steckend er von dem Entscheidungsergebnis betroffen wäre.

(3) Die dünne schwankende Schicht von Regeln, die bewußt konzipiert und akzeptiert wurden, um bestimmten Zwecken zu dienen, zum Beispiel die Vorschriften des positiven Rechts.

Was von diesen Elementen brauchbar ist bei dem Versuch, die Zukunft zu bewältigen, gilt es *vernünftig* zu begründen. Wir müssen auf

[21] Bischof, N.: Das Rätsel Ödipus. Die biologischen Wurzeln des Urkonflikts von Intimität und Autonomie. München 1985.

[22] Ebd.

[23] Bratzler, K.: Die Evolution des sittlichen Verhaltens. Berlin 1984.

globale Konsensfähigkeit setzen und uns an vernünftig vereinbarte Normen halten, die den Sachzwängen der *heutigen* Welt gerecht werden.

Aber selbst wenn es der praktischen Vernunft gelingen sollte, die Traditionsanpassungen an die Sachzwänge der modernen Welt anzupassen, bleibt die Frage offen, wie stark sich unsere Vernunft – der „Urgrund des Sittlichen“ – und „das Sittengesetz in uns“ erweisen werden, wenn wir im Ernst versuchten, die moralischen Defizite unserer *biologischen* Natur zu kompensieren. Die Widerstände werden horrend sein, weil Sittlichkeit die im Dienste der biologischen Fitnessmaximierung stehende „Moral der Gene“ transzendieren muß.[24]

Von Albert Einstein stammt die Vision: „Im Schatten der Atombombe sind die Menschen Brüder.“ Die Evolutionäre Ethik bestärkt uns in der Hoffnung, daß die Angst vor dem kollektiven Selbstmord eine „Brüderlichkeit“ hervorbringen wird, die Vernunft allein nicht stiften kann.

Aber auch „Wachstum“ und „Vermehrung“ – Selektionsvorteile von gestern – sind zu Anachronismen geworden, die uns unweigerlich umbringen werden, wenn wir sie nicht rasch beherrschen lernen. „Globale ökologische Vernünftigkeit“ ist allem Anschein nach ebenso schwer zu erreichen wie „Ewiger Friede“. Vielleicht wird der alles kultivierte Leben bedrohende Energiemangel, in den wir blindlings hineinschlittern, im letzten Augenblick eine „ökologische Solidarität“ zustande bringen, die antizipierende Vernunft nicht schaffen konnte.

[24] Vogel, Chr.: Evolution und Moral. In: Zeugen des Wissens (Hrsg. H. Maier-Leibnitz). Mainz 1986.

7. BIOLOGISCHE GRENZEN DES MENSCHEN

Evolutionäre Erkenntnistheorie (s. S. 18) und Evolutionäre Ethik (s. S. 76) bringen (unüberwindliche?) kognitive und moralische Grenzen des Menschen zum Vorschein. In diesem Kapitel geht es uns um die Frage, welche biologischen Grenzen dem Individuum und dem Menschengeschlecht darüber hinaus gesetzt sind. Ethische Reflexion hat diese Grenzen zu kennen und zu respektieren.

7.1 Biologisch bedingte Grenzen individuell-menschlicher Leistung

Sie sind jedem geläufig. Kein Mensch kann 100 Meter in 6 Sekunden durchlaufen, kein Mensch kann beliebig lange auf Essen und Trinken verzichten, kein Mensch kann infrarotes oder ultraviolettes Licht sehen, einen IQ von 200 entwickeln oder so schnell und so fehlerfrei rechnen wie ein moderner Computer. Biologische Grenzen maximal erreichbarer physischer und geistiger Leistungen sind unbestritten. Hier stößt der Mensch an Grenzen, die er allenfalls mit Hilfe von Geräten überwinden kann. Die kulturelle Evolution des Menschen geht einher mit der Überwindung solcher Grenzen durch Technik.

7.2 Überwindung biologischer Grenzen durch Therapie

Erblich bedingte Krankheiten, manche Geisteskrankheiten eingeschlossen, zeigen uns klar und deutlich, wie unmittelbar und unentrinnbar jeder einzelne Mensch davon abhängig ist, daß seine Gene intakt sind. Viele Krankheiten des Menschen kann man heute Schritt für Schritt auf ihre molekularen Grundlagen, letztlich auf eine defekte DNA, zurückverfolgen. Die moderne Ätiologie von Geisteskrankheiten läßt kaum einen Zweifel daran, daß bereits *winzige* Störungen der genetischen Substanz die Seele des Menschen krankmachen können.[1] Willen und Spontaneität, die Essentialien des Geistes, werden

[1] Ernst, C.: Schizophrenie – Probleme und Kontroversen eines Krankheitsbildes. Universitas 38, Heft 5 (1983), 517–524. – Kolata, G.: Manic-depression: is it inherited? Science 232 (1986), 575–576.

ausgelöscht, weil ein winziges Stück makromolekularer Materie in uns nicht mehr richtig funktioniert. Die Würde des Menschen muß auch dann gewahrt bleiben, wenn Geistes- und Gemütskrankheiten seine Persönlichkeit verändern. Um so wichtiger ist es, verstärkte Anstrengungen zu unternehmen, diese Krankheiten zu lindern.

Im Gefolge biologischer Grundlagenforschung hat die moderne Medizin viele Mittel und Wege zu einer Therapie erblicher Krankheiten gefunden, zum Beispiel die Neuroleptika, jene Moleküle, die man neuerdings gegen die *Symptome* der Schizophrenie einsetzt.[2] Natürlich heilen die Neuroleptika weder die defekten Gene noch die kranke Seele. Aber sie sind – trotz ihrer unvermeidlichen Nebenwirkungen – eine ungeheure Hilfe, weil die Emotionen gedämpft und Halluzinationen und Wahnideen weniger quälend erlebt werden. Viele Patienten können es außerhalb der Klinik nur so lange aushalten, als sie unter der Wirkung von Neuroleptika stehen. Ohne diese werden sie bald für sich selber wie für ihre Umgebung untragbar. Die derzeit mögliche Therapie *überwindet* keine genetisch gesetzten Grenzen, aber sie kann diese Grenzen wesentlich, ja entscheidend verschieben. Aber erst eine Gentherapie könnte *heilen* (s. S. 162).

An dieser Stelle sei das Dilemma berührt, in das Arzt und Gesellschaft durch die jüngsten Fortschritte der Neurowissenschaften geraten sind. Ein typisches Beispiel sind die Erfolge bei der Diagnose der als Veitstanz (Chorea Huntington) bekannten Nervenkrankheit.[3] Seit man weiß, daß diese unheilbare, erst im höheren Alter auftretende Krankheit auf einem dominant vererblichen Defekt beruht, stellen sich schwerwiegende ethische Probleme: Soll man einen pränatalen Test entwickeln, um bei Vorliegen des Defekts das noch ungeborene Leben abzutreiben, obgleich dieser Mensch eine gute Chance hat, 40 oder 50 Jahre lang ein ganz normales, gesundes Leben zu führen und Kinder zu haben? Und sollten Patienten, die mit dem genetischen Defekt behaftet sind, davon erfahren, bevor die Krankheitssymptome auftreten, obgleich eine Therapiemöglichkeit noch nicht in Sicht ist? (s. S. 162).

Die Frage, wo die *moralischen* Grenzen der Medizin liegen, findet in einer säkularen, pluralistischen Welt mit multiplen Visionen eines *guten* Lebens keine definitive Antwort. Es gibt viele verschiedenartige Wege, wie Männer und Frauen mit ihren Krankheiten, Störungen und (vermeintlichen) Beschwerden zurechtkommen.[4] Solange diese Wege inner-

[2] Ebd.

[3] MPG-Spiegel aktuell: Neurowissenschaften und Ethik: Empfehlungen für den Weltwirtschaftsgipfel. MPG-Spiegel 3/86, 18–21.

[4] Engelhardt, H. T.: The foundations of bioethics, chapter 9. Oxford 1986.

halb des sittlichen Minimalkonsenses (s. S. 70) und nicht zu Lasten anderer verfolgt werden, gibt es in einer säkularen pluralistischen Gesellschaft keinen Anlaß, der Behandlung von Beschwerden und der Förderung eines guten Lebens moralische Grenzen zu setzen. Neuartige reproduktionsphysiologische Praktiken, die anscheinend mit dem Naturrecht (s. S. 70) kollidieren, haben großes Interesse auf sich gezogen. In dem Kapitel über Bioethik (s. S. 159) kommen wir auf dieses Thema zurück.

7.3 Der gesunde Mensch und seine Gene

Wie abhängig oder wie emanzipiert ist der erblich gesunde Mensch von seinen Genen? Wie weit sind die Fähigkeiten und das Verhalten des Menschen durch sein Erbgut determiniert?

Die Antwort der Wissenschaft lautet, daß wir alle weit mehr genetisch determiniert sind als wir gemeinhin glauben und wahrhaben wollen. Gewiß, wir haben nichts dagegen, wenn man uns sagt, daß die Struktur unseres Haares, unsere Augenfarbe oder unsere Blutgruppe genetisch bestimmt sind, daß wir eine serologische Individualität besitzen, daß wir in unseren *physischen* Eigenschaften deshalb Unikate darstellen, *weil* wir genetisch so weitgehend determiniert sind. Aber wie steht es mit unserem geistig-seelischen Vermögen? Die mit einem hohen wissenschaftlichen Anspruch und äußerster Sorgfalt ausgeführten Studien an Zwillingen und an Adoptivkindern lassen keinen Zweifel daran[5,6], daß unsere Hirnleistungen, unsere mentalen und kognitiven Leistungen, von Umwelteinflüssen weitgehend unabhängig sind, solange eine dem Menschen angemessene Umgebung gewährleistet ist. Wir können „lernen" und „denken", gewiß; aber nur nach Maßgabe der genetisch vorgegebenen Kapazitäten und Strategien. Die geistig-seelischen *Unterschiede* zwischen den Menschen sind weitgehend genetisch bedingt (ähnlich wie die leiblichen Unterschiede), sofern die dem Menschen gemäßen („normalen") Umweltbedingungen gegeben sind (s. S. 112).

Wir können die humangenetischen Sachverhalte drehen und wenden, um diese Schlußfolgerungen kommen wir nicht herum. Sowohl die dem Menschen eigene „forma substantialis" als auch die vielfältige „accidentia" haben ihre wesentliche Ursache in bestimmten materiellen

[5] Bouchard, T. J.: Twins. In: 1983 Yearbook of Science and the Future, Encyclopedia Britannica, 68–81.

[6] Mohr, H.: Biologische Anthropologie und Pädagogik. Biologica didactica 4 (1981), 28–33.

Komponenten unseres Körpers. Einfacher ausgedrückt: Jeder von uns hat seinen individuellen genetischen Schatten, und keiner von uns kann über seinen genetischen Schatten springen. Um so dringender erhebt sich in uns die Frage: Wie können wir die faktisch unbezweifelbare Auffassung von der biologischen Natur des Menschen akzeptieren und zugleich Immanuel Kant zugestehen, daß der Glaube an das moralische Gesetz in uns und der Glaube an einen autonomen freien Willen, der sich unabhängig vom Naturgesetz manifestiert, eine notwendige Voraussetzung für sittliches Verhalten ist?

Der Biologe kann das Leib-Seele-Problem (s. S. 14) lediglich als *Aporie* formulieren: Als vernunftbegabte Wesen können wir die Vorstellung sittlicher Freiheit für die Ethik ebensowenig aufgeben wie die der kausalen Notwendigkeit für die Wissenschaft[7]. Unsere dualistische Überlieferung erlaubt es aber auch dem Wissenschaftler, mit der Überzeugung zu leben, daß die Subjektivität ihrem Wesen nach fiktiv und ihrem Vermögen nach ohnmächtig ist, obgleich wir als moralische Subjekte gleichzeitig an Freiheit, an Verantwortung und Kreativität glauben und damit eine Intervention des Geistes in den Vorgängen der Materie voraussetzen (s. S. 17).

7.4 Die Entwicklung der Tragekapazität[8]

Blicken wir einen Moment zurück in unsere Geschichte. Als Sammler und Jäger können je nach Region und Ausrottungsgrad der Großtiere 0,01 bis einige Einwohner pro km^2 leben. Daher hatte die ganze für unsere Vorfahren im Paläolithikum erreichbare Erde nur eine Tragekapazität von 1 bis 10 Millionen Menschen auf dieser Kulturstufe.

Mit der „neolithischen Revolution" – mit dem Übergang zu Ackerbau und Viehzucht – vergrößerte sich die Tragekapazität, aber die Vermehrung der Menschenzahl hielt immer Schritt. Die Menschheit lebte im Grunde immer an der Grenze der Tragekapazität. Erhöhte sich die Tragekapazität durch neue Erfindungen, zog die Population nach, wie es im Lehrbuch steht. Der Mensch ist – biologisch gesehen – der am stärksten K-selektierte Primat. Aber selbst der restriktivste K-Stratege (s. S. 80) maximiert unter den gegebenen Umweltbedingungen seine reproduktive Fitness so gut er eben kann.

[7] Stent, G. S.: Ethische Dilemmas der Humanbiologie. In: Mannheimer Forum 82/83 (Hrsg. H. v. Ditfurth). Studienreihe Boehringer, Mannheim 1982.

[8] Markl, H.: Die Dynamik des Lebens. Entfaltung und Begrenzung biologischer Populationen. In: Natur und Geschichte (Hrsg. H. Markl). München 1983.

Der Übergang zum Ackerbau verzehnfachte, die Erfindung des von Tieren gezogenen Pfluges und der entsprechenden Anbauverfahren und Züchtungstechniken verhundertfachte die Tragekapazität auf 1 Milliarde. Erst die moderne chemisch-technische Industrieagrikultur, die mit Justus v. Liebig einsetzte, vertausendfachte – wie man glaubt – die Tragekapazität der Erde für Menschen. Wieder zog die Menschheit nach: Aus den 10 Millionen Altsteinzeitlern sind fast schon 10 Milliarden Zeitgenossen geworden, die keinen Winkel der Natur auf unserem Planeten unberührt lassen können, weil sie überleben wollen. Aber wir sollten uns nicht täuschen: *Wir leben total von der Substanz.* Die hohe Tragekapazität, auf die wir angewiesen sind, verlangt den vollen Einsatz der einmaligen, eng begrenzten fossilen Energie- und Rohstoffreserven und die totale Verwandlung der Welt in eine Produktions- und Abfallbeseitigungsmaschine mit einem gigantischen Energiebedarf. Diese Maschine kann nur noch eine beschränkte Zeit lang laufen. Wenn sie aussetzt, wird die Welt zerstört sein.

7.5 Der Tod[9]

Wir alle wissen, *daß* wir sterben müssen; aber *warum* müssen wir sterben?

Eine erste Antwort lautet: Wir müssen deshalb sterben, weil unser Alterstod, wie bei allen Organismen, in unserem Erbgut vorprogrammiert ist. Auch beim Menschen ist die maximale Lebenserwartung durch Gene festgelegt – eine für den Biologen triviale Erkenntnis. Unsere ganze Individualentwicklung, auch das Altern, ist ein zielgerichteter Ablauf in Raum und Zeit, gekennzeichnet durch „biomarker". Der unaufhaltsame und irreversible Entwicklungsprozeß, dem wir unterliegen, beruht auf dem Wirken eines materiellen vorgegebenen Programms, dessen Struktur und Wirkungsweise die Molekularbiologie unserer Tage entschlüsselt. Das Altern ist also keine Krankheit, auch wenn es mit Krankheit verbunden sein kann, und der Eintritt der Altersschwäche ist nicht das düstere Resultat von aufaddierten Defekten oder Verfehlungen, sondern die abschließende Entwicklungsphase unseres Lebens, die erstaunlich präzisen Regelprozessen unterliegt.

Die Menschen in unserer Population würden, wenn sie alle den Alterstod erlitten, im Durchschnitt mit etwa 85 Jahren sterben. Die Wahr-

[9] Mohr, H.: Leiden und Sterben als Faktoren der Evolution. Zeitwende 53 (1982), 129–145.

scheinlichkeitsfunktion für den Alterstod in unserer Population, eine Gaußsche Glockenkurve, verläuft symmetrisch zu diesem Wert. Unser Ende wäre also auch dann besiegelt, wenn es keine Infektionen, keine Unfälle, keine chronischen Krankheiten, keinen Drogengenuß (wie etwa Rauchen), kein Übergewicht und keinen Mangel an Bewegung gäbe.

Vorprogrammiert ist nicht nur die physische, sondern auch die psychische Seneszenz, einschließlich jener Verhaltensweisen des alternden Menschen, die der Jugend so sonderbar vorkommen: der rückwärtsgewandten Betonung der eigenen Bedeutung („damals, als ich Rektor war ..."), einer konservativen Grundhaltung, die Brüche oder Erschütterungen im Weltbild zu vermeiden trachtet – man denke an Adenauer oder Wehner –, schließlich der Resignation und inneren Emigration – sie alle sind nichts anderes als Anpassungen unseres Verhaltens an die physiologischen Änderungen, die sich programmgemäß in uns vollziehen.

7.6 Ohne Sterben keine Evolution[10]

Und nun die nächste, die eigentliche Frage: Warum tragen wir ein Entwicklungsprogramm, das uns unentrinnbar der Seneszenz und dem Tode zuführt, in uns?

Die Antwort: Weil unsere Art, weil der Homo sapiens, ebenso wie alle anderen Arten, aus einer biologischen Evolution hervorgegangen ist. Die zeitliche Begrenztheit des Individuallebens ist die unabdingbare Voraussetzung, ist eine conditio sine qua non für die Stammesentwicklung, die Phylogenie, die schließlich auch den Menschen hervorgebracht hat.

Die Phylogenie beruht im Prinzip auf dem Wechselspiel von Mutation, Rekombination und adaptiver Selektion. Diese Faktoren können nur dann wirksam werden, wenn das Individualleben begrenzt ist, wenn immer wieder neue Genkombinationen den Platz der alten übernehmen. Gäbe es keinen Tod, so gäbe es kein Leben.

Der Tod ist nicht ein Werk der Evolution. Der Tod des einzelnen ist vielmehr die Voraussetzung für die Entwicklung des Stammes. An dieser Einsicht, an diesem Axiom der Evolutionstheorie führt kein Weg vorbei.

Vielleicht ist hier die dialektische Metapher: Leben heißt Sterben, wirklich angemessen oder der Satz von Friedrich Engels, wonach die Negation des Lebens als wesentlich im Leben selbst enthalten sei. Die Gewißheit des tödlichen Ausgangs bringt überhaupt erst Sinn in unser Leben (R. Spaemann).

[10] Ebd.

Wie wir den Sachverhalt auch formulieren: Ohne das Sterben der Individuen hätte es keine Evolution des Lebens auf dieser Erde gegeben. Wenn wir also die Evolution des Lebens als ein in der Bilanz positives Ereignis, als die „reale Schöpfung“, ansehen, akzeptieren wir damit auch unseren Tod als einen positiven und kreativen Faktor, nicht mehr als „einen geheimnisvollen Tribut an Tränen, Blut und Sünde“, wie es noch Teilhard de Chardin ausgedrückt hat.

Warum fürchten wir dann den Tod, unseren Tod? Auch die Todesangst haben wir mit unseren Genen geerbt. Todesangst ist ein adaptives Verhalten. Ohne die in unseren Genen verankerte „feindselige Ablehnung des Todes“ (H. K. Erben) wären wir im Sinn der Evolutionstheorie nicht fit: wir wären viel zu leichtsinnig, zu wenige von uns würden überleben, reproduzieren, Gesamtfitness praktizieren. Ohne die genetisch programmierte Todesangst wären wir als Art nicht lebensfähig.

Die kulturelle Überformung der Todesangst ist ein faszinierendes Thema mit vielen Facetten, im Grunde aber ist die Todesangst immer und überall präsent, weil in der Evolution nur jene Populationen überlebten, die Aggressionsbereitschaft und Wagemut durch die Angst vor dem Tode zu zügeln vermochten.

Die natürliche Lebensspanne des Menschen ist erstaunlich lang. Warum eigentlich? Warum leben wir eigentlich, wenn wir doch genetisch auf den Alterstod hin programmiert sind, weit länger, als wir uns reproduzieren und unsere eigenen Nachkommen betreuen? Die Frage nach der langen Lebensspanne des Menschen erklärt die Evolutionstheorie mit dem Konzept der „inclusive fitness“ (s. S. 81).

Die höchste Fitness besitzen jene Organismen, jene Genkombinationen, die am besten an die jeweiligen Lebensbedingungen angepaßt sind. Unter den Bedingungen *natürlicher* Selektion äußert sich die Fitness in der Wahrscheinlichkeit der Reproduktion. Den Lebewesen mit der höchsten Fitness kommt also die höchste Wahrscheinlichkeit zu, ihre Gene in der Population zu vermehren, im „Kampf ums Dasein“ sich durchzusetzen. Mit Selektion durch „Kampf ums Dasein“ ist in der Evolutionstheorie also nicht notwendigerweise ein Kampf mit Zähnen und Klauen gemeint, sondern das allmähliche Sichherausschälen der günstigeren Genkombinationen in der Konkurrenz um die begrenzten Ressourcen.

„Inclusive fitness“ bedeutet, daß die genetische Fitness eines Individuums nicht nur am Überleben und an der Reproduktion seiner selber und seiner Nachkommen gemessen werden darf, sondern auch an der Förderung der Fitness genetischer Verwandter *(kin selection)*. Unsere Lebensspanne stellt sich nun heraus als ein Kompromiß der Evolution zwischen dem Platzmachen für die neue Generation, für die neue Gen-

kombination, und dem Beitrag, den wir im Rahmen der *inclusive fitness* zur Erhaltung der Sippe, des Klans, des Stammes, des Volkes leisten.

Das mathematisch anspruchsvolle Konzept der *inclusive fitness* und der *kin selection* hat sich in der modernen Evolutionstheorie glänzend bewährt. Es hat Fragen exakt beantwortbar gemacht, die sich früher einer quantitativen wissenschaftlichen Erklärung entzogen haben (s. S. 81).

Ein weiteres Beispiel für den hohen Erklärungswert des Konzepts der *inclusive fitness* ist die „Ehrfurcht vor dem Alter": Ein alter Mann, der keine Kinder mehr haben wird, besitzt eine hohe *inclusive fitness*, wenn er durch Erfahrung, Wissen und Weisheit in der Lage ist, die Fitness seiner Verwandten und „Brüder" zu steigern. So erklärt sich das hohe Prestige, das alte, erfahrene und kluge Menschen in allen historischen Populationen genossen haben. Die Ehrfurcht vor dem Alter ist im Prinzip in unseren Genen verankert. Auch „progressive" junge Leute haben zumindest ein schlechtes Gewissen (s. S. 25), wenn sie einen alten, würdigen Menschen geistig oder körperlich mißhandeln.[11]

7.7 Leiden und Sterben als Faktoren der Evolution[12]

Leiden, die uns mit Notwendigkeit treffen, sind von dreierlei Art.

(1) Wir leiden an genetisch bedingten Defekten, weil unser Erbgut defekte Gene enthält (s. Kap. 7.2). Besonders deutlich manifestiert sich deren Einfluß bei den erblich bedingten Stoffwechsel- und Entwicklungsstörungen, einschließlich des genetischen Krebses und der erblich bedingten Geisteskrankheiten, die in Medizin und Humangenetik eine so wichtige Rolle spielen.[13] Diese Defekte lassen sich häufig auf bestimmte mutierte Gene oder auf definierte Chromosomenanomalien zurückführen. Ein bekanntes Beispiel ist das Down-Syndrom beim Menschen („Mongolismus"), das auf eine Trisomie des Chromosoms 21 zurückzuführen ist. Genetisch bedingte Defekte sind unumgänglich. Mutationen, Änderungen von Genen, von Chromosomen, von Genomen, sind die Voraussetzung jeder Evolution. Ihrer Natur nach sind

[11] Mohr, H.: Wissenschaft und Ethik. In: Freiburger Vorlesungen zur Biologie des Menschen (Hrsg. B. Hassenstein). Heidelberg 1979.

[12] Mohr, H.: Leiden und Sterben als Faktoren der Evolution. Zeitwende 53 (1982), 192–145.

[13] Ernst, C.: Schizophrenie – Probleme und Kontroversen eines Krankheitsbildes. Universitas 38, Heft 5 (1983), 517–524. Kolata, G.: Manic-depression: is it inherited? Science 232 (1986), 575–576.

viele, ja die meisten der Mutationen negativer Art, sie verursachen Defekte. Dies ist ein Naturgesetz, das mit der Natur der Gene und mit der Kohärenz des Erbguts[14] zusammenhängt. Unter den Bedingungen einer *natürlichen*, adaptiven Selektion werden die Defektmutanten zum Teil eliminiert (ihre homozygoten Träger sterben z. B. häufig, bevor sie sich reproduzieren), unter den Lebensbedingungen einer kultivierten, mit Medizin und Caritas versorgten Menschheit werden genetische Defekte hingegen angereichert. Das ist der horrende Preis, den wir für das Aussetzen der natürlichen Selektion zu zahlen haben. Unsere „genetische Last", wie man die Bürde an Krankheit und Tod nennt, die auf die defekten Gene einer Population zurückzuführen ist, nimmt ständig zu. Anders ausgedrückt: Caritas und Medizin schaffen Leiden. An dieser Erkenntnis führt kein Weg vorbei.

Ein Beispiel: Der juvenile Diabetes mellitus, jene Form der genetisch bedingten Zuckerkrankheit, die sich bereits im Kindesalter manifestiert, war vor der Entdeckung des Insulins und der Diättherapie eine in der Regel tödliche Krankheit, die den Träger daran hinderte, seine defekten Gene fortzupflanzen. Heute wird kaum ein Diabetiker, der auf Insulin anspricht, seinen genetischen Defekt als ein Signal, auf Nachkommen zu verzichten, auffassen. Infolgedessen werden sich in unserer Population die betreffenden Defekt-Gene weit über den Pegel hinaus anhäufen, den sie unter den Bedingungen einer natürlichen Selektion in menschlichen Populationen erreichen.

Dies ist der Tribut, den die Population, aber auch der einzelne, dafür zu zahlen hat, daß wir Kulturmenschen geworden sind, denen Caritas ein Anliegen und kurative Medizin eine Selbstverständlichkeit geworden sind. Aber was würde sich in den Kliniken und Arztpraxen abspielen, wenn es der Wissenschaft einmal nicht mehr gelingen sollte, genügend Insulin bereitzustellen!

(2) Eine zweite Kategorie von Leiden, die uns *mit Notwendigkeit* treffen, sind jene Krankheiten und Schmerzen, die uns andersartige Lebewesen zufügen, Mikroben, Pilze, Tiere, indem sie uns angreifen, sei es aus Konkurrenz, sei es, weil wir ihnen als Nahrung oder als Nährboden dienen. Infektionskrankheiten waren bis in unsere Zeit hinein die wichtigste Todesursache des Menschen.

Diese Auseinandersetzungen zwischen den Arten gehören zum Alltagsgeschehen der Evolution. Die Entstehung der Arten beruht im

[14] Erbanlagen (Gene) sind nicht unabhängig voneinander, da jedes Merkmal und erst recht ein ausgewogener Phänotyp von vielen Genen abhängt. Eine harmonische Genexpression verlangt deshalb sorgfältig aufeinander abgestimmte Gene, also ein kohärentes („zusammenhängendes") Erbgut.

wesentlichen auf adaptiver Selektion, daran kann kein Zweifel bestehen. Dies bedeutet Konkurrenz: die Verdrängung, die Bekämpfung, die Ausnutzung, die Vernichtung des Konkurrenten. Adaptive Selektion bedeutet aber auch *Symbiose*, die Herausbildung subtiler Ökosysteme, die Entstehung von Gesamtfitness, die Entstehung von reziprokem Altruismus. All dies, die rücksichtslose Konkurrenz ebenso wie die fein abgestimmte Symbiose, gehört zum Alltagsgeschehen der Evolution. Aber im Schnitt dominiert das Leiden.

Die Entwicklung von *Bewußtsein* bei den höheren Säugetieren und bei den Hominiden hat an den Faktoren und Gesetzen, die das evolutionäre Geschehen bestimmen, bis in die Neuzeit hinein nichts Entscheidendes geändert. Erst die moderne Wissenschaft, besonders die auf wissenschaftliche Erkenntnis gestützte Medizin, hat das naturgegebene menschliche Leiden in einer geradezu unglaublichen Weise gemildert, besonders durch die Ausrottung der wichtigsten Infektionskrankheiten. Die Menschen unserer Zeit haben sich längst daran gewöhnt. Wer unter den Kritikern unserer wissenschaftlich-technischen Kultur hat sich die Mühe gemacht, nachzuempfinden, wie unsere Vorfahren gelebt und gelitten haben und wie sie gestorben sind? Wer weiß noch, was in den Häusern und in den Seelen der Menschen vorging, wenn sie der Pest und der Cholera, den Pocken und der Tuberkulose, dem Ergotismus und der Syphilis hilflos ausgeliefert waren oder wenn die schwangere Frau wußte, daß viele der Gebärenden an Kindbettfieber unter entsetzlichen Qualen sterben mußten?

(3) Eine dritte Kategorie jener Leiden, denen wir als Folge der Evolution unentrinnbar – aber keineswegs hilflos – ausgeliefert sind, sind diejenigen, die der Mensch dem Menschen zufügt.

Evolution bedeutet, daß alle Lebewesen, die rezenten ebenso wie die uns nur fossil bekannten, das Ergebnis einer Stammesentwicklung sind, auch der Mensch. Der Mensch, die Art Homo sapiens, ist seinerzeit – gegen Ende des Pleistozäns – als Ergebnis einer natürlichen Selektion entstanden, in der Auseinandersetzung nicht nur mit schwierigen klimatischen Bedingungen, sondern auch im Kampf mit anderen Hominiden und mit seinesgleichen. Daran läßt sich kaum zweifeln. Daraus folgt zwangsläufig, daß Haß und Aggression, die Neigung zum Töten, dem Menschen angeboren sind. Die kulturelle Überformung dieser Neigungen darf uns nicht darüber hinwegtäuschen, daß sie in uns schlummern und jederzeit losbrechen können (s. S. 83).

7.8 Um den Preis der Menschlichkeit

H. K. Erben, der viel über Leben und Sterben nachgedacht und nach-*geforscht* hat[15], erzählt die folgende Geschichte:

„,Warum gibt es hier überall so viele Wegekreuze?' fragte ich einst bei einem Ritt über die schmalen Gebirgspfade der Sierra Madre Oriental meinen indianischen Begleiter. ,Überfälle', war die knappe Antwort. Und auf meine weitere Frage, warum die Überfallenen denn wohl umgebracht worden seien, meinte er achselzuckend: ,... um dem Zeigefinger (am Abzug der Pistole) ein Vergnügen zu bereiten ... por gusto!'" ...

Mord als Vergnügen. Schockierend? – Wir alle wissen, daß die Neigung zum Quälen und Töten von Artgenossen beim Homo sapiens besonders ausgeprägt ist und eine entsetzliche Hypothek darstellt, die wir seinerzeit im Pleistozän aufgenommen haben und nicht mehr loswerden konnten. Mord, Totschlag, Folter und Genozid markieren die Kulturgeschichte des Menschen. Pol Pots Mörderkinder waren kein einsamer Exzeß, sondern eher die Regel. Auch die Ritualisierung des Tötens – der ritterliche Kampf, das Duell, die Haager Landkriegsordnungen – sollte niemand darüber hinwegtäuschen, daß das ritualisierte, sozusagen kultivierte Töten und das rücksichtslose, erbarmungslose, lustbetonte Morden dieselbe genetische Grundlage haben.

Wie sind wir zu diesen entsetzlichen Genen gekommenn? Die Erklärung, die uns die Evolutionstheorie gibt, ist im Prinzip einfach und überzeugend:

Der rezente Homo sapiens hat sich genetisch während des Eiszeitalters, gegen Ende des Pleistozäns, herausgebildet, unter zuweilen extrem schwierigen Bedingungen des Überlebens. Überlebt haben jene Gruppen, so müssen wir zwangsläufig annehmen, die eine hohe Intelligenz, die Fähigkeit zum teleologischen Denken und Handeln und ein genügendes Quantum an Aggressions- und Tötungsbereitschaft entwikkelten, auch im Rahmen innerartlicher Konkurrenz. Die anderen Gruppen, vor allem die friedfertigen, blieben auf der Strecke. Die Gruppenselektion war unerbittlich. Auf diese Weise ist „der Mensch des Menschen bester Feind" geworden. Charles Darwin schrieb um 1835 über seine Erfahrungen mit den unter extrem schwierigen Umweltbedingungen lebenden Feuerländern: „Sie ... waren erbarmungslos gegenüber allen, die nicht ihrem eigenen kleinen Stamm angehörten."

Damit wir uns an dieser Stelle nicht mißverstehen: Der Umstand, daß

[15] Erben, H. K.: Leben heißt Sterben – Der Tod des Einzelnen und das Aussterben der Arten. Hamburg 1981.

wir erklären können, warum die Menschen Mord und Totschlag verüben und warum es keiner kulturellen Überformung gelungen ist, diese Neigung auf die Dauer zu unterdrücken, darf uns nicht dazu verleiten, dieses Verhalten zu billigen. Die Eierschalen der Evolution, die uns anhaften, sind kein Grund und erst recht keine Legitimation für Barbarei. Die Spannung zwischen Sein und Sollen bleibt bestehen, auch wenn wir das Sein erklären können.

Andererseits bleibt die bange Frage, inwieweit unsere Normen unsere Gene auch dann überspielen können, wenn es wirklich ums Überleben geht.

Vor einigen Jahren hat ein Geschehen, das der englische Anthropologe Turnbull in Afrika erlebt und aufgezeichnet hat[16], viel Aufsehen erregt: die Geschichte der IK, der Mountain People, im nördlichen Uganda. (Vermutlich sind diese Vorkommnisse kein Einzelfall in der Sahelzone, aber sie wurden zufällig dokumentiert.) Ein Stamm geriet durch äußere Eingriffe an die Grenzen seiner physischen Existenz, ohne Hoffnung auf Änderung. Innerhalb kurzer Frist erfolgte ein Zusammenbruch des Sozialgefüges: Altruismus, Moral, Liebe, gruppeninterne Solidarität, Fürsorge für Kinder und Alte – wichtigste Elemente des menschlichen Sozialverhaltens gingen verloren. Beispielsweise wurden die Kinder in der Regel mit drei Jahren erbarmungslos ausgestoßen und sich selbst überlassen. Die Kinder versuchten, mit erheblichem Erfolg, in nach außen und innen rücksichtslosen Jugendbanden zu überleben. Turnbull resumiert: „Sie (die IK) haben es fertig gebracht, zu überleben – um den Preis der Menschlichkeit." Sie haben dabei jenen Punkt erreicht, „wo die Wahrheit und das Schöne aufhören zu existieren".

Ein irritierendes Dokument, die Geschichte der IK, irritierend wie jene Nachrichten, die uns aus Vietnam und Kambodscha erreichten oder aus Mittel- und Südamerika. Dieser Tage (Ende Juli 1986) ging eine Meldung durch die Presse, wonach allein in Rio de Janeiro, einer Neun-Millionen-Stadt, zwei Millionen ausgesetzte Kinder versuchen, auf eigene Faust zu überleben. Der Präsident der brasilianischen „Nationalen Hilfskampagne", Charles Moritz, sprach von 35 Millionen sich selbst überlassenen Kindern in Lateinamerika. Am schlimmsten sei das Sozialproblem in Brasilien, wo die Kinder aggressiv würden gegen eine Gesellschaft, die sie einfach abschiebe.[17]

Sind dies pathologische Ausnahmefälle? Ich bin nicht sicher.

[16] Turnbull, C.M.: The mountain people. New York 1972. – Kritische Stellungnahmen zu Turnbulls Berichten z.B. bei P. Singer: The expanding circle. Oxford 1981, 24–26.

[17] Die Welt vom 25.7.86, Nr. 170, p. 12.

Vergegenwärtigen wir uns den Anfang des Märchens von Hänsel und Gretel:

„Es war einmal ein armer Holzhauer, der lebte mit seiner Frau und zwei Kindern in einer dürftigen Waldhütte. Die Kinder hießen Hänsel und Gretel, und wie sie so heranwuchsen, gebrach es immer mehr den armen Leuten an Brot. Auch wurde die Zeit immer schwerer und alle Nahrung teurer, das machte den beiden Eltern große Sorge. Eines Abends, als sie ihr hartes Lager gesucht hatten, seufzte der Mann: ‚Ach Frau, wie wollen wir nur die Kinder durchbringen, da der Winter herankommt und wir für uns selbst nichts haben!' Und da erwiderte die Mutter: ‚Keinen anderen Rat weiß ich, als daß du sie in den Wald führst, je eher, je lieber, gibst jedem noch ein Stücklein Brot, machst ihnen ein Feuer an, befiehlst sie dem lieben Gott und gehst hinweg.'"[18]

Wir müssen damit rechnen, daß im Menschen alternative Verhaltensstrategien vorprogrammiert sind (s. S. 82). Die Verhaltensstrategie unter den Bedingungen des nackten Überlebens liegt seit dem Paläolithikum in unserem Erbgut fest. Bestimmend war das Überleben der Eltern (und damit der Gene). Der Verlust der Kinder konnte bei günstiger werdenden Bedingungen durch Neugeburten ausgeglichen werden.

Wir müssen moralisch und politisch mit dieser Verhaltensstrategie rechnen, alles andere wäre Augenwischerei und Leichtsinn.

7.9 Der Stammestod

Kehren wir zurück zur Evolution und damit zum Tod, dem dialektischen Partner des Lebens. Ich meine diesmal nicht den Individualtod, sondern den Stammestod, das bedrückende und gleichzeitig faszinierende Pendant der Stammesentwicklung.

Die meisten Arten (und selbst Gattungen), die uns heute umgeben, sind relativ jung. Nur wenige lassen sich bis ins Tertiär zurückverfolgen.

Altern die Arten, vergreisen oder degenerieren die Stämme aus Notwendigkeit?

Die Antwort ist: nein. Der Individualtod ist unentrinnbar, genetisch vorbestimmt; der Stammestod ist es nicht, es besteht kein innerer Zwang.

In Kurzform: der einzelne Mensch *muß* sterben, die Art Mensch, der Homo sapiens, hingegen *muß nicht* aussterben.

Daß dem Stammestod kein schicksalhafter Zwang unterstellt werden darf, zeigen uns die „lebenden Fossilien". Es gibt zum Beispiel die uns

[18] Zitiert aus Bechstein, L.: Deutsches Märchenbuch (1857). Lizenzausgabe des Parkland Verlags, Stuttgart 1974, p. 59.

heute archaisch anmutende Brachiopodengattung *Lingula*, die sich seit dem Ordovizium, seit rund 450 Millionen Jahren, unverwüstlich gehalten hat. Die Gattung *Limulus*, der rezente Pfeilschwanzkrebs, läßt sich in ihren Anfängen bis ins frühe Kambrium zurückverfolgen, 570 Millionen Jahre. Die sogenannten Palmfarne der Gattung *Cycas*, merkwürdige tropische Gymnospermen, existieren seit mindestens 200 Millionen Jahren in jenen stabilen tropischen Biotopen, an die sie nahezu ideal angepaßt sind, usw.

Warum aber sind die *allermeisten Arten* im Vollzug der Evolution wieder ausgestorben?

Eine Antwort – von Ernst Mayr, einem der bedeutenden Evolutionsforscher unserer Zeit – lautet:

„Der Grund, weshalb 99,9% aller Evolutionslinien wieder ausgestorben sind, ist darin zu suchen, daß die innere Kohärenz des Genotyps[19] sie daran hinderte, neue, plötzlich gestellte Anforderungen der Umwelt rasch und im Sinn einer Anpassung zu beantworten."

Mit anderen Worten: Die Genpools der ausgestorbenen Arten, ihr in sich fein abgestimmter Genbestand, waren so weitgehend an die adaptiven Zonen, an die jeweiligen Lebensräume, angepaßt, daß sie ihre populationsgenetische Elastizität, eine ausreichende genetische Varianz, verloren hatten. Sie konnten sich an rasch wandelnde Umweltbedingungen nicht mehr genetisch anpassen und starben aus.

7.10 Anpassung und Dysfunktion

Wichtiger für die Erklärung des Stammestods sind allerdings die *Dysfunktionen*, die sich im Verlauf der Evolution bei allen Entwicklungslinien unausweichlich einstellen. Die lebende Natur ist voll von Defekten, Unzulänglichkeiten, Fehlentwicklungen – Dysfunktionen, die davon herrühren, daß viele evolutionäre Entwicklungen, die kurzfristig vorteilhaft waren, wegen der Kohärenz des Erbguts nicht mehr rückgängig zu machen waren, als sie sich nicht mehr bewährten.

Ein Beispiel: Das zentrale Enzym der Kohlenstoffassimilation, die CO_2-fixierende Ribulosebisphosphat-Carboxylase, arbeitet ausgezeichnet, solange der Sauerstoffpartialdruck niedrig ist. Wenn der O_2-Partialdruck jedoch ansteigt, wird das Enzym allmählich dysfunktional, weil es nunmehr auch als eine Oxygenase fungiert und den fixierten Kohlenstoff zum Teil wieder „veratmet". Solange während der Evolution die

[19] Vgl. Anm. 14, S. 96.

Atmosphäre weitgehend reduzierend blieb, konnte die Carboxylase ihre Funktion erfüllen; als aber nach der „Erfindung" der aeroben Photosynthese der O_2-Partialdruck anstieg, wurde die Carboxylase allmählich ein schweres Problem. Da ein komplexes Enzym, das aus mehreren Untereinheiten besteht und zum Teil in der Kern-DNA, zum Teil in der Plastiden-DNA codiert ist, nicht einfach ausgewechselt werden kann, wurden komplizierte Hilfskonstruktionen entwickelt, z. B. die CO_2-Fixierung der C_4-Pflanzen, um die Photosynthese trotz des steigenden O_2-Gehalts der Luft effizient zu erhalten.

Es gibt zahllose Beispiele für Dysfunktionen: die absurde Größe mancher fossiler Flugechsen[20], die miserable Funktion vieler phylogenetisch alter Enzyme (Nitrogenase!), die Defekte unseres Immunsystems (Allergien!), die Schwierigkeiten, die der aufrechte Gang unserem Kreislauf bereitet, die negativen Nebenfolgen der progressiven Cerebralisation[21], usw.

Ich sagte eingangs, daß die Evolutionstheorie die angepaßte Zweckmäßigkeit eines Organismus ebenso überzeugend erklären kann wie seine Defekte. Entsprechend kann die Evolutionstheorie die Existenz lebender Fossilien ebenso elegant erklären wie die Tatsache, daß die meisten Evolutionslinien wieder ausgestorben sind. Der wesentliche Grund für das Erlöschen der meisten Evolutionslinien ist darin zu suchen, daß der Überkompensation von Dysfunktionen durch Hilfskonstruktionen Grenzen gesetzt sind: Die Lebewesen werden durch die Hilfskonstruktionen immer komplexer und schwerfälliger, bis es schließlich nicht mehr geht.

Der Stammes*tod* hat natürlich eine eminent positive Bedeutung für die Stammes*entwicklung* gehabt: Das Sterben der Arten öffnete die ökologischen Nischen auf der Erde den neuen, mit höherer Fitness ausgestatteten Arten.

Betrachten wir einmal den oft diskutierten Faunenschnitt im späten Mesozoikum, an der Wende von der Kreide zum Tertiär[22,23]. Man schätzt, daß eine biologische Krise seinerzeit etwa 75% der vorher existierenden Pflanzen- und Tierarten zum Erlöschen brachte. Es starben damals innerhalb kurzer Frist nicht nur die Belemniten und Ammo-

[20] Erben, H. K.: Leben heißt Sterben – Der Tod des Einzelnen und das Aussterben der Arten. Hamburg 1981.

[21] Huber, R.: Animalisation oder Cerebralisation. In: Freiburger Universitätsblätter, Heft 72, 1981.

[22] Erben, H. K.: a. a. O.

[23] Russell, D. A.: The mass extinction of the late mesozoic. Scientific American 246 (1982), 48–55.

niten, die Ichthyosaurier des Meeres, die Flugsaurier und die zähnetragenden Urvögel aus, sondern auch die Dinosaurier, die bis dahin das Bild der Landfauna bestimmt hatten. Jetzt übernahmen auf dem Festland die Überlebenden der „biologischen Katastrophe", die kleinwüchsigen Formen der Reptilien und Säuger, die bisher im Schatten der großen Saurier ein bescheidenes Dasein geführt hatten, die Führung. Es erfolgte sozusagen ein neuer Anlauf der Stammesentwicklung, der in der Folge in einer grandiosen Koevolution mit den Angiospermen bis hin zu den Primaten und zum Menschen führte.

7.11 Der Stammestod des Menschen?

Eine letzte, abschließende Frage: Wird der Mensch, wird dieser Homo sapiens wieder aussterben? Sind wir, wie Theo Löbsack vermutet, tatsächlich „zu dumm für die Zukunft"? Meine Skepsis im Bezug auf die Zukunft des Menschen hat zwei Gründe: die ökologische Krise, in die wir mit pathologischer Sorglosigkeit hineintaumeln, und die Erkenntnis, daß die Struktur unseres Verstandes offenbar nicht ausreicht, um die Strukturprobleme der modernen Welt zu bewältigen (s. S. 29).

Ein paar Worte zur ökologischen Krise. Der Mensch stößt, daran kann kein Zweifel bestehen, an seine ökologischen Grenzen. Das eigentliche Problem ist die ungeheure Zahl der Menschen. Die Populationsgröße des Homo sapiens ist infolge günstiger Umstände (Wissenschaft, Technik, Medizin) weit über die Tragekapazität des Biotops geraten. Die Situation unserer Population ist krisenhaft instabil. Dies ist kein Scheinproblem, sondern eine tödliche Bedrohung. Was könnte man tun?

Eine Sicherung – wahrscheinlich die einzig mögliche Sicherung – wäre die Begrenzung der Populationsdichte im erheblichen Abstand von der maximalen Tragekapazität. Man hat diese Fähigkeit bei manchen Tieren vermutet, aber nie beweisen können. Wir kennen auch keinen biologisch-evolutiven Mechanismus, der dies bewirken könnte. Der Mensch, der Homo sapiens, hätte als erste Art die Chance, dies kraft eigener Einsicht in die Wege zu leiten.[24] Wo liegt die Tragekapazität der Welt für unsere Art und in welchem Abstand von der Tragekapazität müßten wir uns einrichten, damit wir einen zumindest mittelfristig stabilen Zustand erreichten? Eine numerische Abschätzung ist schwierig, da hier die Wahl der Randbedingungen entscheidend mitspricht; aber ich halte es für

[24] Markl, H.: Ökologische Grenzen und Evolutionsstrategie-Forschung. In: Mitt. der Deutschen Forschungsgemeinschaft 3/80, I–VIII.

wahrscheinlich, daß die heutigen fünf Milliarden Menschen auf der Welt die Tragekapazität unseres Planeten bereits weit übersteigen. In den 30er Jahren, als es etwa zwei Milliarden Menschen auf der Erde gab, rechneten kluge Populationsbiologen damit, daß sich der vernunftbegabte Mensch auf diesem Planeten mit etwa 2,7 Milliarden Menschen häuslich einrichten würde. Mit ihrer Empfehlung hatten sie vielleicht recht, nicht aber mit ihrer Prognose.

Wir leben derzeit von dem eng begrenzten Vorrat fossiler Ressourcen, sonst wären wir längst am Ende. Niemand weiß, wie es weitergehen soll, wenn dieses Kapital aufgezehrt ist. Wie wird es auf der Welt zugehen, wenn wir uns beispielsweise landwirtschaftliche Intensivkultur nach dem Versiegen der fossilen Energiequellen nicht mehr leisten können und dann für 80 oder 90% von uns keine Nahrung mehr verfügbar sein wird?

Manche vertrauen auf Innovationen, die neue Horizonte eröffnen sollen; doch ohne die geringste Sicherheit, daß dies wirklich eintreffen wird. Ein gegenüber der Realität blindes „Prinzip Hoffnung" ersetzt bei vielen, bei den meisten Menschen unserer Zeit, eine brauchbare Überlebensstrategie. Warum?

Ich sagte bereits (s. S. 29), daß die Struktur unseres Verstandes offenbar nicht ausreicht, um die Strukturprobleme der modernen Welt zu bewältigen. Dies ist verständlich – schließlich sind die uns heute angeborenen Kategorien des Denkens unter den soziokulturellen Bedingungen des Paläolithikums selektioniert worden –, aber es ist gleichzeitig ein Grund für tiefe Sorge und Skepsis: der an die *mittleren Dimensionen* angepaßte menschliche Verstand ist *nicht* dazu geschaffen, das Verhalten komplizierter Sozialsysteme zu verstehen. Die uns aus der Evolution der Hominiden überkommene geistige Kraft hat ausgereicht, diese Welt intuitiv zu verändern; sie scheint aber nicht auszureichen, die geänderte Welt zu verstehen und aus diesem Verstehen heraus eine Überlebensstrategie zu schaffen.

Als Naturwissenschaftler liegt mir der Optimismus im Blut. Deshalb wird der deprimierenden Diagnose ein Vorschlag für eine Überlebensstrategie nachfolgen (s. S. 140). Für eine solche Vorwärtsstrategie bestünde immer noch eine gute Chance, wenn wir die Erkenntnis und die konstruktiven Mittel der Wissenschaft vernünftig einsetzten. In einer Wissenschaft, die den Flug zum Mond oder die Synthese eines Gens planen und technisch ausführen kann, steckt ein ungeheures Potential, falls man ihr nicht aus Angst oder Dummheit in den Arm fällt und den Mut nimmt.

Die eigentliche Gefahr für unser Weiterleben liegt nicht in der Bedrohung durch die äußeren Ereignisse – so schwierig die Dinge auch liegen –, sondern im Erlahmen unserer geistig-moralischen Kraft, den Herausforderungen unserer Zeit angemessen, vernünftig und kraftvoll zu begegnen.

7.12 Eine Klarstellung: „Das sogenannte Böse“ und „Das eigentlich Böse“[25]

Schmerzen, Leiden und Sterben sind konstitutive, unabdingbare Faktoren der Evolution. Solange wir die „creatio continua“, die „reale Schöpfung“ bejahen, bejahen wir notwendigerweise das Leiden und Sterben der Organismen, weil ohne diese Faktoren Evolution nicht geschehen wäre. Das Böse in der vormenschlichen Evolution ist „Das sogenannte Böse“ (K. Lorenz); es entzieht sich moralischen Kategorien.

„Das eigentlich Böse“ beginnt mit dem Menschen, der in Freiheit und Verantwortung (im teleologischen Denken und Handeln) gegen Normen verstoßen kann. Das eigentlich Böse, die Sünde, entsteht aus der Diskrepanz von Sein und Sollen, die es in den vor-freiheitlichen Phasen der Evolution nicht gegeben hat. Der Löwe, der die Gazelle schlägt, sündigt nicht; der moderne Jäger, der aus Lust am Töten die Gazelle erschießt, begeht eine Sünde – jedenfalls nach dem Normenkodex, den ich für richtig halte.

Leiden und Sterben in der prähumanen Evolution sind konstitutive wertneutrale Faktoren der Evolution; vom Menschen verursachtes Leiden und Sterben ist unter keinen Umständen mehr wertneutral, sondern muß sittlich verantwortet werden; auch dann, wenn wir guten Grund haben, unsere Neigung zum Töten, Quälen und Foltern auf unsere Gene zurückzuführen.

Die Gene, die wir im Pleistozän erworben haben, bilden kein Alibi für Barbarei, nicht einmal einen Anlaß für mildernde Umstände. Wer Freiheit in Anspruch nimmt, *muß* sich die moralische Kraft zutrauen, die genetischen Determinanten seines Verhaltens durch eine wertorientierte, kultivierte Disziplin zu bändigen. Wir dürfen uns keine Illusionen über die Natur des Menschen machen; wir dürfen aber auch nicht nachlassen, der „Lichtseite des Menschen“ zu vertrauen, seiner mit Sittlichkeit verbundenen Freiheit.

[25] Mohr, H.: Leiden und Sterben als Faktoren der Evolution. Zeitwende 53 (1982), 129–145.

8. GLEICHHEIT UND UNGLEICHHEIT DER MENSCHEN – DAS PROBLEM DER GERECHTIGKEIT

8.1 Ungleichheit

Die Menschen sind nicht gleich. Sie zeigen vielmehr Variation – Differenzen von Individuum zu Individuum – bei nahezu allen Merkmalen. Bei körperlichen Eigenschaften, Gesicht, Gestalt, Größe, ist die Variation besonders augenfällig; wir alle wissen aber auch, daß sich die Menschen in geistigen und seelischen Eigenschaften unterscheiden, beispielsweise nach Temperament, Intelligenz und Kreativität, oder in der Art, wie sie Glück genießen und Unglück ertragen.

Die Frage ist, wie es zu all diesen Unterschieden kommt. Sind die offensichtlichen Unterschiede zwischen den Menschen erblich bedingt oder sind sie auf Unterschiede in der persönlichen Geschichte, zum Beispiel auf unterschiedliche Pflege, Erziehung und Konditionierung, zurückzuführen? Anders gefragt: Ist die Variation, die wir beobachten, in erster Linie biologische Variation, oder ist sie in erheblichem oder gar in weitem Maße sozial bedingt?

Eine wissenschaftlich richtige Antwort auf diese Frage ist deshalb wichtig, weil wir an den erblichen Unterschieden nichts, an den sozial bedingten Unterschieden aber sehr wohl etwas ändern könnten.

Die Frage wird besonders brisant, wenn wir unser Augenmerk auf die geistigen Begabungen richten. Die Frage lautet dann: Kann man damit rechnen, daß eine verbesserte, allen gleichermaßen zugängliche Schulung die ungleiche Verteilung der intellektuellen Begabungen in unserer Bevölkerung wesentlich beeinflußt oder gar die intellektuellen Begabungsunterschiede ausgleicht?

8.2 Die behavioristische Doktrin

Von ungefähr 1900 bis zur Mitte der 50er Jahre behauptete die in den Sozialwissenschaften vorherrschende Lehre, der Behaviorismus, menschliches Verhalten sei erlernt und genetische Faktoren hätten so gut wie keinen Anteil an der Formung unseres sozialen und politischen Verhaltens. So etwas wie eine Vererbung von Fähigkeiten, Begabungen,

Temperament und physischer Konstitution gebe es nicht.[1] J. B. Watson, Professor für Psychologie an der Johns-Hopkins-Universität und führender Kopf der seinerzeit Psychologie und Pädagogik dominierenden behavioristischen Bewegung, hat sich bekanntlich zu der Behauptung verstiegen, er könne aus jedem ihm zur Erziehung überlassenen gesunden Neugeborenen „auf Bestellung“ einen Violinvirtuosen, einen Mathematiker oder ein Finanzgenie machen.

Die behavioristische Doktrin eines extremen Kulturdeterminismus, der Glaube an die nahezu beliebige Formbarkeit des Menschen, scheiterte an der menschlichen Natur. Nach viel, nach allzuviel Versuch und Irrtum hat sich neuerdings diese Erkenntnis auch bei deutschen Bildungsexperten durchgesetzt. Hartmut von Hentig, ein *maßgebender* Pädagoge in unserem Land, beschrieb seinen Lernprozeß folgendermaßen:

> „Wir sind einstweilen mit Notwendigkeit wir menschlichen Menschen, die wir allezeit waren. Vor der Hoffnung auf einen neuen Menschen, den man sich von einer neuen Erziehung versprechen könnte und der seinen eigenen Schöpfungen und Taten gewachsen wäre, muß der Pädagoge ausdrücklich warnen.“[2]

8.3 Zwillinge

Zwillinge sind für den Entwicklungsbiologen ein höchst willkommenes „Naturexperiment“. Es gibt beim Menschen zwei Klassen von Zwillingen: eineiige Zwillinge und zweieiige Zwillinge. Die eineiigen Zwillinge haben in der Regel alle Erbanlagen gemeinsam, zweieiige Zwillingen hingegen verhalten sich genetisch wie normale Geschwister. Von den Genen (Erbanlagen), die bei Vater und Mutter mit verschiedenen Formen vertreten sind, besitzen zweieiige Zwillinge daher nach Wahrscheinlichkeitsgesetzen 50 Prozent gemeinsam.

Aus dem Studium von Zwillingspaaren lassen sich einige Generalisierungen gewinnen:

- Eineiige Zwillinge sind sich physisch bis auf verschwindend wenige Ausnahmen sehr ähnlich.
- Eineiige Zwillinge verhalten sich unter gleichen Umständen auch sehr ähnlich, während im Erbgut verschiedene Menschen auf den gleichen Umweltreiz meist recht verschieden reagieren.
- Eineiige Zwillinge bleiben einander in fast allen Fällen erstaunlich

[1] Watson, J. B.: Behaviorismus. Köln 1968.

[2] Hentig, H. v.: Was zu schützen, was zu retten ist. FAZ vom 24. 12. 1983, Nr. 299, p. 21.

ähnlich, auch wenn sie über Jahrzehnte hinweg getrennt und unter verschiedenen Umweltbedingungen gelebt haben.

– Zweieiige Zwillinge verhalten sich in den meisten Hinsichten ähnlich unterschiedlich wie normale Geschwister, auch wenn sie (im Fall der Gleichgeschlechtlichkeit) gleich angezogen und mit Absicht gleich behandelt werden.

Die weitgehende Identität eineiiger Zwillinge zeigt sich besonders eindrucksvoll bei Sonderbegabungen, zum Beispiel auf musikalischem oder mathematischem Gebiet. In der Familie Bach, die eine einzigartige Häufung musikalischer Begabungen aufwies, gab es auch ein Bespiel für eineiige Zwillinge. Johann Ambrosius Bach, der Vater von Johann Sebastian Bach, hatte einen Zwillingsbruder Johann Christoph Bach, von dem Johann Sebastians Sohn, Philipp Emanuel Bach, folgendes erzählt:

„Diese Zwillinge sind vielleicht von dieser Art die einzigen, die man weiß. Sie liebten sich aufs äußerste. Sie sahen einander so ähnlich, daß sogar ihre Frauen sie nicht unterscheiden konnten. Sie waren ein Wunder für große Herren und für jeden, der sie sah. Sprache, Gesinnung, alles war einerlei. Auch in der Musik waren sie nicht zu unterscheiden. Sie spielten einerlei, sie dachten ihren Vortrag einerlei. War einer krank, so war es auch der andere. Sie starben bald hintereinander.“[3]

Zusammengefaßt: Die Beobachtung von Zwillingen durch geübte Wissenschaftler hat bereits in den ersten Jahrzehnten dieses Jahrhunderts die vorwissenschaftliche Auffassung bestätigt, daß die unmittelbar feststellbare (phänotypische) Variation innerhalb unserer Bevölkerung in erster Linie auf Unterschiede im Erbgut, auf genetische Variation also, zurückzuführen ist.

8.4 Eineiige Zwillinge – getrennt aufgezogen

Vielleicht das faszinierendste „Experiment“ in der ganzen Entwicklungsbiologie stellen eineiige Zwillingspaare dar, die getrennt voneinander aufwachsen. Da die Partner erbgleich sind, müssen erhebliche Unterschiede in körperlichen und geistigen Merkmalen auf das unterschiedliche Milieu zurückgeführt werden, dem die Zwillinge bei ihrer Entwicklung ausgesetzt waren.

Getrennt aufgewachsene eineiige Zwillinge sind natürlich selten. Es handelt sich um Kinder, die frühzeitig und einzeln von ihren Eltern zur Adoption freigegeben worden sind – ein Schicksal, das allerdings Zwil-

[3] Zitiert aus Lotze, R.: Zwillinge. Öhringen 1937, 117.

linge häufiger trifft als Einzelkinder. Die erste Studie an getrennt aufgewachsenen eineiigen Zwillingen kam auch erst in den dreißiger Jahren in Amerika zustande, obgleich die Zwillingsforschung bereits 1876 von dem britischen Naturforscher Sir Francis Galton begründet worden war. Die Ergebnisse der amerikanischen Studie an achtzehn eineiigen Zwillingspaaren erschienen in Buchform (›Twins: a Study of Heredity and Environment‹) im Jahr 1937.[4] Sie haben die Entwicklungsbiologie nachhaltig beeinflußt. Im Gegensatz zu den Erwartungen der behavioristisch (und damit „milieutheoretisch") orientierten amerikanischen Untersucher ergab sich ein übermächtiger Einfluß der Erbanlagen nicht nur auf die Ausbildung der körperlichen Merkmale, sondern auch auf die Entwicklung von Intelligenz, Temperament und Charakter. Darüber hinaus waren sich die Zwillinge auch im Aussehen, in Haltung, Gebaren, Sprache, Frisur und Kleidung erstaunlich ähnlich.

In der Folgezeit wurden von den Verfechtern der „Milieutheorie" viele Versuche unternommen, die Ergebnisse der Chikagoer Studie aus methodischen Gründen anzuzweifeln oder sie wegzudiskutieren. Obgleich weitere Untersuchungen in den sechziger Jahren (von Shields in England und von Juel-Nielsen in Dänemark)[5] die älteren Beobachtungen bestätigten, wurde von einflußreichen Milieutheoretikern der Eindruck aufrechterhalten, die Frage nach der relativen Bedeutung von Erbgut und Umwelt für die Entwicklung des Menschen sei wissenschaftlich noch immer offen.[6]

Eine großangelegte Studie, die zur Zeit an der Universität von Minnesota unter der Federführung des renommierten Psychologen Bouchard läuft, soll die längst fällige Klärung herbeiführen. Die bisher erzielten Resultate[7,8] scheinen noch eindeutiger zu sein als die Ergebnisse der früheren Studien – vermutlich eine Folge der verbesserten Untersuchungsmethoden und der ausgereiften Testverfahren. In vielen psychologischen Tests sind sich die eineiigen Zwillinge ebenso ähnlich wie ein und dieselbe Person sich ähnelt, wenn sie sich zweimal dem gleichen Test unterzieht. Die Untersucher – die meisten von ihnen Psychologen – waren offenbar überrascht von der Übereinstimmung der Zwillingspartner.

[4] Newman, H. H., F. N. Freeman, K. J. Holzinger: Twins: a Study of Heredity and Environment. Chicago 1937.

[5] Shields, J.: Monozygotic Twins. London 1962. N. Juel-Nielsen: Individual and environment: a psychiatric-psychological investigation of monozygous twins reared apart. Acta Psychiatrica et Neurologica Scandinavica, 1965 (Suppl. 183).

[6] Kamin, L. J.: The Science and Politics of IQ. Erlbaum, Potomac/Md. 1974.

[7] Holden, C.: Identical twins reared apart. Science 207 (1980), 1323–1328.

[8] Bouchard, T. J.: Twins. In: 1983 Yearbook of Science and the Future, Encyclopedia Britannica, 68–81.

Unter diesen gibt es Paare, deren Lebensläufe wie zwei Nacherzählungen desselben Romans anmuten. Auch die bisher getrennt lebenden Zwillinge empfanden ihre Identität als „geradezu gespenstisch".

Die Schlußfolgerung, die Shields bereits 1962 gezogen hatte, scheint sich voll zu bestätigen: "Monozygotic twins do not have to be brought up in the same subtly similar family environment for them to be alike."[9] (Eineiige Zwillinge brauchen nicht im gleichen häuslichen Milieu aufzuwachsen, um sich zu gleichen.)

Immer wieder hört man den Einwand, eineiige Zwillingen seien in weltanschaulicher und politischer Hinsicht gelegentlich sehr verschieden, und dies beweise, wie wenig unser Erbgut den Homo politicus determiniere. Man kennt in der Tat Beispiele dafür, daß sich eineiige Zwillingsbrüder für einander feindliche Ideologien entschieden haben und darüber zu erbitterten Gegnern wurden. Die Erklärung für diesen Sachverhalt liegt auf der Hand: Natürlich zwingen uns die Gene nicht dazu, einer *bestimmten* politischen Ideologie anzuhängen. Aber unsere politisch-soziale Neigungsstruktur und Handlungsweise, und damit auch die Art, wie wir auf Propaganda, Indoktrination und Verführung mit politischem Verhalten reagieren, sind zu einem erheblichen Teil vererbt. Es ist deshalb nicht zu verwundern, wenn Zwillingsbrüder (oder Väter und Söhne) in verschiedenen ideologischen Lagern stehen. Ihr Engagement für die jeweilige Sache und – gegebenenfalls – ihr Fanatismus werden sich gleichen.

8.5 Weitgespannte Korrelationsforschung

Die beschreibende „Fallstudie", charakteristisch für die soeben skizzierte Zwillingsforschung, ist nur eine von mehreren Strategien, die bei der kausalen Erforschung der Variation in menschlichen Bevölkerungen entwickelt wurden. Eine andere, *quantitativ* orientierte Richtung der Entwicklungsbiologie verwendet mathematische Verfahren, die sich bei der Erforschung der Variation im Pflanzen- und Tierreich bewährt haben, auch bei der Behandlung der Variation in menschlichen Bevölkerungen, beispielsweise die Errechnung und Auswertung von Korrelationskoeffizienten für Verwandtenähnlichkeit.[10] Der Korrelationskoeffizient ist ein Maß für die Stärke des Zusammenhangs zwischen zwei

[9] Shields, J.: Monozygotic Twins. London 1962.

[10] Eine neuerliche Rechtfertigung der biometrischen Verfahren hat z. B. V. Weiss gegeben: The heritability of difference scopes when environments are correlated. Biom. J. 21 (1979), 171–177.

Größen. Wir stellen uns zum Beispiel die Frage, welcher Zusammenhang zwischen jeweils der Körpergröße, der Armlänge, dem Blutdruck, der Intelligenz (gemessen als Intelligenzquotient, IQ) oder der Schulleistung bei eineiigen Zwillingen, bei zweieiigen Zwillingen, bei Geschwistern, bei leiblichen und Pflegekindern usw. besteht. Bei allen Merkmalen, die eben genannt wurden, findet man, daß Personen einander um so ähnlicher sind, je näher sie miteinander verwandt sind. Eineiige Zwillingspartner haben beispielsweise eine fast identische Körpergröße und nahezu denselben Intelligenzquotienten, zweieiige Zwillingspartner hingegen ähneln sich wie normale Geschwister. Adoptivkinder zeigen bezüglich ihrer Intelligenz keine erhebliche Korrelation mit den Adoptiveltern; hingegen ist der Korrelationskoeffizient gegenüber der leiblichen Mutter auch dann beträchtlich, wenn zwischen Kind und Mutter seit der Geburt keinerlei Beziehungen bestanden haben, usw.

Aus den Daten der alle Verwandtschaftsgrade umfassenden Korrelationsforschung muß man den gleichen Schluß ziehen wie aus den Fallstudien der klassischen Zwillingsforschung: Unter den derzeit gegebenen Umweltbedingungen ist in einer typischen westeuropäischen oder nordamerikanischen Bevölkerung ein großer Teil der Variation auf Unterschiede im Erbgut zurückzuführen. Dies gilt auch für geistige (intellektuelle) Merkmale, zum Beispiel für die Intelligenz (operational definiert als Intelligenzquotient, IQ[11], und in entsprechenden IQ-Tests gemessen).

8.6 Intelligenz

Die in unserer Bevölkerung bestehenden Unterschiede in der Leistungsdisposition Intelligenz sind also zu einem wesentlichen Teil erblich bedingt. Sie sind nicht primär darauf zurückzuführen, daß die Menschen unterschiedlichen sozialen Bedingungen, zum Beispiel unterschiedlichen Lernbedingungen, ausgesetzt waren oder sind.

Dieses Resultat der Erbpsychologie entspricht den Ergebnissen der Lernpsychologie. Der Psychologe Franz Weinert hat sich kürzlich in einem maßgebenden Referat über die Intelligenzunterschiede zwischen den Menschen in unserer Gesellschaft wie folgt geäußert: „... kein uns bekanntes Erziehungssystem hat es bisher, trotz großer Bemühungen,

[11] Der Intelligenzquotient (IQ) ist eine Maßzahl für Intelligenz. Er wird in standardisierten Tests ermittelt. Als Einführung in dieses Gebiet ist das Taschenbuch von E. Roth, W. D. Oswald und K. Daumenlang ›Intelligenz‹ (Kohlhammer, Stuttgart 1972) vorzüglich geeignet.

fertiggebracht, diese Differenzen zu beseitigen oder auch nur substantiell zu verringern."[12]

Die Ergebnisse von Erbpsychologie und Lernpsychologie bezüglich der erblichen Bedingtheit der (als IQ gemessenen) Intelligenz werden, so gut abgesichert sie auch erscheinen, immer wieder in Zweifel gezogen. Eine große Rolle spielt hier der Einwand, es bestehe eine Kovarianz von Erbgut und Umwelt. Kovarianz bedeutet, daß eine Korrelation zwischen genetischen und Umweltfaktoren besteht. Ein Beispiel: Kinder mit überdurchschnittlichem Erbgut für Intelligenz haben eine überdurchschnittliche Chance, relativ intelligente Eltern zu besitzen. Diese werden ihnen in der Regel eine Umwelt bieten, die der intellektuellen Entwicklung überdurchschnittlich förderlich ist. Das Gegenstück: Kinder wenig intelligenter Eltern werden durch ungünstige häusliche Faktoren in ihrer Intelligenzentwicklung zusätzlich retardiert.

Die verfügbaren Beobachtungen und Messungen deuten darauf hin, daß unter einigermaßen normalen Verhältnissen beim heutigen Schulsystem einer Kovarianz bei der Intelligenzentwicklung keine erhebliche Bedeutung zukommt.[13] „Wir müssen uns damit zufriedengeben, daß kein Beleg für Erbgut-Umwelt-Kovarianzen ableitbar ist: Intelligentere und weniger intelligente Eltern können anscheinend die Intelligenzentwicklung ihrer Kinder in gleicher Weise fördern."[14] Dies dürfte in erster Linie daran liegen, daß in den westlichen Industrieländern, auf die sich die meisten Untersuchungen beziehen, die im großen und ganzen gute Ausgestaltung der Schulumwelt häusliche Intelligenzdefizite so weitgehend ausgleicht, daß sie wissenschaftlich nicht mehr erfaßbar sind.

8.7 Anomale Umwelt[15]

Während der postnatalen kindlichen Entwicklung ist die Stimulation und die liebevolle Zuwendung einer Bezugsperson (in der Regel die Mutter) ein wesentlicher Faktor. Für die Mehrzahl der Kinder liegen be-

[12] Weinert, F. E.: Ist Denken lehrbar? In: Mitt. der Deutschen Forschungsgemeinschaft 3/78, I–VIII.

[13] Rose, R. J., E. L. Harris, J. C. Christian, W. E. Nance: Genetic variance in nonverbal intelligence: genetic data from the kinships of identical twins. Science 205 (1979), 1153–1155.

[14] Merz, F, I. Stelzl: Einführung in die Erbpsychologie. Stuttgart 1977, 68.

[15] Mohr, H.: Erbgut und Umwelt aus der Sicht des Entwicklungsbiologen, Kapitel: Normale und anomale Umwelt; normale und pathologische Entwicklung. In: Freiburger Vorlesungen zur Biologie des Menschen (Hrsg. B. Hassenstein). Heidelberg 1979.

züglich dieses Faktors in unserem Land immer noch „Normalbedingungen“ vor. Das Normalverhalten einer vernünftigen Mutter garantiert das notwendige Minimum an Stimulation und liebevoller Zuwendung, die erforderlich sind, damit das genetische Potential, die Entwicklungshomöostasis, zum Tragen kommen kann.

Beispiele für eine anomale Umwelt, die eine pathologische körperliche und vor allem geistig-seelische Entwicklung bewirkt, sind in unserer Wohlstandsgesellschaft (quantitativ und qualitativ ausreichende Ernährung, keine Kinderarbeit, einigermaßen vernünftige Wohnungen, gute Ausgestaltung der gemeinsamen Schulumwelt) glücklicherweise selten. Weithin bekannt geworden sind die Schädigungen der frühkindlichen Entwicklung in gewissen Institutionen der Massenpflege („Hospitalismus“). Syndrome nach Art des Hospitalismus treten auch bei vernachlässigten Kindern auf, die im Rahmen einer Familie aufwachsen („Maternale Deprivation“). Die Degradierung der Mutterrolle, ein destruktiver Eingriff in die normale Umwelt des Kindes, wirkt sich hier verhängnisvoll aus.[16] Die gegenseitige und dauerhafte Gefühlsbindung zwischen Eltern und Kindern, das ständige gemeinsame Gespräch über kognitiv herausfordernde Aufgaben sind – so scheint es – durch eine günstige Schulumwelt nicht völlig zu ersetzen. Einzelkinder, denen die „Lehrerrolle“ gegenüber jüngeren Geschwistern oder Freunden verwehrt ist, zeigen häufig ab einem Alter von etwa sieben Jahren eine vorübergehend verlangsamte Intelligenzentwicklung.

Zurück zum Normalfall: Wir müssen damit rechnen, daß die erblich bedingte Variation in unserer Bevölkerung auch hinsichtlich der geistig-seelischen und kulturrelevanten Eigenschaften sehr groß ist.

8.8 Gleichheit und Ungleichheit bei kulturgebundenen Merkmalen

Jedes gesunde Kind ist im Prinzip fähig, jede beliebige natürliche Sprache zu lernen. Dies bedeutet genetisch, daß die Basisgene für das Erlernen einer natürlichen Sprache in jedem intakten menschlichen Genom vorliegen, ebenso wie die Basisgene für die Bildung der vier Extremitäten, für die Funktion der Leber oder für den Grundstoffwechsel. Insofern sind tatsächlich alle Menschen gleich. Die Gleichheit gilt indessen nur für die Basisgene. Jedermann weiß, daß sich die Menschen im Bezug auf das *Ausmaß* an Sprachbegabung erheblich und spezifisch unterscheiden. Dies gilt sowohl für das Erlernen der Muttersprache als

[16] Pechstein, J.: Umweltabhängigkeit der frühkindlichen zentralnervösen Entwicklung. Stuttgart 1974.

auch für die Bewältigung von Fremdsprachen. Es gibt viele Hinweise darauf, daß ein Großteil der Variation der Sprachbegabung auf genetischer Variation beruht. Sprachbegabung scheint nicht erheblich mit Intelligenz oder mit der mathematischen Begabung korreliert zu sein. Es ist eine Erfahrungssache, daß sich Intelligenzunterschiede im Normalbereich fast nicht auf das Ausmaß der Sprachbeherrschung auswirken. Albert Einstein wird hier oft als Beispiel angeführt: Während er über eine wunderbare mathematische Begabung und über eine extrem hohe Intelligenz verfügte, war seine Fähigkeit, Fremdsprachen zu lernen, unterdurchschnittlich.

Es sind drei Faktoren zu unterscheiden, die beim Erwerb einer Sprache zusammenspielen (s. S. 25): 1. Der Spracherlernungsapparat (language-acquisition-device[17]). Er ist angeboren. Die Menschen zeigen bezüglich der Güte des language-acquisition-device eine ausgeprägte und spezifische Variation. 2. Sprachliche Universalien, also Strukturmerkmale, die alle menschlichen Sprachen gemeinsam haben.[18] Sie sind uns ebenfalls angeboren. 3. Die Umwelt, in der ein Kind seine Muttersprache erwirbt. Die Umwelt bestimmt, welche Sprache innerhalb der begrenzten Menge potentieller Sprachen erlernt wird.

In analoger Weise kann man die phänotypische Variation eines jeden kulturrelevanten Merkmals entwicklungsbiologisch analysieren. Als ein weiteres Beispiel wähle ich ein vergleichsweise harmloses, aber dennoch repräsentatives Merkmal, bei dessen spezifischer Ausprägung sich Erbgut und kulturelle Umwelt in einem Mehrstufenprozeß durchdringen: die Haare auf dem Kopf des Menschen.[19] Jeder genetisch gesunde Mensch hat das genetische Potential, Haupthaar zu bilden. Insofern sind alle Menschen gleich. Über die Basisgene für Haupthaar verfügen alle Menschen. Die spezifische Beschaffenheit des Haupthaars, seine Verteilung auf dem Kopf, seine Dichte, seine mechanischen Eigenschaften, sein Glanz, seine natürliche Farbe, diese Eigenschaften hingegen zeigen eine enorme phänotypische Variation unter den Menschen, eine Variation, die fast ausschließlich genetische Variation darstellt. Die Art und Weise, wie das Haar getragen und gepflegt wird, ist hingegen in erster Linie umwelt- oder kulturbedingt.

[17] Chomsky, N.: Knowledge of language: its nature, origin, and use. New York 1986.

[18] Ebd.

[19] Mohr, H.: Erbgut und Umwelt aus der Sicht des Entwicklungsbiologen, Kapitel: Erbgut und Umwelt bei einem kulturgebundenen Merkmal. In: Freiburger Vorlesungen zur Biologie des Menschen (Hrsg. B. Hassenstein). Heidelberg 1979.

8.9 Gleichheit[20]

Der Begriff „Gleichheit" ist, wie alle im ideologischen Streit verwendeten Begriffe, abgenutzt und in einem rationalen Dialog kaum noch brauchbar. Das eine Extrem, daß mit „Gleichheit" ausgedrückt wird, bezeichnen wir als die egalitäre These. Diese egalitäre These („Alle Menschen sind von Geburt gleich, ungleich werden sie erst durch die Einflüsse der Umwelt, durch unterschiedliche Chancen, durch unterschiedliche Erziehung, durch soziale Konditionierung, durch unterschiedliche Lebensumstände, durch ein unterschiedliches soziales Milieu") ist, wie wir gesehen haben, nach unserem heutigen biologischen Wissen falsch. „Gleichheit" ist ein juristisches Postulat: die Gesellschaft verspricht im „contrat social" ihren Gliedern Gleichheit vor Verfassung und Gesetz. Die Bürger eines Gemeinwesens werden durch diesen Akt vor dem Gesetz gleichgestellt, aber natürlich werden die Menschen dadurch nicht gleichgemacht.

Die Menschen sind und bleiben, abgesehen von eineiigen Zwillingen, genetisch ungleich. Wir müssen sozialpolitisch stets damit rechnen, daß die genetisch bedingte Variation in unserer Bevölkerung groß ist, auch bezüglich der geistig-seelischen Merkmale. Andere Auffassungen sind, nach dem Urteil der Wissenschaft, nicht gerechtfertigt.

8.10 Egalisierung

Eine Möglichkeit, die genetisch bedingte Vielfalt menschlicher Begabungen zu überspielen, wäre die Egalisierung. Sie wird von extremen Sozialisten propagiert. Egalisierung ist die gewaltsame Herstellung von Gleichheit. Da die Menschen in hohem Maße genetisch ungleich sind und günstige Lebensbedingungen für alle die Manifestation dieser Ungleichheit eher fördern als hemmen, kann Egalisierung nur bedeuten, daß durch gewaltsame Dämpfung, durch negative Konditionierung alle auf dasselbe niedrige Niveau eingestellt werden – ein wahrhaft barbarisches Projekt mit dem Ziel einer geistig und seelisch eingeebneten, trostlosen Welt ohne die Akzente höherer Kultur. Ich kann mir nicht vorstellen, daß ein vernünftiger Mensch dies will. Auf jeden Fall wäre diese erzwungene Deprivation nicht nur ungerecht, sondern bedeutete eine Vergeudung des intellektuellen Potentials, das sich kein einzelnes Land

[20] Mohr, H.: Gleichheit und Ungleichheit – biologisch gesehen. In: Wir sind Evolution (Hrsg. G.-K. Kaltenbrunner). Herderbücherei Initiative 40, Freiburg i. Br. 1981.

und erst recht nicht die Menschheit insgesamt leisten kann. Intellektuelle Begabung und die Leistungsbereitschaft begabter Menschen sind die wertvollste Ressource in unserer gefährdeten Welt. Die Defekte und Regreßerscheinungen unserer wissenschaftlich-technischen Kultur können (wenn überhaupt) nur durch wissenschaftlich-technischen Progreß, durch die äußerste Konzentration von Sachverstand, Intelligenz und Schöpferkraft überkompensiert werden. Die Diffamierung von Leistung und Erfolg und die Verherrlichung der Mittelmäßigkeit, sollten sie sich je in der Praxis durchsetzen, würden den Selbstmord unserer Kultur bedeuten.

8.11 Chancengleichheit

Ich verstehe unter Chancengleichheit, daß alle Menschen für ihre körperliche und geistige Entwicklung gleiche oder doch recht ähnliche Umweltbedingungen antreffen.[21] Dies schließt ein, daß sie die gleiche oder zumindest eine sehr ähnliche Unterrichtung erfahren. Wir wollen davon ausgehen, daß Chanchengleichheit – bei optimaler Ausgestaltung der gemeinsamen Schulumwelt – im Prinzip machbar sei. Was wären die Konsequenzen, die Folgen eines diesbezüglichen Programms? Wir müssen unter diesen Umständen damit rechnen, daß sich die Ausprägung der genetischen Unterschiede eher verstärkt![22] Im Gegensatz zu den Erwartungen mancher Sozialphilosophen weiß der Wissenschaftler aus Modellexperimenten mit Pflanzen und Tieren, daß Chancengleichheit mit günstiger werdenden Umweltbedingungen stets zu einer verstärkten Genotyp-Phänotyp-Korrelation führt und damit zu einer Steigerung der Erblichkeit. Einfacher gesagt: Die genetisch bedingten Unterschiede zwischen den Menschen werden durch Chancengleichheit unter günstigen Umweltbedingungen nicht vermindert, sondern eher verstärkt. Die Lebenschancen des von Natur aus Begabten werden bei Chancengleichheit relativ begünstigt.

Chancengleichheit impliziert Wettbewerb, unter Umständen harten und für den einzelnen schmerzhaften Wettbewerb. Dies wird immer dann der Fall sein, wenn man unter Bedingungen real hergestellter politischer und sozialer Chancengleichheit sein relatives Zurückbleiben nicht mehr sozialen Ursachen, sondern nur noch sich selber zuschreiben kann.[23]

[21] Merz, F., I. Stelzl: Einführung in die Erbpsychologie. Stuttgart 1977, 88.

[22] Firkowska, A., A. Ostrowska, M. Sokolowska, Z. Stein, M. Susser, I. Wald: Cognitive development and social policy. Science 200 (1978), 1351–1362.

[23] Lübbe, H.: Differenzierungsfolgen der Chancengleichheit. In: Jahresbericht 1978 der Studienstiftung, 134–140.

Wer im Ernst die Chancengleichheit freier Menschen in einer offenen Gesellschaft propagiert, muß zwangsläufig in Kauf nehmen, daß die hohe genetische Variation, die in unserer Bevölkerung steckt, ungeschminkt und hart zum Ausdruck kommt – die Einfalt ebenso wie die Brillanz.

Chancengleichheit – ernst genommen – steigert den Konkurrenzdruck auf allen Stufen unseres Bildungssystems. Dieser Effekt ist unvermeidlich, soweit und solange Sozialchancen von Bildungschancen abhängig sind, und wir kennen keine moderne Industriegesellschaft, ob marktwirtschaftlich orientiert oder sozialistisch organisiert, ob liberal oder totalitär, die nicht durch diese Abhängigkeit der Sozialchancen von den Bildungschancen gekennzeichnet wäre[24]. Die zynische Praxis des geschenkten Examens, der Dauerplatzregen von Einsern und Zweiern an einigen unserer progressiven Universitäten bringen keine Lösung. Beseitigt man die Ausleseverfahren während der akademischen Ausbildung, so greift der Numerus clausus eben erst beim begrenzten Angebot an Berufschancen.

8.12 Chancengerechtigkeit

Wir gingen von der Beobachtung aus, daß die Menschen von Natur aus unterschiedlich begabt sind. In der Regel, daß heißt bei intaktem Familienverband und bei guter Ausgestaltung der gemeinsamen Schulumwelt, beruhen die Begabungsunterschiede im wesentlichen auf Unterschieden im Erbgut. Dies sind die unverrückbaren Rahmenbedingungen, von denen wir bei sozialpolitischen Überlegungen auszugehen haben. Das Konzept der *Chancengerechtigkeit* respektiert die Unterschiede der Begabung, betont aber gleichzeitig die Verpflichtung zur Solidarität, analog zur Sozialbindung des Eigentums. Man meint mit Chancengerechtigkeit, daß in einer menschlichen Gemeinschaft verschieden begabten Menschen auch entsprechend unterschiedliche Chancen eingeräumt werden müssen. Alle Begabungen, starke und schwache, intellektuelle und praktische, müssen einen angemessenen Arbeitsplatz finden und durch angemessene Ausbildung dahin geleitet werden. „Die reine Leistungsgesellschaft ist ebenso ungerecht wie die Gesellschaft, die die Leistung ignoriert oder unbelohnt läßt.“ (R. Spaemann)

Chancengerechtigkeit bedeutet in einer Gesellschaft freier Menschen

[24] Lübbe, H.: Differenzierungsfolgen der Chancengleichheit. In: Jahresbericht 1978 der Studienstiftung, 134–140.

aber auch den Verzicht auf Zwang und das Risiko zu scheitern. Jedem Individuum muß das Recht und die Verantwortung zugestanden werden, auf ein bestehendes Bildungsangebot seiner Begabung und seinen Wünschen entsprechend reagieren zu dürfen. Solidarität bedeutet, daß der höher Begabte einen Teil seiner Leistung und des ihm zufließenden Einkommens darin investiert, dem weniger Begabten die ihm gemäße Chance zu schaffen. Dies ist bei uns weitgehend Sache des Staates (und damit der progressiven Besteuerung); Stiftungen, karitative Einrichtungen und die solidarische Initiative des einzelnen treten immer mehr zurück.

8.13 Probleme

Natürlich ergeben sich schwierige Probleme: Wie läßt sich Chancengerechtigkeit im Bildungswesen realisieren? Wie läßt sich mangelnde Chancengerechtigkeit beheben? Wie lassen sich in der Praxis objektive Behinderungen beim Start der Bildungslaufbahn beseitigen? Ist das Prinzip der Chancengerechtigkeit noch gewahrt, wenn in einer Klasse von dreißig Schülern der Begabte geduldig waren soll, bis die mittelmäßigen das Klassenziel erreicht haben? Hat auch der begabte Schüler ein uneingeschränktes Recht auf Chancengerechtigkeit? Hat der Staat ein moralisches Recht, und kann es sich ein Staat leisten, die Begabten zugunsten des Durchschnitts oder zugunsten der Behinderten zu benachteiligen, etwa durch die Einführung der Orientierungsstufe oder durch eine zwangsweise Zuteilung von Studentenzahlen, die von den Fakultäten nicht mehr zu verkraften sind? In einer Metapher von Edgar Allan Poe: darf man dem Adler die Flügel stutzen, weil die Schildkröte keine hat?

Eine entscheidende Frage lautet: Sind wir wirklich bereit und fähig zur *vertikalen* sozialen Mobilität? Wenn der soziale Aufstieg, die nach oben führende soziale Mobilität, nur von der Leistung abhängen soll, was wir vermutlich alle gutheißen, dann bedeutet Mangel an Leistung zwingend sozialen Abstieg, unabhängig von Herkunft, Studiengang und Diplom! Soziale Mobilität bedeutet in der Tat, daß sich im Durchschnitt für jeden, der sich auf der sozialen Leiter nach oben bewegt, auch einer nach unten bewegen muß. Der Regelmechanismus, die Homöostasis einer modernen, arbeitsteiligen Gesellschaft, läßt uns hier nur wenig Spielraum.

Wie ist dies mit den utopischen Versprechungen mancher Bildungspolitiker und mit den Erwartungen der in der Mehrzahl mittelmäßigen Studenten unserer Massenfächer zu vereinbaren? Ich möchte diese

Fragen, die mich täglich bedrängen, nur andeuten. Aber ich möchte noch einmal betonen, daß in Zukunft der Berufs- und Lebenserfolg noch weniger als bisher vom Hochschulzertifikat und noch mehr als bisher von der tatsächlich erbrachten persönlichen Leistung abhängen wird. Dies gilt um so mehr, je größer das Angebot an Hochschulabgängern bei einer relativ konstanten Nachfrage des Beschäftigungssystems ist.

8.14 Zum Schluß eine positive Bilanz

Ich will dieses Kapitel mit einem positiven Akzent abschließen. Betrachten wir die Begabungsunterschiede zwischen den Menschen, die hohe genetische Variation der menschlichen Spezies, als eine in der Bilanz positive Erscheinung! Die genetische Variation ist zwar oft die Ursache gewesen für Neid, Mißgunst und Haß, für Verletzungen der Würde und der Menschenrechte; sie ist aber auch die Grundlage gewesen für die konsequente Arbeitsteilung, die funktionale Hierarchie und damit für die erstaunliche Leistungsfähigkeit und Flexibilität der Völker und Staaten in der kulturellen Evolution; sie ist der Grund gewesen für die Mannigfaltigkeit der Leistungen in Wirtschaft und Religion, in Kunst und Architektur, in Literatur, Philosophie, Wissenschaft, Technologie, Verwaltung und Staatskunst. Sie ist die Ursache gewesen für die Einzigartigkeit und für die Größe menschlicher Existenz, für das also, was man früher unbefangen „Persönlichkeit“ genannt hat. Jeder von uns will unverwechselbar sein: keine blaue, keine rote und auch keine schwarze Ameise.

Die Gesellschaft, in der wir leben, verspricht in ihrer Verfassung jedem ihrer Glieder Gerechtigkeit und Würde; das schließt Gleichheit vor dem Gesetz und Gerechtigkeit der Chancen ein. Eine Gleichverteilung der Fähigkeiten, die in der gesellschaftlichen Umwelt gebotenen Chancen wahrzunehmen, kann keine Verfassung versprechen oder garantieren. Dem juristischen Postulat der Gleichheit liegt, wie wir gesehen haben, kein biologisches Korrelat zugrunde. Die Menschen sind genetisch ungleich. Kein Mensch kann über seinen genetischen Schatten springen. Die Chance des Menschen ist es, sich mit seinem Schatten zu identifizieren und – eingebettet in die Solidarität freier Menschen – das Beste aus dem zu machen, was ihm vom Natur aus zuteil wurde.

Pestalozzi, der große Pädagoge und Erzieher der Schweiz, hat diese Einsicht um 1800 in die folgenden Worte gekleidet:

„Er ist es, Gott ist es selber, der die Ungleichheit der Menschen durch die Ungleichheit der Gaben, die er in einem jeden von uns von innen verliehen, gegründet; aber er hat sie mit väterlicher Liebe und Weisheit unter seine Kinder verteilt, und wir sollen darob mit menschlicher Liebe und Weisheit benützen und leisten, was er mit göttlicher Liebe und Weisheit also hat gegründet."

Auch wenn uns die Sprache Pestalozzis fremd geworden ist: wir alle verstehen noch, was er meint. Und darauf kommt es an. Der Nobel-Laureat François Jacob, einer der bedeutenden Biologen unserer Zeit, hat sich kürzlich vehement gegen alle neuerlichen Versuche ausgesprochen, Ungerechtigkeiten und Verletzungen der Menschenwürde mit der genetischen Verschiedenheit der Menschen zu rechtfertigen.[25] Gleichzeitig aber betont Jacob:

"Human potential depends on its diversity. Any effort that aims at the homogenization of the biological properties of individuals ... would be biologically suicidal and socially absurd." (Das Potential des Menschen beruht auf seiner Verschiedenheit. Jeder Versuch, die biologischen Unterschiede zwischen den Menschen einzuebnen ... würde einen biologischen Selbstmordversuch bedeuten und wäre soziokulturell unsinnig.)

[25] Zitiert aus Nature 282 (1979), 435.

9. WISSENSCHAFT – ETHOS – ÖFFENTLICHKEIT

9.1 Ein Blick zurück in die „gute alte Zeit“

Meine akademischen Lehrer, hier in Deutschland ebenso wie in den USA, waren selbstsicher. Die Legitimation für Wissenschaft – so wurde argumentiert – sei Erkenntnis, und Erkenntnis sei ein überragender Wert. Die periodisch wiederkehrenden antirationalistischen Revolten gegen die „cartesianische“ Wissenschaft – z.B. Ludwig Klages (›Der Geist als Widersacher der Seele‹) – ließen sie unberührt. Auf David Hilberts Grabstein – er starb 1943 in Göttingen – steht der Satz: „Wir müssen wissen, wir werden wissen.“ – Das war nicht die pathetische Kampfansage des mathematischen Genies an ein steriles „Nescimus“, sondern die selbstsichere Überzeugung einer Generation erfolgreicher, souveräner Forscher.

Jacques Monod, einer der Begründer der Molekularbiologie (s. S. 32) präzisierte diesen Standpunkt noch 1971 mit den folgenden Sätzen:

„Das letzte Ziel, das höchste Gut, ist nicht ... die Glückseligkeit der Menschen, noch vergängliche Macht oder die Bequemlichkeit des Lebens; auch nicht das Sokratische ‚Erkenne dich Selbst‘ – sondern *objektive* Erkenntnis. Dies ist eine Ethik voll Strenge und Zwang, die zwar den Menschen als das erkenntnisgewinnende Wesen respektiert, aber nichtsdestotrotz einen Wert definiert, der über einen Menschen hinausragt.“[1]

Der Optimismus jener Tage orientierte sich an dem immer steiler und stolzer aufragenden Wissens- und Denkgebäude autonomer Wissenschaft, an der Überzeugung, daß es einen an die „wissenschaftliche Methode“ und an das „wissenschaftliche Verhalten“ gebundenen Erkenntnisfortschritt gibt, der uns der Wahrheit über die Welt näherbringt und gleichzeitig kulturellen Fortschritt – eine bessere Führung unseres Lebens – verheißt. Wissenschaft wurde von meinen akademischen Lehrern nicht nur als ein kognitives, sondern auch als ein moralisches Unternehmen aufgefaßt. Noch war der Geist des Francis Bacon lebendig, der sein ›Novum Organon‹ in der festen Überzeugung schließt, der wissenschaftlich emanzipierte Intellekt werde notwendig auch die Lebensbedingungen der Menschheit verbessern. Carl Friedrich von Weizsäcker

[1] Monod, J.: Zufall und Notwendigkeit. Philosophische Fragen der modernen Biologie. München 1971.

hat uns seinerzeit mit Überzeugungskraft den dreifachen Gewinn der Wissenschaft gelehrt: Theorie, Praxis, Moral.

9.2 Der Rückschlag

Der Rückschlag erfolgte Ende der 60er Jahre, die Wissenschaft wurde plötzlich zum Gegenstand der Mißbilligung. Es waren zwei Angriffe; und sie trafen die Wissenschaft völlig unvorbereitet. Auf der einen Seite erklärte die Bildungstheorie der seinerzeit vorherrschenden Sozialphilosophie die positiven Wissenschaften für irrelevant in dem Disput um den richtigen Weg in die Zukunft. „Die philosophische Überzeugung des deutschen Idealismus, daß Wissenschaft bildet, trifft auf die strikten Erfahrungswissenschaften nicht mehr zu" – so diktierte Jürgen Habermas 1968. Der Homo investigans, der Wissenschaftler an der Forschungsfront, konzentriert auf die kognitiven Tätigkeiten und Inhalte, wurde aus der Bildungselite hinausdiskutiert.

Andererseits brach Ende der 60er Jahre jene Welle moralistisch überladener Kritik über Wissenschaft und Technik herein, in der wir noch immer treiben. Dem Forscher wurde sozusagen „Verantwortung für die ganze Welt" zugeschoben, mit dem Unterton, er habe moralisch versagt. Die Wissenschaft habe es im Zuge ihrer Emanzipation versäumt, verbindliche humane Normen aufzustellen für die Gewinnung und Anwendung von Erkenntnis. Was der Wissenschaft fehle, das sei vor allem ein kritisch-regulierendes Prinzip. Der „etablierten" Wissenschaft wird vorgeworfen, sie habe ein mechanistisches Weltbild und verfehle darüber die wesentlichen Aspekte der zu erklärenden Natur. Das „Eigentliche" sei das Nichtmeßbare.

Es wurden der Wissenschaft also einerseits der Bildungswert und die Relevanz für die praktische Philosophie abgesprochen, andererseits aber wurde dem Homo investigans die Verantwortung für die Entgleisungen des zivilisatorischen Fortschritts aufgebürdet. Und dabei ist es seitdem geblieben: Die Krise unserer wissenschaftlich-technischen Kultur, die Tatsache, daß wir den zivilisatorischen Fortschritt nicht bewältigt haben, wird dem naturwissenschaftlich-technischen Fortschritt angelastet. Die Herrschaft der Rationalität sei ein Irrweg. Das Wissen der etablierten Wissenschaft sei „Zerstörungswissen", dem das „Friedenswissen" einer „alternativen Wissenschaft" entgegengesetzt werden müsse.

Der Homo investigans, der Forscher, muß sich diesen Vorwürfen stellen. Hat die Wissenschaft in der jüngsten Entwicklung der Welt wirklich versagt? Ist dem modernen Forschungsbetrieb tatsächlich die

„Kunst der intellektuellen Vernünftigkeit“ abhanden gekommen, wie manche Philosophen glauben? Führt uns der wissenschaftlich-technische Fortschritt tatsächlich in die Irre – weg von einem „guten Leben“ – oder ist die modische Wissenschaftsfeindlichkeit eine Folge von Affluenz und Überdruß; Ausdruck einer Zivilisationspsychose, die sich der rationalen Analyse weitgehend entzieht und die nur von selber wieder verschwinden kann?

9.3 Hat die Wissenschaft versagt?

Natürlich hat die Wissenschaft angesichts ihrer Aufgaben nicht versagt; im Gegenteil, die Erfolgsbilanz der modernen Wissenschaft ist überwältigend. Der Erkenntnisprogress ist ungebrochen und in den maßgebenden Disziplinen von einer beispiellosen Intensität. Entgegen manchen Prognosen ist die Wissenschaft weder an einem „Pluralismus zersplitterten Einzelforschens“ gescheitert noch an der moralischen und institutionellen Eigendynamik von „big science“. Im Gegenteil: die neuen Forschungsstrategien zielen auf übergeordnete Zusammenhänge und auf umfassende Theorie.

Die von Habermas[2] und anderen vertretene These, wonach es objektive wissenschaftliche Aussagen nicht gäbe, sondern Erkenntnis immer und überall durch Wertvorstellungen und gesellschaftliche Interessen geprägt werde, trifft auf die strengen Naturwissenschaften weniger zu denn je. Es ist lediglich der Stellenwert von Erkenntnis, der durch unsere „Interessen“ und „Zielsetzungen“ festgelegt wird, die Erkenntnis als solche bleibt davon unberührt. Die Solarkonstante gilt unabhängig davon, ob jemand auf Solar- oder auf Kernenergie setzt (s. S. 61). – Die Wissenschaft hat auch in praktischer Hinsicht nicht versagt: Die moderne Welt lebt von den Leistungen der Wissenschaft. Ein Verzicht auf bisher gewonnene und künftige Erkenntnis würde einen Verzicht auf unsere materielle Lebensgrundlage bedeuten. Für die Rückkehr zum „einfachen Leben“, selbst wenn es erstrebenswert wäre, gibt es viereinhalb Milliarden Menschen zuviel auf diesem Planeten. Wir müssen, wenn wir weiterleben wollen, die Defekte, die Regreßerscheinungen unserer Kultur durch wissenschaftlich-technischen Progreß, durch die äußerste Konzentration objektiven Wissens, überkompensieren. Es gibt keine Alternative zum Vertrauen in Wissenschaft und Technik.

Die Wissenschaft hat auch *moralisch* nicht versagt. Das Ethos der Wissenschaft, jeder vom Forscher befolgte moralische Kodex, der objektive

[2] Habermas, J.: Technik und Wissenschaft als Ideologie. Frankfurt a. M. 1968.

Erkenntnis stiftet, hat sich weit besser bewährt als irgendein anderer Satz von Geboten oder Verboten in der Kulturgeschichte des Menschen. Es gibt keine Anzeichen dafür, daß sich in den klassischen wissenschaftlichen Disziplinen die Verbindlichkeit der Forschertugenden gelockert hätte. Ganz im Gegenteil: die Strenge der Sanktionen bei Abweichungen von der institutionellen Norm hat neuerdings zugenommen. Der forschungsethische Minimalkonsens *ist* gewährleistet; die Wissenschaft als autonome moralische Institution ist intakt!

Es gibt – von innen gesehen – keine „Krise der Wissenschaft". Natürlich irritieren auch mich strukturelle Mängel der Institutionen und rückläufige Leistungsbilanzen. Aber es handelt sich um äußerliche Defekte, die kein prinzipielles Schwächezeichen darstellen.

9.4 Wahrheit als regulative Idee

Die *Stärke* der Wissenschaft liegt nach wie vor in ihrer Zielsetzung. Forschung orientiert sich seit jeher an der Wahrheit als einer regulativen Idee. Der modische philosophische Spott über diese „Wahrheitsrhetorik" verursacht beim Homo investigans im Labor oder am Schreibtisch kaum Irritationen. Die Arbeit des Wissenschaftlers wurde stets und selbstverständlich von der Überzeugung getragen, daß es einen an das „wissenschaftliche Ethos" und an die „wissenschaftliche Methode" gebundenen Erkenntnisfortschritt gibt, der uns der Wahrheit über die Welt und über den Menschen näherbringt. Auf diese Weise ist ein Wissens- und Denkgebäude entstanden, das zwar immer unfertig bleibt – der konstruktive Zweifel ist ein wesentliches Element der wissenschaftlichen Methode –, das aber „zu dem Solidesten und Imponierendsten unter den Besitztümern der Menschheit gehört" (H. Maier-Leibnitz).

Auf die Frage nach dem Grund des historischen Erfolgs der Naturwissenschaften antwortete C. F. von Weizsäcker:

> „Ich weiß keine andere Antwort als ihre Wahrheit. – Wenn man über fast 400 Millionen Kilometer (die tausendfache Entfernung des Mondes) ein Instrument auf dem Mars weich landen lassen, seine Bewegungen über diese Entfernung steuern und die von ihm aufgenommenen Photographien (auf der Erde) empfangen kann – ist das anders erklärlich, als weil man die Bewegungsgesetze der Körper und der Lichtquellen wirklich kennt?"[3]

Es ist in der Tat der Wahrheitsbegriff – Wahrheit als primäres Erkenntnisinteresse, als regulative Idee –, dem die Wissenschaft seit der Aufklärung ihre moralische und sachliche Autorität verdankt.

[3] Weizsäcker, C. F. v.: Der Garten des Menschlichen. Frankfurt a. M. 1980, 69.

Daran hat sich nichts geändert.

Es mag Forscher geben, viele vielleicht, auf die jene philosophische Kritik zutrifft, wonach die Wissenschaft unserer Zeit von der Fiktion eines Forschungsbegriffes lebe, der keine anderen Gesetze als die der immanenten Rationalität der Methode mehr kenne. An jenen Forschern, auf die es ankommt, weil sie dem ganzheitlichen Forschungsprozeß Richtung und Impetus geben, zielt die Kritik vorbei.

Wenn die Wissenschaft unserer Tage institutionell und moralisch intakt ist, wie ich behaupte, wenn sie um ihre Zielsetzung weiß und ihren Sinn kennt, wie konnte es dann zu dem ständig wiederholten Vorwurf kommen, die Wissenschaft habe in der jüngsten Entwicklung der Welt versagt?

9.5 Was kann die Wissenschaft leisten?[4]

Ein erster Grund dafür ist, daß die Menschen von der Wissenschaft mehr, weit mehr erwarten als sie tatsächlich leisten kann. Bei einfachen Problemen, das heißt bei klaren, rationalen Zielsetzungen und unverändert bleibendem Wertsystem der Gesellschaft ist die Wissenschaft nahezu unbegrenzt leistungsfähig. Erinnern wir uns an die Mondlandung, an die Entzifferung des genetischen Codes, an die Beseitigung der Kinderlähmung, an die Ausrottung der Pocken, an gentechnologisch gewonnenes Insulin und Somatotropin. Dies hat zu der auch von Wissenschaftlern kräftig genährten Illusion geführt, *alle* Probleme ließen sich letztlich durch Forschung lösen. In Wirklichkeit prallt die Leistungsfähigkeit der Wissenschaft an schwierigen Problemen häufig ab. Darunter verstehe ich solche Probleme, bei denen die praktischen Zielsetzungen entweder verschwommen, in sich widersprüchlich, partiell irrational sind oder deren Verwirklichung erhebliche Änderungen im vorherrschenden Wertsystem und in der vorherrschenden Neigungsstruktur der Gesellschaft zur Voraussetzung hat. Unter diesen Umständen lassen sich Probleme – denken Sie an die Bevölkerungsexplosion, an die Energiefrage, an die Umweltverschmutzung, an die Rüstungsspirale – durch Forschung, durch Erkenntnisfortschritt allein nicht lösen. Es fällt dem Bürger, der sich an die tröstliche Illusion einer allmächtigen Wissenschaft gewöhnt hat, schwer, sich damit abzufinden, daß die Wissenschaft häufig weder umfassende Problemlösungen initiieren noch letzte Sicherheit geben kann. Die Irrationalität menschlichen Handelns oder die

[4] Mohr, H.: Homo investigans/Homo politicus. Konstanzer Univ. Reden, Nr. 152. Konstanz 1985.

Folgen rücksichtslosen Machtstrebens kann keine Wissenschaft ausgleichen.

9.6 Erkenntnis und Problemlösung

Ein zweiter Grund für das öffentliche Mißtrauen gegenüber der Wissenschaft ist darin zu suchen, daß viele Wissenschaftler im Wechselspiel von Erkenntnis und Problemlösung moralisch versagt haben.

Erfolgreiche Problemlösung vollzieht sich in drei Stufen.[5] Die erste Stufe ist die Erkenntnisgewinnung, die Gewinnung von zuverlässigem Wissen über die in Frage stehenden Sachverhalte. Erkenntnisgewinnung ist die Aufgabe der Forschung, genauer, der Grundlagen- und Projektforschung. Dies ist unsere ureigene Domäne; hier sind wir kompetent und voll verantwortlich. Erkenntnis *muß* zuverlässig sein. Das Vertrauen der Öffentlichkeit in die Zuverlässigkeit wissenschaftlicher Erkenntnis darf nicht erschüttert werden. Die Öffentlichkeit muß jederzeit davon ausgehen können, daß der Wissenschaftler der Suche nach Wahrheit verpflichtet ist und daß innerhalb der Wissenschaft „reziprokes Vertrauen" in das Tun und Argumentieren des andern gewährleistet ist.

Auf der zweiten Stufe erfolgt die Aufarbeitung der relevanten „Erkenntnis" zu solchen Aussagen, die für die Problemlösung tatsächlich brauchbar sind. Dies ist die Aufgabe von Leuten, die mit der Erkenntnis *und* mit den relevanten Problemen voll vertraut sind. Man nennt diese Leute „Experten". Ihnen obliegt die wissenschaftliche Politikberatung.

Für die Problemlösung brauchbare Sätze haben in der Regel die Struktur von „Wenn-dann-Sätzen", z.B.: Wenn man das Ziel X erreichen will, muß man die Maßnahme Y treffen. Und komplementär dazu: Wenn man die Zielsetzung X realisiert, sind die (vielleicht unerwünschten) Nebenfolgen Z zu erwarten. Ob es wünschenswert oder gerecht ist, das Ziel X anzuvisieren, ist in den „Wenn-dann-Sätzen" nicht ausgesagt. Dies ist Sache der nächsten, der dritten Stufe, der Entscheidungsfindung. Solange wir in einer pluralistischen Demokratie leben, werden mit Recht die Ziele im Streite liegen; es ist deshalb nicht Sache des Experten, der politischen Entscheidung vorzugreifen. Für den Experten mag es ein Schock sein, zu erkennen, wie unsicher fast alle politischen Entscheidungen sind, weil die rein rationale Begründung nicht

[5] Mohr, H.: Problemlösung und Grundlagenforschung – ein Beitrag zur Rechtfertigung der Wissenschaft. Gießener Univ. Blätter, Heft 1 (1980), 7 bis 20.

ausreicht (Maier-Leibnitz).[6] Aber er muß sich innerlich darauf einstellen, wenn er auf den ihm zufallenden Part am politischen Entscheidungsprozeß nicht verzichten will.

9.7 Politisierung des Expertentums

Im Wechselspiel von Expertise und Entscheidung passieren derzeit schlimme Entgleisungen. Ein für das moralische Prestige der Wissenschaft verheerender Zustand hat sich in unserem Land dadurch entwikkelt, daß Personen und Institutionen mit einem vorgeprägten Überzeugungsmuster, aber ohne hinreichende Kompetenz und ohne Respekt vor der Wahrheit sich selbst zu wissenschaftlichen Experten ernennen oder von Interessengruppen als „Experten" nominiert und eingesetzt werden. Auch der Begriff „Institut" wird zu diesem Zweck nahezu beliebig mißbraucht.

Bis vor kurzem war man auch in unserem Land nur dann ein Experte, wenn man auf einem bestimmten Fachgebiet sachverständig war und wenn diese Kompetenz von Fachkollegen auch international bestätigt wurde. Bei der Habilitation etwa oder bei einer Berufung holte (und holt) man deshalb auswärtige Gutachten ein, in denen die Forschungsleistung des Kandidaten von renommierten Fachleuten bewertet wird. Heute kommt es vor, daß von den jeweiligen Interessengruppen „Experten" benannt werden, deren fachliche Reife nicht einmal durch eine Promotion legitimiert ist. Es genügt das Engagement für ein vermeintlich höheres Ziel. Sachkenntnis wird allmählich zu einem negativen Wert. „Wie können Sie über eine so wichtige Frage so sachlich reden!" wurde mir kürzlich vorgehalten.

Bis vor kurzem war es auch bei uns üblich, den Begriff „Institut" auf Universitätsinstitute und solche außeruniversitären Forschungseinrichtungen zu beschränken, deren wissenschaftlicher Status von anerkannten Fachleuten verantwortet wurde. Inzwischen gründet man nach Belieben „Institute". Im Gefolge dieses Unfugs kam es zu einer Politisierung und Verballhornung des Expertentums und zu einer Apotheose des Risikos. Schon seit Jahren nimmt die Glaubwürdigkeit eines Fachmanns in der Öffentlichkeit um so mehr zu, je *höher* er das jeweilige Risiko einschätzt. Man beobachtet demgemäß auch in den Reihen der fachlich kompetenten Wissenschaftler eine „opportunistische Überbewertung des Risikos" in der öffentlichen Diskussion. Die für den Experten

[6] Maier-Leibnitz, H.: Beweisen ist nicht genug. FAZ vom 28.5.1986, Nr. 121, p. 33.

eigentlich selbstverständliche, symmetrische Frage, ob der *Verzicht* auf eine Technik nicht das viel größere Risiko in sich birgt, wird aus Opportunismus in der öffentlichen Diskussion oftmals gar nicht mehr gestellt. Dieselben Wissenschaftler, die im *fachlichen* Disput jede Behauptung sowohl kritisch als auch selbstkritisch daraufhin bewerten, wie begründet und somit gerechtfertigt sie ist, sind im *öffentlichen* Disput zu Konzessionen an den „Zeitgeist" bereit.

Bei den Debatten um die Risiken der Kernenergie und neuerdings der Gentechnologie fallen diese Mißstände besonders auf. „Tschernobyl und seine Folgen" war auch in dieser Hinsicht ein für die Wissenschaft ruinöses Lehrstück. Nicht wer am besten β-Strahlung messen konnte, hatte recht, sondern jener, der mit den höchsten Werten auftrumpfte.

Ein in der Freiburger Region einflußreicher Journalist kommentierte Ende Mai 1986 eine einschlägige Expertenbefragung vor dem Freiburger Gemeinderat mit dem lapidaren Statement:

„Kein Zweifel, die Wissenschaft hat nach Tschernobyl durch ihre Inkompetenz noch mehr Kredit und Vertrauen verspielt als die Politik." ... „Die Expertenmeinungen der Wissenschaftler sind in ihrer Widersprüchlichkeit wertlos."[7]

Dem läßt sich einiges entgegenhalten:

„Das angesprochene Problem – Widersprüche zwischen Experten – ist nicht neu. Widersprüche zwischen Wissenschaftlern, die als Sachverständige auftreten, hat es immer gegeben. Wenn es sich um beweisfähige Wissenschaft handelt, z. B. um Naturwissenschaft, kann ein solcher Widerspruch nur dadurch zustande kommen, daß mindestens einer der Kontrahenten mehr behauptet, als er wissenschaftlich beweisen kann. Das Problem wird in der Wissenschaft üblicherweise dadurch gelöst, daß die Gutachter, von denen entgegengesetzte Gutachten vorliegen, zur Zusammenarbeit (z. B. zu einem Punkt-für-Punkt-Vergleich) veranlaßt werden. Solange nur kompetente und moralisch integre Personen in die Kontroverse verwickelt sind, wird sich stets eine Lösung finden – und sei es der Verzicht auf eine Aussage zum gegenwärtigen Zeitpunkt –, weil jede Partei weiß, daß in der Wissenschaft einander entgegengesetzte Aussagen nicht gleichzeitig wahr sein können. Ein Aussagensystem, in dem jede beliebige Aussage ‚wahr' ist, kann nicht Wissenschaft genannt werden."[8]

Die Wissenschaft steckt derzeit in einer Vertrauenskrise. Hier stimme ich der journalistischen Kritik zu. Wir sind in diese traurige Lage durch Unachtsamkeit und Naivität hineingeschlittert. Von dem Ideal, daß *vor* dem Schritt in die Öffentlichkeit eine sorgfältige Diskussion unter den

[7] Eder, M.: Die 1. Spalte. Freiburger Wochenbericht vom 28. 5. 1986, Nr. 22, p. 1.

[8] Mohr, H.: Wissenschaft im Widerspruch (Leserbrief). Freiburger Wochenbericht vom 11. 6. 1986, Nr. 24, p. 9.

Experten stattfinden muß – auch bei drängenden Problemen –, haben wir uns mehr und mehr entfernt. Die führenden Vertreter der deutschen Wissenschaft wollten es allzu lange nicht wahrhaben, daß die Politisierung des Expertentums die Wissenschaft korrumpieren mußte.

Politische Kultur in der modernen, durch Wissenschaft und Technik geprägten Welt setzt eine rigorose Trennung von wissenschaftlicher Aussage und politischer Bewertung voraus: Wissenschaftlich läßt sich unterscheiden, was wissenschaftlich richtig oder falsch ist. Diese Aussagen bedürfen keiner politischen Erörterung. Die „Strahlendosis von Tschernobyl" war keine politische, sondern eine lösbare und inzwischen gelöste wissenschaftliche Frage. Die Verantwortung für diese Aussagen liegt bei den jeweiligen Experten; bei den echten Fachleuten, die gelernt haben, wissenschaftlich zu forschen und die resultierenden Aussagen in Übereinstimmung mit dem wissenschaftlichen Ethos moralisch zu verantworten.

Die politische Schlußfolgerung aus dem, was wissenschaftlich richtig ist, kann in einem demokratischen Gemeinwesen nicht Sache der Wissenschaft sein. Wenn handlungsanweisende Schlußfolgerungen gezogen werden, handelt es sich nicht mehr um Wissenschaft, sondern um Politik.

Damit sind wir bei der dritten Stufe der Problemlösung, bei der politischen Entscheidung.

9.8 Homo investigans – Homo politicus[9]

Wer politische Entscheidungen trifft, ist an sich durch Verfassung, Recht und Gesetz geregelt. Auf dieser dritten Stufe der Problemlösung hat in einer Demokratie der Wissenschaftler keine anderen Rechte und Pflichten als jeder andere mündige Staatsbürger auch. Unsere Verfassung sieht weder eine Expertokratie noch eine Technokratie vor, auch keinen „Ökologismus". Die Verantwortung für die Nutzung von Erkenntnis und Wenn-dann-Sätzen kann eine demokratische Gesellschaft nur als Ganzes übernehmen. Das Votum eines Naturwissenschaftlers hat hier kein besonderes Gewicht.

Es wird das Prestige der Wissenschaft vollends aushöhlen, wenn wir der um sich greifenden Mode nicht Einhalt gebieten, daß sich Gruppen von Wissenschaftlern außerhalb ihrer fachlichen Kompetenz mit dem Hinweis auf die Autorität *der* Wissenschaft oder ihrer Institutionen zu

[9] Mohr, H.: Homo investigans/Homo politicus. Konstanzer Univ. Reden, Nr. 152. Konstanz 1985.

sachlich und moralisch umstrittenen Fragen äußern, etwa zum „Ausstieg aus der Kernenergie". Hier wird der hochmütige Eindruck erweckt, die Angehörigen einer Universität oder eines Max-Planck-Instituts repräsentierten eine politisch besonders mündige Berufsgruppe mit einem hohen Pegel an Orientierungswissen. Davon kann, wie die Erfahrung zeigt, keine Rede sein.

Natürlich schließt der Homo investigans den Homo politicus nicht aus. Es ist völlig legitim, wenn verschiedene Forscher verschiedenen politischen Vorurteilen und Ideologien anhängen. Dies darf aber nicht auf das wissenschaftliche Tun abfärben. Wenn ein wissenschaftliches Gutachten, ein wissenschaftliches Buch, eine wissenschaftliche Vorlesung die Parteizugehörigkeit des Wissenschaftlers erkennen lassen, hat der Betreffende seinen Platz im Kreis der Wissenschaft verlassen. Gewiß kann der Wissenschaftler absichtlich und überlegt aus diesem Kreis heraustreten, indem er sich politisch äußert, aber er muß dies klar markieren und deutlich erkennen lassen, wann er als Homo politicus auf politischen Beifall zielt und wann er als Homo investigans wissenschaftlich begründen kann.

Der Wissenschaftler muß sich, wenn er in die Rolle des Homo politicus schlüpft, darüber im klaren sein, daß die öffentliche Diskussion anderen Gesetzen folgt als der wissenschaftliche Diskurs. Die meisten Wissenschaftler müssen gesellschaftspolitisches Denken und Handeln mühsam erlernen. Bei den Schwierigkeiten im Umgang mit praktischer Politik werden wir nur noch von Schriftstellern und Pastoren übertroffen. Der große Physiker Heinz Maier-Leibnitz schrieb kürzlich in der Erinnerung an den Göttinger Appell von 1957, in dem 18 prominente deutsche Wissenschaftler, unter ihnen Maier-Leibnitz, die Bundesregierung aufforderten, freiwillig auf Atomwaffen zu verzichten:

> „Die öffentliche Diskussion hat andere Gesetze. Das merkten wir zum ersten Mal bei der Erklärung der 18 Atomphysiker, als die öffentliche Reaktion sofort weit über unser Ziel (keine Atomwaffen in deutschem Besitz) hinausschlug. Wir wußten nichts von Kommunikation und öffentlicher Wirkung. Es rächte sich, daß viele Wissenschaftler glaubten, sie könnten durch überlegenes Nachdenken auch *politische* Probleme lösen. Das kostete uns *Vertrauen* ... und den Vorwurf, wir hielten uns nicht an die akademische Ethik, seien einseitig und beeinflußbar."[10]

Maier-Leibnitz betont den entscheidenden Punkt: Die öffentliche Autorität der Wissenschaft – und damit das Vertrauen in Wissenschaft – beruht ausschließlich darauf, daß wir zuverlässiges Wissen hervor-

[10] Maier-Leibnitz, H.: Beweisen ist nicht genug. FAZ vom 28.5.1986, Nr. 121, p. 33.

bringen, das sich beim theoretischen Argument und beim praktischen Handeln bewährt und sich deshalb in Problemlösung ummünzen läßt.

Die Öffentlichkeit interessiert sich weder für das wissenschaftliche Ethos noch für die Motivation des Wissenschaftlers. Der Bürger will gar nicht wissen, was Ehrgeiz in der Forschung bedeutet oder warum Forschung glücklich macht. Aber er will sicher sein, daß die Wissenschaft „objektiv" und „verläßlich" ist und ihm *dadurch* hilft, seine eigenen Probleme zu lösen.

9.9 Vertrauenswürdige Wissenschaft

Wir müssen mit der Tatsache rechnen, daß die Sympathie der Gesellschaft für eine autonome Wissenschaft keine Selbstverständlichkeit ist. Viele Menschen, vermutlich die meisten Menschen unserer Zeit, sind an Wissenschaft als einer auf Erkenntnis gerichteten, kulturellen Institution nicht ernsthaft interessiert. Die ‚Natur' der Quarks interessiert sie ebensowenig wie die chemische Struktur der Gene, das self assembly der Thylakoide, dissipative Strukturen oder nicht-lineare Bewegungsgleichungen. Sie wollen gar nicht, daß der Wissenschaftler ihnen eine Bringschuld an *Aufklärung* abstattet.

Wie können wir trotzdem die Öffentlichkeit wieder für uns gewinnen? Der Rückgewinn unserer Vertrauenswürdigkeit setzt die Entpolitisierung der Wissenschaft und den Verzicht auf Opportunismus voraus. Wissenschaft ist ihrer Zielsetzung und ihrer Natur nach unpolitisch. Noch mehr: Gute, zur Problemlösung wirklich fähige Wissenschaft braucht „otium", konzentrierte Ruhe, und damit ein erhebliches Maß an politischem Desinteresse. Wissenschaft braucht einen politisch entlasteten und rechtlich geschützten Bereich institutionalisierter und normgerecht funktionierender Erkenntnissuche. Gute Wissenschaft braucht – nach Max Weber – „das Augenmaß, die Fähigkeit, die Realitäten mit innerer Sammlung und Ruhe auf sich wirken zu lassen, also: die Distanz zu den Dingen und Menschen". Gewiß ist die heutige Wissenschaft – zumal in der Demokratie – auf das Wohlwollen der Öffentlichkeit angewiesen. Dies darf aber nicht zu dem schrecklichen Mißverständnis führen, der Beifall der Öffentlichkeit oder der Applaus der Medien sei ein Kriterium für die Güte und Gültigkeit wissenschaftlichen Denkens. Ein Opportunismus dieser Art und auf breiter Front wäre das Ende autonomer, der Wahrheit verpflichteter Wissenschaft. In der Öffentlichkeit fehlt das Regulativ, um solche, die sich von der Wahrheit entfernen, auszuscheiden. Es ist *an uns*, so hat es kürzlich Maier-Leibnitz formuliert, das Urteil über diejenigen zu fällen, die die Regeln des wissenschaftlichen Ethos nicht beachten.[11]

Die unabdingbaren moralischen Pflichten eines jeden Wissenschaftlers lassen sich – vor diesem Hintergrund – in wenigen Sätzen zusammenfassen. Die Verpflichtungsformel der Freiburger Fakultät für Biologie bei der Promotion – sie soll auf Immanuel Kant zurückgehen und wurde nach 1945 durch Otto Koehler von Königsberg nach Freiburg verpflanzt – bringt sie prägnant zum Ausdruck:

„Die Fakultät hat beschlossen, Sie zum Doktor der Naturwissenschaften zu promovieren. Mit der Verleihung dieses ehrenvollen Titels verknüpft sie eine Verpflichtung: Die Verpflichtung, der wissenschaftlichen Wahrheit stets treu zu bleiben und niemals der Versuchung zu unterliegen, diese Wahrheit zu unterdrücken oder zu verfälschen, sei es unter wirtschaftlichem, sei es unter politischem Druck. In diesem Sinne verpflichte ich Sie als Dekan der Fakultät durch Handschlag, die Würde, die Ihnen die Fakultät verleihen wird, vor jedem Makel zu bewahren und unbeirrt von äußeren Rücksichten nur die Wahrheit zu suchen und zu bekennen."

9.10 Besondere Verantwortlichkeit für das Gemeinwohl?[12]

Es wird immer wieder dafür argumentiert, der jeweils sachverständige Naturwissenschaftler oder Ingenieur trage über diese Grundpflichten hinaus eine besondere Verantwortung für das Gemeinwohl. Die Deutsche Physikalische Gesellschaft z. B. hat den folgenden Paragraphen in ihre Satzung aufgenommen:

„Die Gesellschaft verpflichtet sich und ihre Mitglieder, für Freiheit, Wahrhaftigkeit und Würde in der Wissenschaft einzutreten und sich dessen bewußt zu sein, daß die in der Wissenschaft Tätigen für die Gestaltung des gesamten menschlichen Lebens in besonders hohem Maße verantwortlich sind."

Besondere Verantwortlichkeit für das Gemeinwohl soll hier bedeuten, daß der Wissenschaftler jederzeit, unbeirrt von äußeren Rücksichten, für die wissenschaftliche Wahrheit einzutreten hat. Er soll die wissenschaftliche Wahrheit nicht nur suchen, sondern sie auch bekennen. Diese besondere Verantwortlichkeit kann man in ihrer Bedeutung kaum überschätzen. Sie verpflichtet den Wissenschaftler dazu, sich öffentlich zu äußern, wenn er in den Medien, im politischen Disput, in den Pamphleten von Interessenverbänden und politischen Gruppie-

[11] Ebd.

[12] Mohr, H.: Über die Verantwortung des Wissenschaftlers. Naturwiss. Rundschau 30 (1977), 37–43.

rungen auf Behauptungen trifft, von denen er als kompetenter Fachmann weiß, daß sie unzutreffend sind. Demagogie und öffentliche Hysterie leben von Übertreibungen und von falschen Behauptungen. Ihnen wirksam entgegenzutreten, für Wahrhaftigkeit, Würde und politische Kultur einzutreten, ist unsere Aufgabe, eine Aufgabe, die Mut und Kraft verlangt.

Einige wissenschaftliche Gesellschaften, z.B. die Deutsche Gesellschaft für Ernährung, nehmen die Aufgabe, Wahrhaftigkeit zu fördern, kollektiv und mit vorbildlicher Sachlichkeit wahr, neulich zum Beispiel im Zusammenhang mit der Dioxinhysterie. Damit ist ein Weg vorgezeichnet, wie die sachliche Kompetenz und das moralische Prestige der Wissenschaft in die öffentliche Diskussion und in die Politikberatung einfließen können. Die Grenzen der Einflußnahme seien aber nochmals betont: Bei Entscheidungen und bei der *politischen* Einflußnahme auf Entscheidungen hat in einer Demokratie der Wissenschaftler keine anderen Rechte und Pflichten als jeder andere mündige Staatsbürger sie auch hat. Das Votum eines Wissenschaftlers hat hier kein besonderes Gewicht. Aus gutem Grund.

Es ist eine alte Einsicht, daß Wissen und Weisheit häufig nicht Hand in Hand gehen. Der heilige Bernhard soll anläßlich einer Papstwahl den folgenden Rat gegeben haben: „Ist er ein frommer Mann? Dann soll er für uns beten! – Ist er ein Gelehrter? Dann soll er uns Wissen vermitteln! – Ist er ein Mann der Weisheit? Dann soll er uns regieren!“

Auch die Erfahrungen der jüngsten Vergangenheit widersprechen der These, Gelehrte seien auch außerhalb ihrer Disziplin besonders dafür qualifiziert, Zielvorstellungen zu konzipieren und ethisch zu begründen. Die für manche Wissenschaftler so schmeichelhafte These, wissenschaftliche Kompetenz impliziere ein hohes Maß an normativer und politischer Vernunft, wird durch die Erfahrung nicht gedeckt. Auch hervorragende Wissenschaftler haben sich immer wieder zu politischen, philosophischen und ethischen Fragen unglaublich naiv, engstirnig und opportunistisch geäußert.[13]

Ich plädiere also letztlich für die klare Arbeitsteilung zwischen Erkennen und Handeln, zwischen Erkenntnis und Entscheidung, obgleich mir die dem Politiker eingeräumte Möglichkeit eines Verzichts auf Erkenntnis ebenso gefährlich erscheint wie die Irrationalität einer Stimmungsdemokratie. Es gibt, glaube ich, keine Alternative zur freiheitlichen, pluralistischen Demokratie, auch wenn eine offene Gesellschaft wie die unsrige ein schreckliches Risiko, ein Weg ins Unbekannte ist.

[13] Fallstudien in H. Mohr: Lectures on Structure and Significance of Science. New York 1977, Kapitel 1.

9.11 Die Öffentlichkeit – ein schwieriger Partner

Die Gesellschaft, in der wir leben, bietet in der Tat ein kurioses Bild. Die Öffentlichkeit, weitgehend lernunwillig, hat längst die Unkenntnis der wissenschaftlich-technischen Wohlstandsgrundlagen zur Selbstverständlichkeit erhoben. Unsere Politiker sind kaum besser informiert. Auch sie „leben" weitgehend von der Berichterstattung der Medien und von der Meinung der Feuilletonisten, die in der Regel dem symmetrischen Argument und der nüchternen, durchdringenden Analyse technisch-wissenschaftlicher Sachverhalte weniger zugetan sind als der Anprangerung punktueller Mißstände. Kein Wunder, wenn die echten Entscheidungen unserer Zeit die meisten Bürger und unsere politischen Repräsentanten überfordern. Natürlich ist „Informiertsein" keine Rationalitätsgarantie, aber sicheres Wissen ist eine Voraussetzung für rationale Entscheidungen.

In den ersten kritischen Wochen nach Tschernobyl war Expertenwissen, das auf ein Minimum an Begründung nicht verzichten kann, kaum kommunizierbar, weil das einschlägige Grundwissen der Bürger hierfür nicht ausreichte. An die Stelle nüchterner, wissenschaftlicher Information trat die Indoktrination, mit dem Resultat einer Vernunft, Moral und Gemeinsinn zerstörenden Angstpsychose, die bis heute nachwirkt und in der Öffentlichkeit eine rationale Bewältigung der Erfahrungen mit dem Tschernobylunfall blockiert.[14]

Der Glaube – auch mein Glaube –, man könne durch Aufklärung Verständigung schaffen, erwies sich als illusionär. „Der Fall Tschernobyl" hat auch bei mir die Skepsis gegenüber einer mediengesteuerten offenen Gesellschaft verstärkt. Wir wurden mit Verhaltensmustern konfrontiert, die viele von uns für überwunden hielten. Es war nicht nur das Schrekkensbild einer unberechenbaren Stimmungsdemokratie; es war vor allem die *Demontage des rationalen Dialogs*, was viele von uns ernüchtert hat. Der von Wissen und Vernunft bestimmte rationale Dialog über die Energiefrage wurde suspendiert. Solange dies anhält, befinden wir uns in einer instabilen, gefährlichen Situation. Die moderne Lebenswelt ist auf rationales Denken und auf vernünftiges Handeln angewiesen, weil diese Welt der Ratio, dem wissenschaftlich-technologischen Denken, entsprungen ist.

Und trotzdem: Die Entmündigung der Öffentlichkeit, der moralisch verbrämte Despotismus im Gewand einer Technokratie oder Expertokratie, ist nicht akzeptabel. Jede Hinwendung zu Technokratie und Ex-

[14] Maier-Leibnitz, H.: Erste Lehren aus dem Unfall von Tschernobyl. Naturwiss. Rundschau 39 (1986), 302–306.

pertokratie rührt nicht nur an die Grundlagen der Demokratie; derartige Tendenzen überfordern auch den Wissenschaftler. Die Erfahrungen der Vergangenheit, ich sagte es schon, widersprechen der These, wissenschaftliche Kompetenz impliziere ein hohes Maß an normativer und politischer Vernunft.

Kehren wir zurück zum Homo investigans, zum einzelnen Forscher und zu seinen tatsächlichen moralischen Pflichten.

9.12 Die tatsächlichen moralischen Pflichten des Forschers

Man kann, glaube ich, das moralische Obligo des Wissenschaftlers nicht oft genug betonen: Die primäre Verantwortung des Wissenschaftlers betrifft die Zuverlässigkeit des Wissens. Er ist primär dafür verantwortlich, daß sich der handelnde Mensch bei jeder Problemlösung und unter allen Umständen auf das Wissen verlassen kann. Und er soll die wissenschaftliche Wahrheit nicht nur suchen, sondern sie auch bekennen, unbeirrt von äußeren Rücksichten.

Die Frage, die uns immer wieder umtreibt, lautet, ob es darüber hinaus eine besondere, eine spezifische Verantwortung des Wissenschaftlers für das Gemeinwohl gibt? Oder ist die strenge Trennung von Sein und Sollen, die strikte epistemologische Distinktion zwischen wissenschaftlichen Sätzen und normativ-bewertenden Urteilen „der Weisheit letzter Schluß"?

Kann, so lautet eine oft gestellte Frage, der Wissenschaftler durch eine Verweigerung von Erkenntnis zu einer humaneren Welt beitragen? Es wurde tatsächlich immer wieder die Forderung erhoben, dem hippokratischen Eid für Ärzte eine entsprechende Verpflichtung für Wissenschaftler an die Seite zu stellen.[15] Die Vorschläge für einen solchen Eid laufen stets darauf hinaus, daß sich die Wissenschaftler verpflichten sollten, nur dann zu arbeiten, wenn sich die Zielsetzung der Arbeit mit bestimmten Wertvorstellungen – humanen Wertvorstellungen natürlich – vereinbaren läßt. Descartes bereits hat am Ende des ›Discours‹ einen solchen Eid ins Auge gefaßt. Er schreibt: „Ich könnte nicht an Projekten arbeiten, die nur deshalb für einige nützlich sind, weil sie anderen schaden."

Fürth hat 1956 auf einer wichtigen Konferenz in London den folgenden repräsentativen Text für einen hippokratischen Eid für Naturforscher vorgeschlagen:

[15] Beispiele in W. A. P. Luck: Homo investigans – der soziale Wissenschaftler. Darmstadt 1976, Kapitel 4.3.

„Da ich mir bewußt bin, daß meine wissenschaftlichen Kenntnisse mir erhebliche Macht über die Naturkräfte gegeben haben, gelobe ich, diese Kenntnisse und diese Macht nach bestem Wissen und Gewissen ausschließlich für die Wohlfahrt der Menschen anzuwenden und mich jeder wissenschaftlichen Tätigkeit zu enthalten, die, so weit es mir bekannt ist, für schädigende Zwecke bestimmt ist."[16]

Die Schwierigkeiten, die sich der Einführung und der Durchsetzung einer solchen Verpflichtung entgegenstellen, sind offensichtlich. Wie soll ein Konsens darüber erzielt werden und wer wird notfalls darüber entscheiden, ob eine bestimmte wissenschaftliche Arbeit als ein Dienst an der Menschheit angesehen werden kann? Welcher erfahrene Mensch traut sich ein solches Urteil über Gut und Böse zu?

Im Gegensatz zur Wissenschaft ist die aus Erkenntnis resultierende Praxis ihrer Natur nach immer ambivalent. Jedwede Technik, auch die Medizin, ist ein zweischneidiges Schwert. Ob eine Handlung gut ist, hängt immer von der Gesamtheit der Umstände ab. Die verantwortungsethische Forderung an den Wissenschaftler, er solle die möglichen *technischen* Folgen seiner wissenschaftlichen Forschung antizipieren und im voraus sittlich verantworten, ist deshalb prinzipiell unerfüllbar. Was heute „gut" ist, kann morgen „böse" sein, bezogen auf die jeweilige Situation oder auf das jeweilige Wertsystem der Gesellschaft. Niemand kann die langfristigen Folgen seines Handelns kontrollieren. Der Wissenschaftler handelt deshalb, solange sein Tun auf Erkenntnis zielt, prinzipiell gesinnungsethisch. Es gibt keine andere Wahl. Fragen wir zum Schluß, was die Öffentlichkeit billigerweise von der Wissenschaft erwarten kann und was nicht.

9.13 Was kann man von der Wissenschaft letztlich erwarten?

Sie schafft Erkenntnis, zuverlässiges Wissen über die Welt und über den Menschen. Erkenntnis, zuverlässiges Wissen, bestimmt unser tägliches und unser politisches Leben; weit mehr als je zuvor eine geistige Macht das Leben der Menschen bestimmt hat. Wir alle leben materiell und wirtschaftlich von den Leistungen der Wissenschaft. Und wir leben besser, weit besser, als jemals Menschen vor uns gelebt haben. Wer dies nicht anerkennt, weiß einfach nicht (oder will es nicht wissen), wie unsere Vorfahren gelebt und gelitten haben und wie sie gestorben sind. Natürlich haben wir auch den point of no return in der kulturellen Evolu-

[16] R. Fürth auf der World Conference of Scientists, London (s. Atomic Scientist Journal 5 (1956), 163.)

tion längst überschritten. Ohne die beständige Transformation von Erkenntnis in Praxis könnten die 5 Milliarden Menschen auf dieser Welt nicht mehr existieren. Wir müssen, wenn wir die Zukunft wollen, die Regreßerscheinungen unserer Kultur durch wissenschaftlich-technischen Progreß überkompensieren. Insofern sind wir total auf Wissenschaft angewiesen.

Wir dürfen, auf der anderen Seite, aber auch keinen Zweifel daran lassen, was die Wissenschaft nicht kann: Sie kann keine Sinnkriterien außerhalb ihrer selbst entwickeln und deshalb keine Normen des *allgemeinen* Sollens begründen. Sie kann nichts sagen über das Ziel der Welt. Sie erfüllt kein individuelles oder kollektives Heilsverlangen! Dies gilt auch für die Geisteswissenschaften. Sie haben sich seit ihrem Aufblühen im 19. Jahrhundert als die unentbehrlichen Orientierungswissenschaften der modernen Gesellschaft empfunden. Daraus resultierte ihr Bildungsanspruch. Die Frage, ob sie in der heutigen Welt diesen kulturellen Auftrag noch zu erfüllen vermögen, wurde bereits gestellt und negativ beantwortet (s. S. 62).

Wo stehen wir dann eigentlich?

9.14 Wissen, Weisheit und politische Wirklichkeit

In der Beschränkung auf das Ethos der Forschung, in der asketischen Konzentration auf Erkenntnis, setzt sich der Homo investigans eine Grenze, die sein Menschsein gefährdet. In den Worten von Max Planck:

„... der (forschende) Mensch ... kann sich mit dieser Grenze nicht begnügen. Er will und muß über sie hinausdringen, da auch er eine Antwort braucht auf die wichtige, unaufhörlich wiederkehrende Frage seines Lebens: Wie soll ich handeln? Und eine volle Antwort auf diese Frage findet er nicht ... bei der reinen Wissenschaft, sondern er findet sie nur bei seiner sittlichen Gesinnung, bei seinem Charakter, bei seiner Weltanschauung.“[17]

„Die Wissenschaft“, so fährt Planck an anderer Stelle fort, „brauchen wir zum Erkennen, den Glauben zum Handeln.“ Wir haben diesen Worten auch heute nichts entgegenzusetzen. *Was jeweils* gut oder böse ist in unserem Haus, in unserem Land oder in der Welt, kann auch der heutige Wissenschaftler nur seiner sittlichen Wertvorstellung, nicht seiner wissenschaftlichen Kompetenz entnehmen. Wissen und Charakter sind komplementär. Wir sollten daran keinen Zweifel lassen. Wir sollten aber auch anmerken, daß das Ethos der Forschung, der Primat der Erkenntnis, die Übung in intellektueller Redlichkeit, die strenge

[17] Planck, M.: Vorträge und Erinnerungen. Stuttgart 1949.

Wahrhaftigkeit, das Konsensusprinzip der Scientific Community den Homo investigans formen.

Max Planck hat 1913, bevor in Europa die Lichter ausgingen, bei der Übernahme des Rektoramts der Universität Berlin, dafür die folgenden Sätze gefunden:

„Die edelste unter den sittlichen Blüten der Wissenschaft und zugleich die ihr eigentümlichste ist die Wahrhaftigkeit: jene Wahrhaftigkeit, die durch das Bewußtsein der Verantwortung hindurch zur inneren Freiheit führt."

Vielleicht gelingt es auch künftighin den Großen der Wissenschaft, sich im politischen Bereich Geltung zu verschaffen, wenn sich bei ihnen hohes fachliches Prestige mit Augenmaß und Weitblick paart. Aber auch dann bleiben diese Interventionen *politische* Schritte, die nicht durch Erkenntnis und Expertentum, sondern durch moralische Integrität und Weisheit legitimiert werden.

Auf welche politische Wirklichkeit trifft diese Weisheit? Dies ist meine größte Sorge: die Wertunsicherheit, der Verfall politischer Kultur, hemmungsloser Opportunismus, rücksichtslose Indoktrination, die parteipolitische Ausbeutung von Sorge und Angst. „Tschernobyl und seine Folgen" war und ist auch in dieser Hinsicht ein schreckliches Lehrstück.

Die meisten von uns wollen nicht zurück in die Ära der Glaubenskämpfe – auch wenn diese politischen Glaubenskämpfe „Grundwertdebatten" genannt werden. Die meisten von uns bejahen eine pluralistische Kultur, und wir sind nicht unglücklich darüber, daß die großen Ideologien zerbröckeln. Wir haben uns an den Polytheismus der Werte gewöhnt. Es ist der Preis der Freiheit.

Andererseits kann ich mir nicht vorstellen, wie eine Gesellschaft ohne ein Grundideal, ohne überzeugende, verbindende und mitreißende Wertvorstellungen auf die Dauer lebensfähig bleiben kann. Die gezielte Abwertung der Kardinaltugenden Klugheit, Tapferkeit, Maß und Gerechtigkeit lähmt uns ebenso wie die Diffamierung der sekundären Tugenden Fleiß, Leistungsbereitschaft, Ehrlichkeit, Treue, Zuverlässigkeit und Gewissenhaftigkeit als „faschistoid". Hinzu kommt die modische Resignation unter den Wertkonservativen. Starke Lebensformen beziehen ihre Stärke aus der Überzeugung, daß sie *recht* haben. „Wenn die Guten nicht kämpfen, siegen die Schlechten", nannte es Platon. Natürlich weiß ich keine Zauberformel für eine Welt ohne Religion und ohne Metaphysik. Aber in *einem* bin ich mir sicher: Wir haben keine Alternative zur Erkenntnis. Wir haben uns und die künftige Welt längst an die Wissenschaft ausgeliefert. „Unsere Wissenschaft ist schrecklich geworden, unsere Forschung gefährlich, unsere Erkenntnis tödlich. Wir müssen unser Wissen zurücknehmen." Dies sagt Johann Wilhelm Möbius, Physiker und Patient eines Irrenhauses, in Friedrich Dürrenmatts bekanntem Schauspiel. Er hat sich mit der ständigen Behauptung, König Salomo zu sein, ins Irrenhaus gebracht, um sich und seine Erkenntnis der Menschheit zu entziehen.

Aber Erkenntnis ist nicht zurücknehmbar. Dies mußte schließlich auch Möbius einsehen: „Was einmal gedacht wurde, kann nicht mehr zurückgenommen werden."

Es gibt keinen Weg zurück. Die Zukunft unserer Kultur – wohin sie sich auch bewegen mag – ist untrennbar verknüpft mit der Zukunft der Wissenschaft.

10. QUALITATIVES WACHSTUM – EINE ETHISCH VERTRETBARE ÜBERLEBENSSTRATEGIE

10.1 Die Begrenzungskrise heute

Noch leben die Menschen in den westlichen Industrienationen besser – weit besser – als jemals Menschen vor uns gelebt haben. Aber die Grenzen quantitativ-expansiven Wachstums sind sichtbar. Bevölkerungsexplosion und industrielles Wirtschaftswachstum lassen in absehbarer Zeit den ökologischen Kollaps befürchten. Fünf Prozent Wachstum bedeuten eine Verdoppelung der Ausgangswerte in 15 Jahren, eine Vervierfachung in 30 Jahren.

Jedem leuchtet die Binsenwahrheit ein: der Radius r und damit die Oberfläche unseres Planeten ($4 \pi r^2$) sind endlich. Populationswachstum und Ressourcenverzehr sind deshalb endlich. Die Krise war nur eine Frage des Zeitpunkts.

Viele Indizien deuten darauf hin, daß es jetzt so weit ist, daß der Mensch unserer Tage an seine natürlichen Grenzen stößt. Die Grenzen quantitativ-expansiven Wachstums wurden nicht herbeigeredet, sie sind real. Die Umweltkrise ist eine Begrenzungskrise.

Unsere derzeitige Krise besteht letztlich darin, daß der Mensch – die Art Homo sapiens – mit seinem Anspruch an Ressourcen und Abfalldeponien weit über die Tragekapazität der Umwelt hinausschießt und damit seinen Untergang provoziert (vgl. S. 91). Derzeit leben fast fünf Milliarden Menschen, täglich kommen 200000 dazu. In etwa 15 Jahren werden mehr als sechs Milliarden Menschen auf dieser Erde hausen. Im 21. Jahrhundert wird die Weltbevölkerung – den gegenwärtigen Trends zufolge – rasch weiter ansteigen, auf über 10 Milliarden.

Wo liegt unter den heutigen Produktionsbedingungen die Tragekapazität der Erde für unsere Art und in welchem Abstand von der Tragekapazität müßten wir uns einrichten, damit wir einen zumindest mittelfristig stabilen Zustand erreichten – "the longest path to extinction" (Daly)? Eine Abschätzung ist naturgemäß schwierig, weil sie von Rahmenbedingungen abhängt, aber kein Kundiger bezweifelt, daß die heutigen fünf Milliarden auf der Welt die langfristige Tragekapazität unseres Planeten bereits weit übersteigen. Wir leben zur Zeit von dem eng begrenzten Vorrat fossiler Ressourcen und von dem ebenso begrenzten Entsorgungspotential der Biosphäre und der Atmosphäre, sonst wären wir mit dem Verhalten, das wir an den Tag legen, längst am Ende (s. S. 92).

An dieser Stelle erscheint es nützlich zu fragen, ob es in der Geschichte des Menschen jemals eine ähnlich prekäre Situation gegeben hat.

10.2 Die kulturelle Evolution als eine Abfolge von Krisen[1]

Die kulturelle Evolution des Menschen ist in der Tat eine Abfolge von Krisen gewesen – das „Paradies" hat nie existiert, der Mythos der heilen Natur, die Idylle einer ökologischen Versöhnung des Menschen mit der Natur ist eine Illusion.[2] – Aber im Gegensatz zu heute waren die Notlagen und Zusammenbrüche in der Vergangenheit jeweils regionaler Art, die implizierten Bevölkerungszahlen waren weit geringer, und neue ökologische Nischen boten sich der menschlichen Schöpferkraft an.

Man weiß heute, daß die Menschen seit dem Pleistozän in ihre Umwelt destruktiv eingegriffen haben; sie haben die Tierwelt dezimiert und ausgerottet, durch lokale Bevölkerungsexplosionen Nahrungs- und Energiekrisen provoziert, die Lebensgrundlagen regional zerstört. Regionale ökologische Begrenzungskrisen durchziehen die Weltgeschichte. All dies ist nicht neu.

Was uns heute alarmiert, ist das globale Problem, die bislang unerhörten Dimensionen. Wir wissen, daß es kein Ausweichen mehr gibt für den Menschen, keine jungfräulichen Territorien, kein „going west". Wir wissen um die globale Begrenztheit der entscheidenden Ressourcen – die Reichweite der Erdölreserven zählt nach Dekaden –; wir erkennen mit Schrecken die bescheidene, allem Anschein nach bereits ausgelastete Kapazität der Atmosphäre, Schadstoffe zu „verdauen", wir sind uns darüber im klaren, daß alle Biotope, die sich in ertragsfähige Ökosysteme umwandeln lassen, besetzt, häufig bereits überbesetzt sind. Wir machen uns keine Illusionen mehr darüber, daß jede Steigerung der landwirtschaftlichen Erträge nicht nur mit weiteren ökologischen Risiken, sondern auch mit einem weit überproportionalen Einsatz terrestrischer Energie bezahlt werden muß.

Meine These lautet, daß die Erde bereits weit übervölkert ist, und daß

[1] Mohr, H.: Ökologisches Gleichgewicht und Umweltnutzung. In: Umweltprobleme als Herausforderung der Marktwirtschaft – Neue Ideen jenseits des Dirigismus (Hrsg. L. Wegehenkel). Köln 1983.

[2] Büchel, W.: Der Mythos der heilen Natur. Mensch und Energie 1/83, 23–29.

selbst in den Industrienationen quantitatives Wachstum mit der Belastbarkeit der Ökosysteme und mit den uns noch verbliebenen Ressourcen und Entsorgungspotentialen nicht zu vereinbaren ist. Quantitatives, expansives Wachstum und Lebensqualität sind in der heutigen Welt nicht mehr verträglich.

Wer seinen Wachstumsglauben durch den Rekurs auf das neoklassische Postulat unbegrenzter menschlicher Bedürfnisse begründet, hat vielleicht recht. Aber die Atmosphäre, die Hydrosphäre, die Biosphäre, der Boden, die energetischen Ressourcen, aber auch das Gemüt des kultivierten Menschen, spielen nicht mehr mit.

10.3 Qualitatives Wachstum[3]

Beim heutigen Stand der Welt sollte deshalb die Maxime lauten, vom Wachstum im klassischen engen Sinn, vom „quantitativen Wachstum" auf qualitatives Wachstum umzuschalten. „Qualitatives Wachstum" bedeutet, daß die Leistungen und Produkte eines Systems sich verbessern, obgleich das System sich nicht mehr vergrößert und der Einsatz an hochwertiger Energie oder an materiellen Ressourcen tendenziell rückläufig ist; ökonomisch gesprochen, daß das reale Bruttosozialprodukt steigt, obgleich der ständige Verbrauch an Ressourcen und die Belastung der Umwelt abnehmen.

Die Frage lautet, ob qualitatives Wachstum in der Welt von heute wirklich eine nützliche Metapher ist, eine in der ökonomischen Praxis brauchbare Strategie? Oder handelt es sich um einen Fall von Verbalakrobatik? Anders gefragt: Läßt sich „qualitatives Wachstum" als ein wissenschaftlich seriöses Konzept begründen?

Einem Irrtum möchte ich gleich begegnen: es gäbe qualitatives Wachstum zum Nulltarif. Qualitatives Wachstum fordert vielmehr seinen Preis – in der Regel einen hohen Preis – an Arbeit; sowohl an Arbeit im physikalischen Sinn (Exergie) als auch an Arbeit im ökonomischen Sinn. – Warum? – Weil die qualitative Verbesserung eines Systems eine Zunahme an Ordnung, an Neg-Entropie bedeutet und dies durch einen entsprechenden Einsatz an arbeitsfähiger Energie, an Exergie bestritten werden muß.[4] Am zweiten Hauptsatz der Thermodynamik führt kein grüner Weg vorbei.

[3] Mohr, H.: Qualitatives Wachstum in Biologie und Ökonomie. Naturwiss. Rundschau 38 (1985), 267–274.

[4] Georgescu-Roegen, N.: The entropy law and the economic process. Cambridge/Mass. 1971.

Ein Beispiel[5]: Die Installierung leistungsfähiger Solarkollektoren erfordert viel Entwicklungsarbeit und eine hohe anfängliche *Energie*investition, die sich derzeit in etwa vier Jahren amortisiert („Energierückflußzeit"). Erst danach hat man die Solarenergie energetisch praktisch umsonst (monetär lohnen sich Solarkollektoren nicht, solange ein Liter Heizöl 30 Pfennige oder eine Mark kostet).

Ein großartiges Beispiel qualitativen Wachstums bietet die Steigerung der Produktivität unserer heimatlichen Waldflächen seit Beginn des 19. Jahrhunderts.[6] Von 1860 bis heute stieg die Holznutzung von 1,5 auf 4,0 Festmeter (fm) pro Jahr und Hektar, der Nutzholzertrag (also ohne Brennholz) von 0,4 auf 3,9 fm a^{-1} ha^{-1}, obgleich das Prinzip der Nachhaltigkeit zur Grundlage der Forstwirtschaft gemacht wurde. „Nachhaltigkeit" besagt, daß nicht mehr Holz genutzt werden darf als nachwächst und daß durch eine systematische Pflege von Wald und Boden die Ertragskraft gesteigert und die Qualität der Böden erhalten werden.

Um das Jahr 1800 war auch der Schwarzwald durch jahrhundertelangen Raubbau und Mißwirtschaft völlig heruntergekommen. Dem badischen Forstgesetz von 1833, das auf dem Prinzip der Nachhaltigkeit aufbaute, verdanken wir die systematische Wiederaufforstung des Schwarzwaldes, eine der großen Leistungen des 19. Jahrhunderts in unserer Region. Natürlich bekamen unsere Vorfahren die neuen Wälder nicht geschenkt. Harte geistige und physikalische Arbeit und schwere finanzielle Opfer begleiteten auch hier den qualitativen Wachstumsschritt.

Natürlich läßt sich mit dem Hinweis auf solche Fallstudien die generelle Möglichkeit qualitativen Wachstums nicht begründen. Es muß sich die Frage anschließen: Hat es so etwas wie qualitatives Wachstum auf dieser Erde jemals auf großer Skala gegeben, und hat das Prinzip funktioniert? Wenn ja, welche Voraussetzungen müssen gegeben sein, damit qualitatives Wachstum geschehen kann?

10.4 Die biologische Evolution als qualitativer Wachstumsprozeß

Als Biologe ist man mit qualitativem Wachstum innig vertraut. Die ganze biologische Evolution, die Entwicklung des Lebens auf unserem Planeten – mit seinen begrenzten ökologischen Nischen und seinen eng

[5] Mohr, H.: Möglichkeiten und Grenzen alternativer Energieerzeugung. Energiewirtschaftliche Tagesfragen 35 (1985), 466–474.

[6] Mohr, H.: Wald. In: Wörterbuch der ökologischen Ethik (Hrsg. B. Stoeckle). Freiburg i. Br. 1986.

begrenzten Ressourcen – ist als ein gigantischer qualitativer Wachstumsprozeß aufzufassen.

Die Organismen erzielten qualitatives Wachstum im Verlauf der genetischen Evolution dadurch, daß sie beständig neue, an die Umweltsituation besser angepaßte Gene entwickelten. Unter Ressourcendruck und Konkurrenz wurden gute Gene durch bessere Gene ersetzt.

Die biologische Evolution auf dem Festland – in den letzten 300 Millionen Jahren – ist besonders illustrativ. Sie hat sich auf einem vorgegebenen, begrenzten Areal unter ständigem Ressourcendruck abgespielt. Der evolutionäre Fortschritt hat sich im wesentlichen dadurch vollzogen, daß die alten Arten in ihren ökologischen Nischen durch neue, besser angepaßte, effizientere Arten ersetzt wurden.

Diese generelle Aussage will ich nur an einem Beispiel erläutern, am Übergang von den Dinosauriern zu den Säugetieren, der sich an der Wende von der Kreide zum Tertiär vollzogen hat, vor etwa 65 Millionen Jahren.

10.5 Die Dinosaurier – eine Fallstudie[7]

Die Dinosaurier erschienen in kleinen, von den Thecodonten herstammenden Formen erstmals vor etwa 200 Millionen Jahren, gegen Ende der Trias, auf der Bühne der biologischen Evolution. In der Folge waren die Dinosaurier evolutionistisch ungemein erfolgreich. Indem sie, als Landtiere, nahezu jede Strategie darwinischer Evolution benützten, besetzten sie Nische um Nische, bis an den Rand der damaligen Welt. Entsprechend stiegen Artenzahl und Vielfalt. Die Spanne reichte von dem hühnervogelgroßen Compsognathus bis zum Flugsaurier mit 11 m Spannweite und zum 100 t schweren Brachiosaurus, vielleicht dem größten Geschöpf, das sich jemals auf der Erde bewegte. Ihr Verhalten war entsprechend vielfältig: Manche Dinosaurier jagten in Rudeln, andere waren reine Pflanzenfresser. Manche Arten übten Brutpflege nach Art der K-Strategen.

Für rund 135 Millionen Jahre haben die Dinosaurier das Bild der Landfauna entscheidend bestimmt. Innerhalb kurzer Zeit, am Ende der Kreide, verschwanden sie dann völlig von der Erde. Trotz vieler Vermutungen wissen wir nicht, welche Krise sie umgebracht hat. Jedenfalls wurden sie von den aufkommenden Säugetieren ersetzt. Das Verschwinden der Dinosaurier öffnete die ökologischen Nischen, sozusagen die „Berufe“ der Dinosaurier, für die Säugetiere, die bis dahin in klein-

[7] Charig, A. J.: A new look at the dinosaurs. London 1979.

wüchsigen Formen ein eher bescheidenes Leben im Schatten der Saurier geführt hatten. Es erfolgte jetzt ein neuer Anlauf der Stammesentwicklung, der in der Folge in einer rapiden und grandiosen Koevolution mit den Angiospermen bis hin zu den Primaten und Hominiden führte.

Diese gut dokumentierte Fallstudie illustriert, daß die biologische Evolution kein expansiver und auch kein kontinuierlicher Prozeß gewesen ist; es handelte sich vielmehr um einen Prozeß qualitativen Wachstums, dessen Geschwindigkeit enorm unterschiedlich gewesen ist. Es gab evolutionäre Staus (alle ökologischen Nischen waren in festen Händen) und dann plötzlich rapide, progressive Evolutionsphasen, in denen die ökologischen Nischen mit der Tendenz „bessere Anpassung und damit Höherentwicklung des Lebens" umbesetzt wurden. Man denke an die Compositen, die innerhalb von 30 Millionen Jahren zwanzigtausend verschiedene Arten hervorgebracht haben, wobei Vereinfachung, Verkleinerung und Umstrukturierung im Bereich der Blüten und Blütenstände sich rapide ablösten. In der Tat läßt sich die biologische Evolution heutzutage mathematisch als eine Optimierungsstrategie zur Anpassung der Lebewesen an eine begrenzte Umwelt mit begrenzten Ressourcen formulieren.[8] Quantitative Wachstumsprozesse spielen bei Evolutionsschritten – beim Artentausch – nur vorübergehend eine Rolle. Unter natürlichen Verhältnissen bilden sich rasch biocönotische Gleichgewichte – quasistationäre Zustände – aus. Massenvermehrungen (Gradationen) brechen stets nach einiger Zeit wieder zusammen, weil eine starke *intraspezifische* Konkurrenz eintritt. Auch dort, wo es längerfristig zu Sukzessionen kommt, bildet sich schließlich, konstante Umweltfaktoren vorausgesetzt, ein weitgehend stabiles Ökosystem („Klimax") aus, das so lange andauert, bis neu hinzukommende (klimatische oder biologische) Faktoren oder die Akkumulation systemimmanenter Dysfunktionen (s. S. 101) neue Evolutionsschübe initiieren.

Was liegt näher, als diese für die Biologie so fruchtbaren Vorstellungen einer qualitativen Optimierungsstrategie auch zur Entwicklung neuer ökonomischer und technischer Verfahren heranzuziehen.

[8] Rechenberg, I.: Evolutionsstrategie – Optimierung technischer Systeme nach Prinzipien der biologischen Evolution. Stuttgart-Bad Cannstadt 1973.

10.6 Qualitative Optimierungsstrategie

Die Leistungen der Eukaryotenzelle, das Resultat eines jahrmilliardenlangen Optimierens, sind fantastisch, verglichen mit dem, was der Chemiker kann. Dies gilt nicht nur für die stoffliche Vielfalt, sondern auch für Katalyse und Regulation. Biologisches Strukturmaterial ist darauf angelegt, bei seiner Beanspruchung möglichst wenig Energie zu verbrauchen. Viele Biowerkstoffe sind so hochgezüchtet, daß sie den physikalischen Grenzen der Leistungsfähigkeit der Materie nahekommen.[9] Natürliche Neuronen und ihre Verschaltung sind immer noch um ein Vielfaches kleiner als die technischen Mikrochips. Bei der Verarbeitung von Information – Sprach- und Zeichenerkennung – sind Gehirn und Sinnesorgane auch dem größten Computer noch weit überlegen.

Die biologische Evolution hat auf ihre Art längst alle jene Probleme durchgespielt, die unsere ökonomische Entwicklung derzeit belasten: daß die Allometriekosten des Gigantismus uns über den Kopf wachsen, daß veraltete Industriestrukturen eine Wirtschaft ruinieren, daß es auf strukturell gesicherte Arbeitsplätze in Mittelbetrieben ankommt, daß Innovationen Risikokapital voraussetzen, daß Recycling die Produktion begleiten muß, daß die Partizipation an einem Ökosystem auf dem Prinzip vergänglicher Umweltzertifikate beruhen sollte.

Damit wir uns nicht mißverstehen: Kein Produkt der Evolution ist perfekt, auf keiner Entwicklungsstufe ist der endgültig optimale Organismus entstanden, aber es sind die Lebewesen durch eine Optimierungsstrategie geformt, von der man lernen kann. Die Technologie unserer Tage hat ohnehin bereits Strategien entwickelt, analog in der Regel, die der Optimierungsstrategie der Evolution bis ins Detail entsprechen. Die Analogie zwischen der ökologischen Nische und der Marktlücke ist längst entdeckt. Die Bionik hat es darauf abgesehen, in der Natur evolvierte Problemlösungen als Vorbilder für technische Problemlösungen zu verwenden. Die Logistik moderner Großbetriebe zeigt eine frappierende Analogie zur Logistik der Zelle. Denken Sie etwa an die Lagerhaltung bei wichtigen Zwischenprodukten oder an die Minimierung der Transportwege.

Ein klassisches Prinzip der Evolution, gesteigerte Effizienz durch die immer geschicktere Kombination immer kleinerer Bauteile, ist längst ein Prinzip moderner Technologie. Unter der Bezeichnung „Evolutionäres Management" werden neuerdings Strukturmodelle für Unternehmensorganisation entwickelt, die auf den Einsichten der Evolutionären Erkenntnis- und Handlungstheorie aufbauen.

[9] Nachtigall, W.: Biostrategie. Hamburg 1983.

Die Anfälligkeit gegen unerwartete, systemwidrige Störungen – ein Charakteristikum lebender Systeme – nimmt allerdings auch bei der technologischen Optimierung zwangsläufig zu. Für die verheerende Wirkung eines Streiks in der Zulieferindustrie, in der Energieversorgung oder bei der Müllabfuhr gibt es präzise Analoga im Verhalten der Zelle. Rational optimierte Systeme sind notwendigerweise anfällig gegen Irrationalität.

Mit diesen wenigen Hinweisen wollte ich Sie im Prinzip davon überzeugen, daß sich viele Lösungen, die die biologische Evolution gefunden hat, auf die Problemlösung der kulturellen Evolution übertragen ließen. Ich betonte bereits, daß die biologische Evolution sich mathematisch als ein qualitativer Wachstumsprozeß, als eine Optimierungsstrategie zur Anpassung der Lebewesen an ihre begrenzte, an Ressourcen knappe Umwelt formulieren läßt.[10] Im ökonomischen System übernehmen Erkenntnis, Schöpferkraft, Intelligenz und Arbeit jene Rolle, die der genetischen Optimierungsstrategie im Verlauf der biologischen Evolution zugefallen ist. Es gelten die gleichen Gesetze. Gemessen wird das qualitative Wachstum – wie in der darwinischen Evolution – an der Steigerung der Produktivität, an der Verbesserung der Produkte und Dienstleistungen, an zunehmender Systemvielfalt, an der höheren Bedürfnisbefriedigung und damit an der Steigerung der Lebensqualität, und vor allem am Grad der Anpassungsfähigkeit an die vorgegebenen Umweltparameter.

10.7 Qualitatives Wachstum in der Industriegesellschaft[11]

Natürlich kennen Sie alle Beispiele für Strukturveränderungen in den westlichen Industrieländern, die den Ausdruck „qualitatives Wachstum“ rechtfertigen; Beispiele für die Steigerung der Energie- und Rohstoffproduktivität – nicht nur aus der Mikroelektronik –, die uns optimistisch stimmen können. Wir haben es längst gelernt, aus weniger mehr zu machen.

In der Bundesrepublik benötigen wir heute für eine Einheit Sozialprodukt weniger als die Hälfte des Energieaufwands von 1950. Um einen Dollar Sozialprodukt zu erwirtschaften, braucht man in der Volksrepublik China derzeit 2,4 kg Steinkohle, in Japan 0,6 kg. Bezogen auf das Sozialprodukt ist der Energieverbrauch in der Sowjetunion 2,5mal

[10] Markl, H.: Dasein in Grenzen: die Herausforderung der Ressourcenknappheit für die Evolution des Lebens. Konstanzer Univ. Reden, Nr. 149. Konstanz 1984.

[11] Mohr, H.: Qualitatives Wachstum in Biologie und Ökonomie. Naturwiss. Rundschau 38 (1985), 267–274.

größer als bei uns. Der integrierte Pflanzenschutz in Deutschland spart bei gleicher Sicherheit der Ertragslage rund 20% der Pflanzenbehandlungsmittel ein.

Durch das Schlempe- und Wasserrecycling spart man bei der Alkoholdestillation neuerdings etwa 40% Energie und beträchtliche Mengen an Abwasser ein.

Der Transistor ist etwa 200mal kleiner als eine Elektronenröhre und verbraucht 100mal weniger Energie – die Halbleitertechnologie bewirkte eine fantastische Einsparung von Material und Energie.

Der Energieverbrauch von Farbfernsehgeräten ist in den vergangenen 15 Jahren um etwa 75% gesenkt worden. Während 1967 ein Gerät im Durchschnitt noch eine Leistungsaufnahme von etwa 340 Watt hatte, sind es jetzt nur noch 80 Watt. Die ersten Geräte arbeiteten noch mit Röhrenverstärkern, die einen hohen Energieverbrauch hatten. Mit der Einführung von Transistoren ließ sich dieser zunächst auf 250 Watt senken. Weitere Verbesserung brachten die Verwendung integrierter Schaltkreise und die Entwicklung neuer Konzepte für die Ablenkeinheiten und das Netzteil. Heutige Geräte verfügen über viel mehr zusätzliche Technik als alte Modelle.

Ein VW-Käfer leistete um 1960 34 PS und verbrauchte 11–12 l Benzin auf 100 km. Was die Schadstoffemission angeht, war der Käfer ein Stinktier. Ein moderner, technisch ausgereifter, schadstoffarmer Turbodiesel der gleichen Marke leistet 70 PS und verbraucht etwa 5 l Dieselöl auf 100 km.

In Frankreich wurden noch 1976 vierzehn Millionen Tonnen Mineralöl verbrannt. 1984 waren es weniger als zwei Millionen Tonnen. Die Kohleverbrennung fiel im gleichen Zeitraum von 18 auf 14 Millionen Tonnen. Die konsequente Entwicklung der Kernkraft hat dies möglich gemacht. Die Stromkosten liegen um 30% unter denen der Bundesrepublik. Die Luftverschmutzung wurde drastisch reduziert.

Wir sparen in unserem mit Solarkollektoren und Wärmepumpe ausgerüsteten Haus ohne Einbuße an Lebensqualität etwa 65% Öl und immerhin 40% an Energieeinsatz gegenüber dem Bedarf vor der Umrüstung unseres Hauses. Wir mußten bei dem Versuch, in diesem Ausmaß Sonnenenergie zu nutzen, trotz aller Einsicht in die Technologie allerdings viel Geld investieren. Man muß bei Altbauten zur Zeit mit vielleicht 60000 bis 70000 Mark rechnen, je nachdem, wie energiebewußt das Haus ursprünglich gebaut wurde und wie geschickt es seinerzeit zur Sonne orientiert wurde.[12] Ich erwähne diese persönliche Erfah-

[12] Mohr, H.: Möglichkeiten und Grenzen alternativer Energieerzeugung. Energiewirtschaftliche Tagesfragen 35 (1985), 466–474.

rung, um nochmals zu unterstreichen, daß qualitatives Wachstum notwendigerweise teuer ist. Low-entropy-structures bekommt man nicht umsonst, weder energetisch noch monetär.

Mindestens 500 000 Wohnungen in der Bundesrepublik eignen sich unmittelbar für einen bivalenten Einsatz elektrisch betriebener Wärmepumpen. Man könnte also, günstige Stromversorgung im Mittellastbereich vorausgesetzt, nahezu auf Anhieb den Wärmemarkt wesentlich umstrukturieren, dabei mehrere Milliarden Liter Öl pro Jahr einsparen und die aus den Wohngebieten stammende Umweltbelastung entscheidend reduzieren, falls es gelänge, die Menschen von der Notwendigkeit des monetären Aufwands zu überzeugen.

Seit mehr als 100 Jahren galt die Münchener Innenstadt als eine Flechtenwüste. Wegen des hohen SO_2-Gehalts der Luft konnten die SO_2-empfindlichen Flechten und Moose dort nicht mehr leben. Durch kombinierte Maßnahmen (Kraftwärmekopplung, Einsatz von Erdgas, Einsatz von Strom) wurde neuerdings in München die Belastung mit SO_2 so weit reduziert, daß selbst am Stachus und im Hofgarten Flechten und Moose wieder üppig gedeihen.[13]

Unter der Überschrift „Die Fische kehren in den Rhein zurück" erschien kürzlich eine Erfolgsbilanz der Oberrheinsanierung.[14] „Seit über 20 Jahren war der Rhein nicht mehr so sauber wie heute", heißt es in dem Bericht; auch anspruchsvolle Fischarten, die lange Zeit als „ausgestorben" galten, werden „in großen Mengen" wieder angetroffen, sogar Maifische werden wieder gefangen. Vor etwa 10 Jahren hatten einige Raubfische bis zu 4,5 mg Quecksilber pro Kilogramm aufgenommen. Heute ist der Quecksilbergehalt in aller Regel erheblich unter die in Frankreich geltende Höchstmenge von 0,7 mg pro Kilogramm Fisch gesunken (in Deutschland 1 mg). „Rheinfische kann man wieder ohne Bedenken essen", bekräftigt der oberelsässische Fischereiaufseher Daniel Reiniger.

Dies sind Beispiele einer Vorwärtsstrategie, die auch Rückschläge verkraften muß. Eine Brandkatastrophe bei der Sandoz AG in Basel am 1. November 1986 hat dem Rhein schweren Schaden zugefügt. Mit Chemikalien verunreinigtes Löschwasser gelangte in großen Mengen in den Strom. Vom Fischsterben betroffen wurde in erster Linie der bis dahin hervorragende Aalbestand im Oberrhein: und zwar örtlich unterschiedlich, je nach den hydrographischen Bedingungen zwischen 40 und 100 Prozent. Bis auf die Aale haben die Rheinfische den Unfall überlebt.[15]

[13] Kandler, O., J. Poelt: Wiederbesiedlung der Innenstadt von München durch Flechten. Naturwiss. Rundschau 37 (1984), 90–95.

[14] Zitiert aus der Badischen Zeitung vom 4. 10. 1984, Nr. 231, p. 10.

[15] Bericht in der Badischen Zeitung vom 23. 12. 1986, Nr. 295, p. 7.

Auch drei Monate nach dem Großbrand bestätigt der Expertenbericht[16], daß der Rhein „keineswegs ökologisch tot“ ist, wie gelegentlich behauptet wurde. Man muß aber damit rechnen, daß es eineinhalb bis drei Jahre dauern kann, bis der Oberrhein den Zustand vor dem Unglück wieder erreicht hat. Immerhin wurde nach umfassenden Messungen der Chemischen Landesuntersuchungsanstalt in Offenburg beim Quecksilber der gesetzliche Höchstwert von 1 mg je Kilogramm Fisch nach dem Brand bei Sandoz bei 4,9 Prozent der Fischproben überschritten. Vor dem Brand lag der entsprechende Wert bei 3,3 Prozent.[17]

Trotz vermehrter Anstrengungen wird die chemische Industrie entlang des Rheins auch in Zukunft keine absolute Störfreiheit garantieren können. Aber die Reduzierung auf ein Minimum ist eine realistische Forderung. Dies gilt für die Chemie ebenso wie für jede andere industrielle Aktivität. Wichtig ist, daß die Belastung des Rheins – trotz mancher „Störfälle“ – seit Jahren ständig abgenommen hat. Die rund 300000 Aale, die zwischen Basel und Karlsruhe der von Sandoz verursachten Katastrophe zum Opfer gefallen sind, bestätigen in makabrer Weise die oben zitierte Erfolgsbilanz der Oberrheinsanierung.

Wir müssen, trotz mancher Rückschläge, auf die Vorwärtsstrategie setzen! Der nostalgische Blick nach hinten ist reine Illusion. Der Weg zurück, in eine Welt ohne Technik, ist uns völlig versperrt. Die Ideologie des Verzichts würde uns in Armut und Zerfall steuern. Aus dem Dilemma, in dem wir stecken, können wir uns nur durch eine bessere Technik befreien. Umweltprobleme sind nur industriell zu lösen. Im Grunde könnte man optimistisch sein: Die „Rationalität der Mittel“, die wissenschaftlich-technischen Voraussetzungen für eine Überlebensstrategie, sind gegeben. Was wir brauchen, ist die „Rationalität der Zwecke“ (H. Markl) und den Willen, vernünftig zu handeln.

Es gibt keine „nachindustrielle Vernünftigkeit“ in einer Welt, die sechs oder acht Milliarden Menschen behausen muß. Aber es gibt eine „industrielle Vernünftigkeit“. Es gibt keinen „Ausstieg aus der Industriegesellschaft“, aber es gibt eine realistische Alternative zur Fortschreibung expansiven Wachstums.

[16] Bericht in der Badischen Zeitung vom 7.2.1987, Nr. 31, p. 7.

[17] Bericht in der Badischen Zeitung vom 23.12.1986, Nr. 295, p. 7, linke Spalte.

10.8 Energie – das Kardinalproblem

Der wirklich kritische Punkt – auch beim qualitativen Wachstum – ist die Energieversorgung. Für arbeitsfähige Energie, für Exergie, gibt es keinen Ersatz. Man kann Exergiequellen gegeneinander austauschen, aber es gibt keine Substitution.

Warum ist energetische Affluenz – genügend Energie – wichtig für qualitatives Wachstum? – Ich will diesen entscheidend wichtigen Punkt zum Schluß nochmals aufnehmen. – Die biologische Evolution ebenso wie die menschliche Kultur beruhen auf Strukturen mit hohem Ordnungsgrad, also auf Strukturen mit niedriger Entropie. Eine *verfeinerte* Technik, Grundlage und Voraussetzung qualitativen Wachstums, wird entsprechend viel Investitionskapital an Neg-Entropie, zu bezahlen als Exergie und Geld, kosten. Daran führt kein Weg vorbei. Der erste und der zweite Hauptsatz der Energetik gelten überall, auch in der Ökonomie.[18] Wir müssen also den gewünschten Fortschritt zu einer subtileren Technologie, z. B. zu einer energiebewußten Architektur, zu liebenswürdigen Städten, zu einer vernünftigen Niedertemperaturtechnologie, zu einer wirklich brauchbaren Solartechnologie, zu Hochtemperaturreaktoren mit einem Höchstmaß an Sicherheit, zu einer leistungsfähigen Biotechnologie, zu einem nachhaltigen Bewässerungsfeldbau, zu einer dauerhaften Rehabilitierung forstlicher Ertragsflächen, wir müssen dies alles mit einem hohen initialen Einsatz an Neg-Entropie und damit an Exergie und Geld bezahlen, auch wenn wir willens sind, alsdann in der Nähe des ökonomischen Fließgleichgewichts zu leben. Für die Befriedigung dieses unabweisbaren Stoßbedarfs müßten wir bis zum Jahr 2010 die leicht zugänglichen und billigen fossilen Energieträger – Öl und Erdgas – vorrangig einsetzen. Es gibt keine Alternative. Statt dessen verprassen wir dieses einmalige Kapital.

Um es nochmals zu betonen: Unsere auf Technik und Industrie beruhende Zivilisation wird nur dann überleben können, wenn es uns im Laufe der nächsten Jahrzehnte gelingt, auf erneuerbare oder praktisch unerschöpfliche Ressourcen umzuschalten und die Belastung der Umwelt im Rahmen ihrer Regenerationsfähigkeit zu halten. Dieses *Umschalten* aber wird viel hochwertige Energie – Exergie – kosten, weil rasch und in großer Menge low-entropy-structures erforderlich sind.

Wenn uns billige Exergie nicht mehr zur Verfügung steht, wird es auch bei uns keine qualitativ hochwertige Ökonomie geben, sondern Armut, unerbittliche Armut, mit allen Konsequenzen für Natur und Umwelt, Lebensqualität, medizinische Betreuung und Altersversorgung.

[18] Georgescu-Roegen, N.: Energy and economic myth. New York 1976.

Gewiß zeigt uns die Geschichte, daß Not – neutral formuliert, Ressourcendruck – die Menschen erfinderisch und opferbereit macht. Aber darauf allein dürfen wir nicht mehr spekulieren! Die Umsteuerung auf qualitatives Wachstum – auf eine ökologische Marktwirtschaft – braucht vier Dinge: geistigen Spielraum, die hochkarätige Arbeit kreativer und leistungsbereiter Eliten, Energie und viel Geld. Auf keinen dieser vier Faktoren kann verzichtet werden.

10.9 Regionalisierung

Eine schwierige Frage, die ich nur kurz berühren kann, ist die notwendige Regionalisierung der Welt.[19] Qualitatives Wachstum kann im Ernst nur in Regionen mit weitgehend stationärer Bevölkerung und leistungsfähiger Forschung und Entwicklung eine erfolgversprechende Überlebensstrategie sein. Für jene Regionen der Welt, in denen die Bevölkerungsexplosion ungebremst weitergeht, gibt es auf die Dauer – nach dem Versiegen der leicht zugänglichen fossilen Energiequellen – weder eine Strategie noch eine Hoffnung.

Aber auch beim Blick auf uns, auf unsere Region, überfällt mich Skepsis. Durch die „alternative Wissenschaft" werden Verstand und Sachkenntnis allmählich zu einem negativen Wert umfunktioniert. Damit wird eine für die Zukunftsbewältigung entscheidend wichtige Instanz, die wissenschaftliche Politikberatung, lahmgelegt.[20]

Ich gehe weiter davon aus, daß wir unsere Zukunft nur meistern werden, wenn wir Vernunft walten lassen. Vernunft ist, frei nach Aristoteles, die Kombination von Tugend und Wissen. Vernunft schließt Interessengegensätze und Zielkonflikte nicht aus; Vernunft ist aber dann gefährdet, wenn die Moralisierung von Sachproblemen der Politikfähigkeit durch Konsens enge Grenzen setzt. In dieser Situation droht die politische Paralyse – die Kraft zum konstruktiven Wandel schwindet. In einer unberechenbaren, von Ängsten getriebenen, auch in Sachfragen moralisch polarisierten Stimmungsdemokratie – wie wir sie im Sommer 1986 erlebt haben – wird die Vision vom qualitativen Wachstum zur Illusion.

[19] Mohr, H.: Rahmenbedingungen menschlicher Existenz in unserer Zeit. In: Wandlung von Verantwortung und Werten in unserer Zeit. Seminarbericht der Deutschen Unesco-Kommission Nr. 35. München 1983.

[20] Noelle-Neumann, E.: Der Zweifel am Verstand. FAZ vom 24. 7. 1984, Nr. 161, p. 9.

10.10 Was können wir tun?

Fassen wir zusammen, auf was es ankommt: Die Natur bietet dem Menschen nur kärgliche Existenzbedingungen, eine Tragekapazität von vielleicht 10 Millionen unter den Lebensverhältnissen des Pleistozäns. Die Annahme, was „natürlich" sei, sei für uns auch „gut", ist schrecklich falsch. In Wirklichkeit hat der Mensch seine Geschichte der Natur abgerungen, abgetrotzt. Er hat sich durch Denken und Arbeit aus dieser Natur seine Umwelt geschaffen, von der frühbäuerlichen Kulturlandschaft bis hin zur modernen urbanen Kultur, die eine neue Dimension geistigen Lebens ermöglichte.

Bei dem momentanen Disput um den richtigen Weg in die Zukunft kann es deshalb nicht um ein „Zurück zur Natur" oder um ein „Zurück zur Natur des Menschen" gehen, sondern um den Erhalt der natürlichen Grundlagen eines *kultivierten* menschlichen Lebens.

Diese Grundlagen waren immer gefährdet, seitdem kulturelle Evolution die Natur in Umwelt transformierte. Ökologische Krisen durchziehen die Weltgeschichte seit dem Paläolithikum. Platon hat seinerzeit im Dialog ›Kritias‹ die Zerstörung der Lebensgrundlagen der griechischen Kultur beklagt:

„Einst, als es noch Wälder gab auf den Bergen Attikas, nahm die reichliche Erdschicht das Wasser auf und bewahrte es, so daß die eingesogene Menge sich ganz allmählich von den Höhen aus verteilte und Quellen speiste; aber nun ist die fette und weiche Erde herausgeschwemmt und allein das magere Gerippe des Landes noch vorhanden – gleichsam nur das Knochengerüst eines durch Krankheit geschwächten Leibes."

Unsere heutige Krise ist ernster, weil sie *globale* Dimensionen hat und in den wissenschaftlich-technologisch maßgebenden Regionen die Steuerungskrise mit einer Zielkrise zusammenfällt. Andererseits wissen wir heute sehr viel mehr über die „Gesetze der Natur" und über die „Natur des Menschen": Wissenschaftliches Forschen hat nicht nur unsere Lebenserwartung und unsere Lebensqualität, sondern auch unsere Chancen für eine Überlebensstrategie gewaltig erhöht. Die Frage ist, wie wir unser Wissen und Können nutzen: Ob wir uns treiben lassen, oder ob es uns gelingt, unsere eigene gefährliche Natur durch eine wertorientierte kultivierte Selbstbeherrschung zu bändigen; ob wir unseren hedonistischen Neigungen bis zum Torschluß folgen oder ob wir die sittliche Kraft aufbringen werden, uns für ein *gutes* Leben zu entscheiden und konsequent danach zu handeln.[21] Noch ist es nicht zu spät für ein vernünftiges Handeln, aber es ist höchste Zeit.

[21] Mohr, H.: Qualitatives Wachstum als Überlebensstrategie. Wirtschaftspolitische Mitteilungen 43 (1987), 1–18.

11. BIOETHIK

11.1 Das Prinzip Verantwortung

Dürfen wir in der biologischen Wissenschaft alles tun, was wir innerhalb der Grenzen unserer Leistungsfähigkeit tun könnten? Natürlich kann die Antwort nur lauten, daß wir nicht alles tun dürfen! „Kultur" bedeutet schließlich die Einengung der Verhaltensmöglichlichkeiten des Menschen durch Moral, durch kulturelle Normen. Der Mensch ist der „Neinsagenkönner" unter den Lebewesen (M. Scheler). Die vom Grundgesetz garantierte Freiheit der Wissenschaft wird durch den ebenfalls in der Verfassung festgeschriebenen sittlichen Minimalkonsens, der die Menschenwürde garantiert, eingeschränkt.

Die Bioethik[1] bemüht sich um kulturell angemessene Verhaltensweisen beim Umgang mit Lebewesen in der biologisch-medizinischen Forschung und Praxis (s. S. 2). Dies schließt die Verantwortung für Mensch und Umwelt ein.

Der Philosoph Hans Jonas hat in seinem Buch ›Das Prinzip Verantwortung‹[2] die Maxime begründet, daß wir, wenn begründete Zweifel bestehen, in der heutigen Welt eine Handlung unterlassen müssen. Dem ist entgegenzuhalten, daß nicht nur das Tun, sondern auch das Unterlassen Konsequenzen hat. Angewendet auf die aktuelle Gentechnik: Es genügt nicht, immer und immer wieder zu prüfen, welche (Rest-)Risiken wir eventuell eingehen, wenn wir Gentechnik betreiben; man muß mit derselben Sorgfalt die Frage auf den Prüfstand bringen, welche Versäumnisse wir eingehen, wenn wir auf Gentechnik in der Landwirtschaft oder in der Medizin verzichten. Das „Prinzip Verantwortung", das wohl jeder für moralische Fragen sensitive Naturforscher bejaht, verpflichtet uns demgemäß, *symmetrisch* zu argumentieren, d.h. nach bestem Wissen und Gewissen Vorteile und Risiken eines Vorhabens gegeneinander abzuwägen und entsprechend zu handeln. Die Vorherrschaft der Negativprognosen gibt kein hinreichendes Kriterium für das, was in der Gegenwart verantwortlich zu tun ist.

[1] Mohr, H.: Ethik in der Biologie. In: Lexikon der Biologie (Hrsg. A. Bogenrieder, K.-G. Collatz, H. Kössel, G. Osche). Freiburg i. Br. 1984, 192–195.

[2] Jonas, H.: Das Prinzip Verantwortung. Versuch einer Ethik für die technologische Zivilisation. Frankfurt a. M. 1979.

„Wenn wir immer und unter allen Umständen der Unheilsprophezeiung den Vorrang vor der Heilsprophezeiung einräumen, wie das Hans Jonas fordert, dann führt das zu einem totalen Immobilismus, denn wir durchschauen die Folgewirkungen unserer Handlungen niemals in allen ihren Konsequenzen."[3]

Fast jedes Medikament hat schädliche und oft nicht voll verstandene Nebenwirkungen. Trotzdem hat im großen und ganzen die Entwicklung der Pharmaka bis zum heutigen Tag das Leben der Menschen entscheidend verlängert und von Plagen und Schmerzen befreit.

„Kein Mensch, der bei Sinnen ist, würde sich wünschen, in einem vergangenen Zeitalter gelebt zu haben, außer er wüßte genau, daß er in einer reichen Familie geboren worden wäre, daß er sich einer außerordentlich stabilen Gesundheit erfreut hätte und daß er den Tod der Mehrzahl seiner Kinder in stoischer Ruhe hätte hinnehmen können." (J. H. Plumb)

Die Sichtweise von Hans Jonas erinnert mich an die These von der Legitimierungspflicht der „Innovation" (Hermann Lübbe) gegenüber dem sich durch sein Dasein schon legitimiert habenden „alten Wahren" (Karl Thieme). Diese These, wonach verändernwollendes Handeln sich „legitimieren" muß, nicht aber das Altbewährte, steht im eklatanten Widerspruch zu der Erfahrung, daß es häufig das „alte Wahre" ist, das sich in einer Welt des allmählichen Wandels zu einer Bedrohung entwickelt. Evolutionäre Erkenntnistheorie und Evolutionäre Ethik sprechen eher für die alternative These, daß gerade das „alte Wahre" sich ständig neu vor dem Lauf der Welt legitimieren mußte: Tempora mutantur, nos et mutamur in illis. Ein konkretes Beispiel ist die Erzeugung von Nutzenergie: Die Kernenergie muß sich (mit Recht) ständig legitimieren; die Energieerzeugung mit Hilfe fossiler Brennstoffe gilt hingegen als moralisch „altbewährt", obgleich die sich langsam akkumulierenden Folgelasten eine ungeheure Gefahr darstellen (s. S. 67).

11.2 Bioethik ist keine Sondermoral

Natürlich formuliert die Bioethik keine Sondermoral für den Naturwissenschaftler oder den klinischen Forscher. Es sind dieselben sittlichen Regeln, niedergelegt im Verfassungskonsens und in Recht und Gesetz, die für jedes menschliche Verhalten gelten. Ein Sonderstatus kommt allenfalls dadurch zustande, daß in den modernen gen- und fortpflanzungstechnischen Verfahren und neuerdings auch im Tierversuch

[3] Wild, W.: Die Auswirkungen des grün-alternativen Wissenschaftsverständnisses auf die Forschung. Vortrag auf dem 5. Bildungspolitischen Forum des Bundes Freiheit der Wissenschaft 1985.

eine besondere sittliche Problematik gesehen wird. Die Frage ist, ob dies eine neue „Gen-Ethik“ rechtfertigt!

11.3 Der Tierversuch

Tierversuche nach wissenschaftlichen Methoden unterliegen grundsätzlich dem Grundrechtsschutz der Forschungsfreiheit (Art. 5 Abs. 3 GG). Das geltende Tierschutzgesetz von 1971 erlaubt jedoch – wie schon die Goßlerschen Verordnungen aus dem Jahre 1882 – nur die „unerläßlichen“ Experimente. Obgleich das Grundgesetz eine „Tierwürde“ nicht kennt, könnten vom juristischen Standpunkt aus überflüssige, nicht schonend und nicht sachverständig vorgenommene Tierversuche als „sittenwidrig“ qualifiziert und mit Bezug auf das Sittengesetz verboten werden (Art. 2 Abs. 1 GG). Wer fällt die Entscheidung darüber, welche Tierversuche für die Gewinnung neuer Erkenntnisse – insbesondere in der unumgänglichen Toxikologie – wahrhaft unerläßlich sind? Ohne Zweifel muß dies dem sachverständigen biomedizinischen Forscher vorbehalten bleiben.

> „Da die Vornahme von Tierversuchen eine grundrechtlich geschützte Betätigung darstellt, wäre die Einführung sog. repressiver Verbote mit Erlaubnisvorbehalten (bei denen die Behörden ein Versagungsermessen hätten) verfassungswidrig. Denn in einem solchen Fall wäre ein Grundrechtsgebrauch nur nach Maßgabe exekutiven Ermessens möglich.“[4]

Vermutlich wird niemand dafür eintreten,

> „Forschungsfreiheit so absolut zu setzen, daß prinzipiell jedes Leid von Tieren durch diese Freiheit gerechtfertigt wird. Die biomedizinische Forschung hat bereits vor 1971 damit begonnen, Maßnahmen zu ergreifen, die zur Begrenzung von Schmerzen, Leiden und Schäden bei Tieren führen: durch die Etablierung des Faches Versuchstierkunde, durch eine gründliche Ausbildung für Tierpfleger, Laboranten und tierexperimentell tätige Wissenschaftler, durch Bemühungen um artgerechte Haltung und Versorgung der Labortiere, durch ethische Richtlinien zur Durchführung der Experimente, deren Nichteinhaltung die Verweigerung der Publikation in den Fachzeitschriften nach sich zieht.“[5]

Trotzdem bleibt der Tierversuch ein ethisch umstrittenes Thema. Der Hinweis auf die „Notwendigkeit, tierisches Leben zu opfern, um menschliches Leben zu retten“, ist zu allgemein. Mir scheint, daß die ins

[4] Kloepfer, M.: Juristische Aspekte des Tierversuchs. Freiheit der Wissenschaft, Heft 6 (1985), 10–12.

[5] Diskussionsbeitrag von P. Gutjahr-Löser in: Freiheit der Wissenschaft, Heft 6 (1985), 2.

Detail gehende Formulierungen des Moraltheologen Franz Böckle eher die Auffassungen vieler Biologen zu diesem Thema wiedergeben:

„Tierisches Leben darf nicht geopfert werden zur Befriedigung von ungerechtfertigtem Konsumverhalten in der Nahrungsmittelbeschaffung ... es darf nicht getötet und ausgerottet werden zur Gewinnung von Luxuskleidungsstücken, es darf nicht gequält werden zur Erprobung von Kosmetika, Quälerei in der Tierhaltung zur wettbewerblichen Preissenkung ist unerlaubt ... Es ist zu fragen, ob ein Tierversuch einem Forschungsobjekt dient, das für die medizinische Forschung unerläßlich ist. Es ist abzuwägen, ob ein Versuch an Tieren überhaupt die gewünschten Aufschlüsse für den humanmedizinischen Bereich liefern kann. In der medizinischen Ausbildung ist zu prüfen, ob durch andere Methoden der Vermittlung als den Tierversuch derselbe Lernerfolg erzielt werden kann."[6]

11.4 Gentechnik und Reproduktionsmedizin – eine verunglückte Diskussion

Es ist ein Unglück, daß die ethische Diskussion über die größtenteils noch utopische Gentechnologie bei Pflanzen und Tieren und über Gentherapie beim Menschen mit den *akuten* ethischen Problemen der Intensivmedizin und der Reproduktionsmedizin vermengt wurde. In einem maßgebenden Referat, das Professor Dr. Josef Fuchs SJ von der Päpstlichen Universität Gregoriana am 11.10.1984 vor dem Landeskuratorium Baden-Württemberg des Stifterverbandes für die Deutsche Wissenschaft über Fragen heutiger Bioethik gehalten hat, führte der Referent als hauptsächliche Probleme heutiger Bioethik folgende Bereiche an:

- Töten und Sterbenlassen
- Verfügung über werdendes Leben: Embryo und Fötus
- Probleme der extrakorporalen Befruchtung
- Probleme heutiger Gentechnik.

Damit sind sehr verschiedenartige Themen angesprochen, die man weder in der Sache noch ihrer ethischen Dimension nach in einen unmittelbaren Zusammenhang bringen sollte.

Unter Gentechnik[7] versteht man Verfahren zur Isolierung genetischen Materials, zur Bildung neuer Genkombinationen sowie zur Wiedereinführung und Vermehrung dieser Kombinationen in eine neue, eventuell unnatürliche Umgebung. Ein Beispiel wäre die Einführung

[6] Böckle, F.: Das Tier als Gabe und Aufgabe. In: Tierschutz (Hrsg. U. Händel). Frankfurt a. M. 1984.

[7] Klingmüller, W.: Genetik und Gentechnologie. Stand und Aussichten. Naturwiss. Rundschau 38 (1985), 83–91.

des menschlichen Insulingens in ein Bakterium (s. S. 163). Etwas anderes sind die neuen Verfahren der Reproduktionstechnik, die über eine extrakorporale Befruchtung schließlich zu einem Kind führen (s. S. 159). Diese innovativen Methoden, die mit Begriffen wie „Retortenbaby“ oder „Leihmutter“ für Schlagzeilen sorgen, haben zunächst nichts mit Gentechnik zu tun. Sie können allenfalls als Voraussetzungen künftiger Gentechnologie an menschlichen Keimzellen angesehen werden.

Eine weitere Belastung für die bioethische Diskussion ergab sich aus dem Umstand, daß sie von Anfang an durch eine Bewußtseinsspaltung gegenüber dem menschlichen Leben gekennzeichnet war. Juristen und Theologen diskutieren mit Scharfsinn und Eifer über Sterbehilfe, extrakorporale Befruchtung und über die *imaginären* Probleme einer Gentechnologie am Menschen,[8] ohne sich von der Tatsache beirren zu lassen, daß in unserem Land pro Jahr mehr als 200000 *legale* Abtreibungen vorgenommen werden. Die meisten dieser Abtreibungen („soziale Indikation“) bedeuten die absichtliche Tötung eines *genetisch gesunden* Menschen in seiner vorgeburtlichen Zeit.[9] Nach heute geltendem Recht steht es in der Bundesrepublik jeder Schwangeren frei, innerhalb von 22 Wochen seit der Empfängnis die Abtreibung an sich vornehmen zu lassen, sofern sie nur einen Arzt findet, der bei ihr eine Indikation zur Abtreibung feststellt. Etwa 80% der gemeldeten Schwangerschaftsabbrüche erfolgen aufgrund der „sozialen Indikation“, für die „die ärztliche Erkenntnis“ eines jeden beliebigen Einzelarztes genügt.[10] Es erscheint unvorstellbar, daß in unserem Land tatsächlich soziale Not der Grund für die Abtreibungen aufgrund „sozialer Indikation“ sein soll. Die eigentliche Ursache für die derzeitige Abtreibungspraxis liegt darin, daß die Tötung eines Menschen in seiner vorgeburtlichen Zeit von maßgebenden Kräften in unserer Gesellschaft als ethisch unerheblich angesehen wird. Für den Biologen hingegen ist die Abtreibung eine Notlösung, die ultima ratio, bei einer entsprechend gelagerten medizinischen, eugenischen oder kriminologischen Indikation. Geburtenkontrolle, eine weltweit vordringliche Aufgabe (s. S. 140), kann ethisch nur *Konzeptions*kontrolle bedeuten.

Gewiß, ein moralisches Problem – die derzeitige Abtreibungspraxis – sollte nicht gegen ein anderes, die Gentechnologie, ausgespielt werden; ich

[8] Eser, A.: Recht und Humangenetik. Juristische Überlegungen zum Umgang mit menschlichem Erbgut. In: Die Verführung durch das Machbare (Hrsg. P. Koslowski, Ph. Kreuzer, R. Löw). Stuttgart 1983.

[9] Raettig, H.-J., K.-P. Schuchmann: Ich schwöre und bekenne ... Gedanken zum Eid des Hippokrates. Umschau in Wiss. und Technik 86 (1986), 391–396.

[10] Ebd.

wende mich aber dagegen, daß die vehemente Debatte um einen Popanz („Genmanipulation") darauf hinsteuert, die überragenden wissenschaftlichen Leistungen der modernen Genetik in Mißkredit zu bringen und gleichzeitig von den akuten moralischen Problemen abzulenken.

In einem, im übrigen sorgfältig formulierten, Antrag der CDU-Fraktion an den Landtag von Baden-Württemberg vom 15. 2. 86 heißt es beispielsweise unbefangen: „Genetische Experimente dürfen Leben, Gesundheit, Menschenwürde und die personale Integrität des Menschen weder verletzen noch gefährden" – als ob die *Tötung* ungeborenen Lebens nicht längst legalisiert wäre. Und weiter: „Menschliches Leben ist für Untersuchungen verfügbar und könnte in absehbarer Zeit sogar manipuliert werden." Man fragt sich, warum man einen weit entwikkelten Fötus zwar abtöten, aber nicht an vier- oder achtzelligen Präembryonen mit der Zielsetzung forschen darf, den Embryotransfer bei der extrakorporalen Befruchtung effizienter zu gestalten.[11]

11.5 Die extrakorporale Befruchtung[12]

Diese Fortpflanzungstechnik, die mit Gentechnik nichts zu tun hat, gibt seit einigen Jahren kinderlosen Ehepaaren die Chance, ein eigenes Kind zu haben (Geburt des ersten extrakorporal gezeugten Kindes 1978 in England). Das bereits „klassische" Beispiel sind Eheleute, bei denen auf seiten der Frau eine eileiterbedingte Sterilität vorliegt, die anders nicht zu umgehen ist, während beim Mann Zeugungsfähigkeit besteht und beide Ehepartner den dringenden Wunsch nach einem eigenen Kind haben. Der physiologische Vorgang der Befruchtung und der ersten Zellteilungen wird dabei für eine relativ kurze Zeit in ein künstliches Milieu verlegt („Retorte" oder „Reagenzglas"). Während dieser Zeitspanne besteht also kein Kontakt zwischen dem weiblichen Organismus und dem Keim. Die problemlose Übertragung des (Prä-)Embryos in die Gebärmutter („Embryotransfer") erfolgt im Vierzellstadium. Um die Erfolgsaussichten zu erhöhen, werden in der Regel mehrere Embryonen gleichzeitig transferiert – mit dem Risiko einer Mehrlingsschwangerschaft.

Bei der ethischen Diskussion über extrakorporale Befruchtung kommt es wesentlich auf die Begriffe Embryo und Fötus an. Von einem Fötus spricht man beim Menschen, wenn die Leibesfrucht älter als acht

[11] Zell, R. A.: Stoppt die Forschung. Der Streit um die Versuche an menschlichen Embryonen. Bild der Wissenschaft, Juli 1986, 38–57.
[12] Ebd.

Wochen ist, vom Zeitpunkt der Befruchtung an gerechnet. Vorher handelt es sich um einen Embryo. Allerdings wird aus dem Gewebe, das sich innerhalb der ersten zwei Wochen aus der Zygote bildet, zum großen Teil extraembryonales Zellmaterial, das gar nicht in die Entwicklung einmündet, sondern als Nachgeburt erscheint. Der Embryo im engeren Sinne existiert somit erst nach etwa zwei Wochen (das Stadium bis zu diesem Zeitpunkt bezeichnet man neuerdings als „Präembryo"), und zwar nach Ausbildung des Primitivstreifens.

Inzwischen sind in der Bundesrepublik bereits mehrere hundert im Reagenzglas gezeugte Kinder geboren worden. Dreihunderttausend kinderlose Paare hoffen durch diese Methode zu einem eigenen Kind zu kommen. Trotzdem hat sich die deutsche Bischofskonferenz auch im Herbst 1985 noch nicht zu einer positiven Bewertung der homologen extrakorporalen Befruchtung für Eheleute entschließen können. Man befürchte, daß das „ganzheitliche Ja" der Eheleute zum Kind durch die Trennung von ehelicher Begegnung und Zeugung auseinandergerissen werde. Die Einwände aus kirchlicher Sicht beziehen sich auf das christliche Sittengesetz („Naturrecht", s. S. 70) und liegen deshalb außerhalb einer säkularen „Bürgerethik" im weltanschauungsfreien Staat.

Die ›Richtlinien der Bundesärztekammer zur Forschung an frühen menschlichen Embryonen‹ (veröffentlicht im Deutschen Ärzteblatt vom 13. 12. 85) sind ein „Spiegelbild des Pluralismus unserer Wertvorstellungen". Selbst bei der Frage, ob es zu vertreten sei, nicht nur an überzähligen menschlichen (Prä-)Embryonen zu forschen, sondern Embryonen speziell für wissenschaftliche Zwecke zu erzeugen, konnte kein Konsens erzielt werden. Man rang sich nur zu einem „grundsätzlichen", aber nicht in jedem Fall gültigen Verbot durch.

Die „Richtlinien" (wir folgen der Zusammenfassung durch Wandtner 1986)[13] lassen die kontroversen Standpunkte der Kommissionsmitglieder (Kommission des Wissenschaftlichen Beirats der Bundesärztekammer) erkennen. Um so mehr sind sie ein Werk, das Verantwortungsgefühl und Kompromißbereitschaft unter den Forschern dokumentiert.

In den Richtlinien der Bundesärztekammer werden bestimmte Forschungen an frühen menschlichen Embryonen (Präembryonen, s. oben) gebilligt, wenn sie dem medizinischen Fortschritt dienen und damit einen Nutzen für die Allgemeinheit bringen. Genannt werden dabei vor allem die Entwicklung und Verbesserung von Verfahren zur Behandlung der Unfruchtbarkeit, insbesondere zur Verbesserung der Reagenzglasbefruchtung und des Embryonentransfers. Auch das Erkennen und

[13] Wandtner, R.: Forschung an frühen menschlichen Keimen nach wie vor ethisch umstritten. FAZ vom 29. 1. 86, Nr. 24, p. 30.

Verhindern anlagebedingter und erworbener Krankheiten oder Fehlbildungen gilt als solches Forschungsziel. Untersuchungen, die der Verbesserung der Lebensbedingungen des jeweiligen Embryos und gleichzeitig der wissenschaftlichen Erkenntnis dienen, sind demnach ärztlich vertretbar. Nutzen und Risiko müssen aber sorgfältig abgewogen sein. Niemand dürfe gezwungen werden, heißt es weiter, an Forschungen mit lebenden menschlichen Embryonen teilzunehmen.

Auch die Empfehlung der britischen Warnock-Kommission zielt darauf ab, Experimente an menschlichen Keimen nur bis zu einem Zeitpunkt 14 Tage nach der Befruchtung zu gestatten. Sir Andrew Huxley, der berühmte britische Physiologe, gab allerdings zu bedenken, ob es nicht zweckmäßiger wäre, statt einer zeitlichen Limitierung eine Begrenzung nach dem aktuellen Entwicklungsstand ins Auge zu fassen. Er begründet diese Ansicht damit, daß Keime in Kultur mitunter wesentlich langsamer wachsen als Keime in natürlicher Umgebung. Hiernach wäre ein Experimentieren auch später als 14 Tage erlaubt und gerechtfertigt.

Forschungen an menschlichen Embryonen sieht man in den Richtlinien der Bundesärztekammer als unzulässig an, wenn sie durch Tierversuche ersetzt werden können, nicht einen „unmittelbaren oder mittelbaren klinischen Nutzen" bei Vorbeugung, Diagnose und Behandlung zum Ziel haben oder „nicht einem hohen wissenschaftlichen und methodischen Standard entsprechen". Voraussetzung für solche Forschungen ist die Einwilligung der genetischen Eltern. Die Keime dürfen außerdem nur so lange im Reagenzglas kultiviert werden, bis sie den natürlicherweise nach zwei Wochen erreichten Entwicklungsstand haben. Ferner ist es nicht gestattet, sie „routinemäßig oder serienmäßig" zu Prüfverfahren – etwa für Arzneimitteltests – zu verwenden.

Als unzulässig gilt die künstliche Mehrlingsbildung (Klonierung), die Vereinigung mehrerer Embryonen zu sogenannten Chimären sowie die Erzeugung von Mischwesen aus Mensch und Tier (Hybriden). Nicht davon betroffen sind Untersuchungen über die Vitalität und Chromosomenstruktur menschlicher Spermien, bei denen man diese in tierische Eizellen eindringen läßt. Eine Befruchtung und somit eine Bildung von Hybriden ist dabei ausgeschlossen. Aus dieser Liste ethisch nicht vertretbarer Untersuchungen dürfe aber nicht gefolgert werden, daß andere, nicht ausdrücklich genannte Forschungen ethisch gerechtfertigt seien.

Verstöße gegen die Richtlinien sollen berufsrechtlich geahndet werden. Forscher, die sich nicht an die Vorgaben halten, sollen keine Förderung mehr erhalten. Sie müssen unter anderem auch damit rechnen, daß wissenschaftliche Zeitschriften eine Publikation der Ergebnisse ablehnen. Jedes Forschungsvorhaben muß demnach der örtlichen

Ethikkommission – etwa an der Hochschule – vorgetragen werden. Sie entscheidet dann nach Beratung mit der Ethik-Zentralkommission des Wissenschaftlichen Beirates der Bundesärztekammer darüber, ob das Vorhaben gebilligt wird. Diese auf die freiwillige Selbstbeschränkung des Wissenschaftlers zielenden Regelungen werden getragen von allen an der Kommission beteiligten Fachgesellschaften, den Forschungsinstituten und Forschungsförderinstitutionen, der Arbeitsgruppe medizinischer Ethik-Kommissionen, vom Wissenschaftlichen Beirat der Bundesärztekammer und von der Bundesärztekammer selbst.

Ich habe diese Fallstudie ausführlich dargestellt, weil sie das ethische Engagement der betroffenen Standesorganisation dokumentiert. Entsprechend haben die Molekularbiologen schon früh und sensitiv (Asilomar Conference 1975, NIH Recombinant DNA Advisory Committee) auf bioethische Probleme ihrer Disziplin reagiert und Selbstbeschränkungen in der Forschung ins Auge gefaßt.[14] Beispielsweise verzichtet man auf genetische Eingriffe in die Keimzellen des Menschen, obgleich bei Mäusen die Einführung fremder Gene in die Keimbahn und die völlige Heilung von β-Thalassämie (einer erblichen Erkrankung der roten Blutzellen) bereits gelungen ist („transgene Mäuse")[15].

11.6 Gentherapie

Die in den 70er Jahren entwickelten Methoden, einzelne Gene zu isolieren, und der Nachweis der Universalität des genetischen Code machen Gentechnik im Prinzip möglich, falls es gelingt, Gene von außen in Zellen einzuschleusen.

Der genetische Eingriff in die Keimzellen des Menschen gilt, wie gesagt, weltweit als Tabu. In zahlreichen Laboratorien bemüht man sich aber, Gene in bestimmte *Körper*zellen des Menschen einzuschleusen. Man hofft, durch diese *somatische* Gentherapie genetische Defekte korrigieren und Kranke mit bestimmten Erbleiden heilen zu können. Obgleich sich die einschlägigen Untersuchungen sehr viel schwieriger gestalten als man ursprünglich aufgrund der Erfahrungen mit Zellkulturen

[14] Eine knappe Zusammenfassung der Gesichtspunkte, die seinerzeit zu der Asilomar Conference on recombinant DNA geführt haben, findet sich in H. Mohr ›Structure and Significance of Science‹, Kapitel 11 (The Ethics of Science). New York 1977.

Tangley, L.: New Biology enters a new era. Bioscience 35 (1985), 270–275.

[15] Marx, J. L.: Making mutant mice by gene transfer. Science 228 (1985), 1516–1517.

angenommen hatte[16] – die transplantierten Gene „verstummen“ häufig im Organismus –, kann man davon ausgehen, daß über kurz oder lang eine somatische Gentherapie technisch zumindest in Einzelfällen (Heilung erbdefekter Lymphocyten) möglich sein wird. Eine solche Hoffnung besteht bislang im Ernst nur bei solchen Erbkrankheiten, die auf dem Fehlen eines einzigen funktionsfähigen Gens beruhen. Bioethisch erscheint diese Art von Gentherapie ähnlich problemlos (oder problematisch) wie Therapie schlechthin.

11.7 Gentechnisch erzeugte Hormone für die Therapie[17]

Insulin, ein Peptidhormon, wurde als erstes menschliches Hormon gentechnisch über Bakterien, denen das Insulingen eingepflanzt worden war, hergestellt. Es ersetzt den bisher mühsam aus Rinder- und Schweinepankreas isolierten artfremden (und damit antigenaktiven) Wirkstoff bei der Therapie der wichtigsten endokrinologischen Erkrankung des Menschen, dem Diabetes mellitus. Als zweites gentechnisch hergestelltes Arzneimittel ist kürzlich in England und in den USA das Wachstumshormon (Somatotropin) auf den Markt gekommen. Das Somatotropin ist ein einkettiges, aus 190 Aminosäuren aufgebautes Protein. Es wird in der Hirnanhangsdrüse (Hypophyse) gebildet. Die Aminosäuresequenz des Somatotropins ist in besonders hohem Maße artspezifisch. Deshalb sind Präparate aus tierischen Hypophysen (Rind, Schwein) beim Menschen nur wenig wirksam und können therapeutisch nicht verwendet werden. Bei einer Verminderung des Somatotropins im menschlichen Organismus kommt es zum hypophysären Zwergwuchs. Eine Therapie ist nur mit menschlichem Somatotropin möglich. Wegen der Schwierigkeit, menschliches Wachstumshormon aus Leichen zu gewinnen, war die Anwendung bislang sehr begrenzt. Hinzu kam die begründete Befürchtung, daß die aus der Hypophyse Verstorbener gewonnenen Hormonpräparate mit einem tödlichen, Erkrankungen des Gehirns verursachenden Virus verunreinigt sein könnten.[18] Bei dem nun in Bakterien synthetisierten Somatotropin kann dies ausgeschlossen werden.

Die bisher zur Verfügung stehenden Mengen des natürlichen Hormons reichten nur für die Behandlung von ausgeprägtem Zwergwuchs

[16] Hobom, B.: Gentherapie schwieriger als vermutet. FAZ vom 16.7.86, Nr. 161, p. 25.

[17] Klingmüller, W.: Genetik und Gentechnologie. Stand und Aussichten. Naturwiss. Rundschau 38 (1985), 83–91.

[18] Norman, C.: Virus scare halts hormone research. Science 228 (1985), 1176–1177.

aus. Jetzt erhebt sich die Frage, welche Kinder darüber hinaus das gentechnisch gewonnene Somatotropin erhalten sollen. Die Antwort ist nicht so einfach, wie es zunächst erscheint, weil man zweifellos damit rechnen muß, daß Eltern das Wachstum ihrer Kinder manipulieren möchten, im Interesse der Kinder natürlich.

Hier stellt sich wiederum die Frage, ob es moralische (naturrechtliche?) Gründe gibt, den Eltern diesen Wunsch abzuschlagen. Gibt es in einer säkularen, pluralistischen Gesellschaft irgendeinen Anlaß, medizinische Behandlung auf „Therapie von Krankheit" einzuschränken? Erscheint uns die „kosmetische" Behandlung mit Somatotropin (oder mit Sexualhormonen oder mit Frischzellen) vielleicht nur deshalb unmoralisch, weil sie neuartig ist?

In einer säkularen, pluralistischen Welt mit multiplen Visionen eines *guten* Lebens finden diese Fragen keine definitive Antwort (vgl. S. 89). Entscheidend ist, daß wir unsere Ziele innerhalb des sittlichen Minimalkonsenses verfolgen und die Möglichkeiten der Technik und des Sozialstaats nicht dafür verwenden, unser Leben *auf Kosten anderer* – z. B. auf Kosten ungeborener Kinder – angenehm zu gestalten.

11.8 Gentechnik in der Pflanzenzüchtung

Man sagt, die Pflanzenzüchtung sei das potentiell breiteste Anwendungsgebiet der Gentechnik. Was hat sich durch „Gentechnik" in der Züchtung eigentlich geändert?

Der Mensch hat seit der „Erfindung" der Landwirtschaft im Neolithikum (vgl. S. 92) die Erbeigenschaften von Pflanzen und Tieren nach seinen Bedürfnissen und Wünschen modifiziert.[19] Die dabei verwendete Strategie war die Auslese („Züchtung") geeigneter Individuen und Sippen, insbesondere die absichtliche innerartliche und – seltene – zwischenartliche Kreuzung und die Selektion der Nachkommen. Auf diese Weise entstanden Kulturpflanzen – vom Menschen angebaute und der Auslese oder Züchtung unterworfene Pflanzenarten – und entsprechende Haustiere. Der Pflanzenbau (Anbau, Pflege und Vermehrung von Kulturpflanzen) stellt seit dem Neolithikum die Grundlage der menschlichen Nahrungsmittelversorgung dar. Es werden entweder unmittelbar über die von der Pflanze gebildeten Ertragsteile Nahrungsmittel erzeugt oder aber organisches Material, das als Futter die Viehhaltung ermöglicht und damit die Produktion von Nahrungsmitteln tierischer Herkunft

[19] Mohr, H.: Pflanze. In: Wörterbuch der ökologischen Ethik (Hrsg. B. Stoeckle). Freiburg i. Br. 1986.

erlaubt. Nur ein geringer Anteil der Nahrungsmittelversorgung geht heute noch auf die Quellen unserer Sammler- und Jägervorfahren zurück (z.B. Fischfang). Auch die Ernährung der domestizierten Tiere erfolgt heute vorrangig über den Pflanzenbau. Neben Nahrungsmitteln beziehen wir auch technisch nutzbare Stoffe von der Pflanze. Hierzu gehören Holz, Fasern, technische Öle, Naturkautschuk. Sekundäre Pflanzenstoffe (z.B. Alkaloide) haben eine besondere Bedeutung für den Menschen, vor allem die in der Heilkunde oder als Genußmittel gebräuchlichen Drogeninhaltsstoffe. Von den rund 500000 Pflanzenarten, die gegenwärtig die Lebensräume der Erde bevölkern, werden durch den Menschen vielleicht 20000 in irgendeiner Weise genutzt (Nutzpflanzen). Aber davon haben allenfalls 120 Arten mehr als nur lokale Bedeutung erlangt. Die eigentlichen Feldfrüchte der Ackerbauern stammen von ein paar Dutzend Arten ab (Getreidearten, Hülsenfrüchte, Knollen- und Rübenpflanzen). Derzeit liefern uns die Zuchtsorten von weniger als einem Dutzend Kulturpflanzen mehr als 90% des pflanzlichen Ertragsguts. Die „Sieben Säulen“, auf denen die Versorgung der Menschheit (derzeit 5 Milliarden Menschen, s. S. 91) hauptsächlich beruht, sind: Weizen, Reis, Mais, Kartoffel, Batate und Yam, Zuckerrohr und Zuckerrübe, Soja. Nur ständige Züchtung gewährleistet die notwendige Produktivität der Hochleistungssorten.

Der Ertrag einer Nutzpflanze hängt einerseits von der verwendeten Sorte, also einem Produkt der Pflanzenzüchtung, andererseits von den Anbaubedingungen ab. Beim Brotweizen (Triticum aestivum) stammen die ersten verläßlichen Angaben über die Hektarerträge in Mitteleuropa vom Ende des 18. Jahrhunderts.[20] Man erntete etwa 7 dt pro ha und Jahr. Um 1850 lagen die durchschnittlichen Hektarerträge bei 16 dt, um 1900 bei 20–25 dt. Diese Ertragssteigerungen waren fast ausschließlich auf neue Erkenntnisse und Verfahren im Pflanzenbau zurückzuführen. Zunächst kam der konsequent durchgeführte Fruchtwechsel unter Einschaltung stickstoffbindender Leguminosen ins Spiel; den entscheidenden Fortschritt brachte die mineralische Düngung. Der Beitrag der Züchtung im 19. Jahrhundert beschränkt sich auf die Auslese im vorhandenen Material und war sicher bescheiden. Dies änderte sich mit der Wiederentdeckung der Mendelschen Gesetze (um 1900), deren Beachtung eine Neukombination der Gene durch Kreuzung ermöglichte. Die weitere Ertragssteigerung im 20. Jahrhundert geht im wesentlichen auf wissenschaftlich fundierte Züchtung zurück. 1983 betrug der Durch-

[20] Straub, J.: Aus der Geschichte des Kaiser-Wilhelm-/Max-Planck-Instituts für Züchtungsforschung. In: Max-Planck-Gesellschaft, Berichte und Mitteilungen 2/86, 11–36.

schnittsertrag beim Brotweizen in der Bundesrepublik 55 dt/ha. Vom genetischen Potential der Hochleistungssorten her sind bei entsprechenden Anbaubedingungen über 100 dt/ha möglich.

Die gegenwärtige Situation der Landwirtschaft in der EG läßt es geraten erscheinen, das Zuchtziel bei landwirtschaftlichen Kulturen mehr auf Ertragsstabilität als weiterhin überwiegend auf Ertragssteigerung zu legen. Der Krankheits- und Streßresistenz sowie einer optimalen Ausnützung von Bodennährstoffen und Wasser gilt derzeit das besondere Interesse. In diesem Zusammenhang wird die Anwendung molekulargenetischer Techniken für die Genübertragung zwischen Pflanzen besonders wichtig. Die moderne Gentechnik öffnet neue Wege, unabhängig von der Sexualität Erbeigenschaften in Form einzelner Gene (DNA) von einem Organismus auf einen anderen zu übertragen. An die Stelle der klassischen Kreuzung tritt der Gentransfer mit Hilfe geeigneter Genfähren. Ein System dieser Art ist von der Natur bereits „erfunden" worden: das Ti-Plasmid des Bodenbakteriums *Agrobacterium tumefaciens.*[21]

Der eigentliche Vorteil der Gentransfertechnik – als Alternative zur Kreuzung – liegt darin, daß man einzelne Gene übertragen kann. Wenn man eine züchterisch schon weitgehend optimierte Kulturpflanze weiter verbessern will, geht es darum, einzelne Merkmale zu verändern, ohne die restlichen wertvollen Eigenschaften der Pflanze zu verändern. Als Beispiel: Die Gene für die hohe Krankheitsresistenz einer Wildpflanze sollen auf eine Kulturpflanze übertragen werden, unter Beibehaltung aller anderen Gene der Kulturpflanze. Bei der konventionellen Kreuzung ist dies sehr schwierig. Denn bei der Befruchtung werden nicht nur die wenigen „nützlichen" Gene der Wildpflanze mit dem Erbgut der Kulturpflanze vereinigt, sondern unzählige andere Gene auch. Es bedarf deshalb jahrelanger Anzucht und Auslese, um – vielleicht – eine Pflanze mit der gewünschten Merkmalskombination zu isolieren. Deswegen ist man an Verfahren zur Einführung einzelner Gene ins Erbgut einer Pflanze so sehr interessiert. Hier liegt derzeit der Schwerpunkt der Gentechnik bei Pflanzen.

Die Gentechnik ist keineswegs ein etabliertes Verfahren. Vielmehr ist sie Tag für Tag auf die Fortschritte der Grundlagenforschung angewiesen. Ein Beispiel: Auch in dem Fall, wo sich eine gewünschte Erbeigenschaft tatsächlich auf *ein* Gen festlegen läßt und der Gentransfer

[21] Eine vorzügliche Einführung in das Gebiet bietet die Selbstdarstellung des Max-Planck-Instituts für Züchtungsforschung (Erwin-Baur-Institut) in: Max-Planck-Gesellschaft – Berichte und Mitteilungen, 2/86, Teil 2: Forschungsgebiete.

mit Hilfe einer „Genfähre" gelingt, besteht noch lange keine Erfolgsgarantie. Das Hinzufügen eines Gens zu einem geschlossenen Genverbund bedeutet nämlich noch nicht, daß dieser Verbund weiterhin wie bisher funktioniert, einschließlich der hinzugefügten Eigenschaft. Es bestehen vielmehr Wechselbeziehungen zwischen den einzelnen Genen, die durch den Einbau eines zusätzlichen Gens in den Verbund empfindlich gestört werden können. Dies gilt um so mehr, als der Gentechniker mit den bisherigen Verfahren nicht „zielen" kann. Damit ist gemeint, daß er nicht bestimmen kann, an welcher Stelle im Erbmaterial das neue Gen eingebaut wird.

Ein weiteres Problem: Strukturgene, die gentechnisch übertragen werden, sind lediglich ein Stück „Hardware". Der sogenannte Promotor des Gens, ebenfalls eine DNA-Sequenz, entscheidet darüber, wann und unter welchen Bedingungen das Gen seine Information abgeben kann. Der Promotor, nicht das Strukturgen, reagiert auf die intrazellulären Signale, die das Gen an- und abschalten. Es ist verständlich, daß sich derzeit die Grundlagenforschung auf die Promotoren, die Signalsequenzen und auf die intrazellulären Signale konzentriert. Gentransfer ist nur dann eine sinnvolle Technik, wenn gewährleistet ist, daß das transferierte Gen in den richtigen Zellen und zum richtigen Zeitpunkt der Entwicklung der Pflanze eingeschaltet wird. Wir haben bereits bei der Besprechung der Gentherapie (s. S. 163) darauf hingewiesen. Hier wie dort besteht die entscheidende Schwierigkeit darin, daß die transplantierten Gene *im Organismus* häufig „verstummen", obgleich sie in der Zellkultur funktionieren. Da die Erforschung der Promotoren und der intrazellulären Signale, auf die sie ansprechen, eher ein Forschungsprogramm als ein abgeschlossenes Wissensgebiet ist, sind die Erwartungen der Pflanzenzüchter in die Gentechnik noch eng begrenzt. Als aussichtsreiche Ziele gelten:

(1) Ertragreiche Sorten zu züchten, die gegen toxikologisch und ökologisch unbedenkliche (Breitband-)Herbizide resistent sind.

(2) Stabile Sorten zu gewinnen, die gegen Viren, Bakterien und Pilze resistent sind, zum Beispiel Zuckerrübensorten, die nicht mehr von der gefürchteten Viruskrankheit „Rhizomania" befallen werden.

(3) Qualitätsverbesserungen, wie höhere biologische Wertigkeit pflanzlichen Proteins, bessere Backfähigkeit beim Weizenmehl oder bessere Frost- und Trockenheitsresistenz, zu erreichen.

Vor der Hoffnung auf schnelle Erfolge wird gewarnt! Wer glaubt, Gentechnik könne das Hungerproblem in der heutigen Welt lösen oder die Folgen der Bevölkerungsexplosion (s. S. 140) mildern, ist ein Utopist. Andererseits ist die Gentechnik eine der wenigen Chancen, Pflanzen derart zu „manipulieren", daß sie uns mit einem „Minimum an Chemie" und Energieeinsatz ernähren. Die Befürchtung – besonders erfolgreich von dem Philosophen Hans Jonas unter die Leute gebracht[22] –, daß freigesetzte genetische Konstrukte sich verselbständigen, ihrem eigenen vom Menschen geplanten Auftrag entkommen und Laufbahnen einschlagen, die das ökologische Gleichgewicht empfindlich stören, wurde seit der Asilomar-Konferenz (1975)[23] immer wieder von kompetenten Forschern in Betracht gezogen. Das größte Problem wird darin gesehen, daß über normale Sexualität ein Gentransfer von der manipulierten Kulturpflanze auf ein nahe verwandtes Unkraut erfolgen könnte.[24] Es gibt – nach allem, was wir inzwischen gelernt haben – jedoch keinen Grund, diese Befürchtungen zu dramatisieren. Es ist extrem unwahrscheinlich, daß gentechnisch manipulierte Pflanzen Schwierigkeiten verursachen werden, die über jene hinausgehen, die man von den klassischen Kulturpflanzen her kennt. Im Fall der Gentechnik bei Kulturpflanzen wirkt das „Akzeptanzproblem" gekünstelt. Und die angestrebte „Erhaltung naturgemäßen pflanzlichen und tierischen Lebens"[25] wird von der ungeheuren Vermehrung des Menschen weit mehr bedroht als vom Fortschritt der Wissenschaft.

11.9 Braucht die Biologie eine neue Gen-Ethik?

Die Frage wird von den (meisten) Fachleuten verneint.[26,27] Die Prinzipien für die sittliche Bewertung gentechnischer und fortpflanzungstechnischer Maßnahmen bilden keine „Sondermoral" für den Naturforscher. Es sind dieselben ethischen Regeln, die für jedes menschliche Verhalten in einer säkularen, pluralistischen Gesellschaft gelten. Insofern brauchen Genetik und Gentechnik keine eigene „Gen-Ethik", und die bioethischen Überlegungen münden ein in die Reflexion über Sittlichkeit schlechthin. Die verantwortungsvolle Aufgabe des mit der

[22] Jonas, H.: Das Prinzip Verantwortung. Versuch einer Ethik für die technologische Zivilisation. Frankfurt a. M. 1979.

[23] Vgl. Anm. 14.

[24] Hauptli, H., N. Newell, R. M. Goodman: Genetically engineered plants: environmental issues. Bio/Technology 3 (1985), 437–442.

[25] Jonas, H.: a. a. O.

[26] Gründel, J.: Sittliche Bewertung gen- und fortpflanzungstechnischer Eingriffe. Bio Engineering 2 (1986), 45–49.

[27] Hofschneider, P. H.: Eingriff in die Erbsubstanz. Aspekte, Fakten, Thesen. In: Die Verführung durch das Machbare (Hrsg. P. Koslowski, Ph. Kreuzer, R. Löw). Stuttgart 1983.

Sache vertrauten Fachmanns bleibt es hingegen, die *Folgen* der jeweiligen Gentechnik nüchtern und symmetrisch zu bedenken. Dies bedeutet – wie bei jeder Anwendung von Erkenntnis –, nach bestem Wissen und Gewissen und unbeirrt von äußeren Rücksichten Vorteile und Risiken eines Vorhabens gegeneinander abzuwägen.

11.10 Artenschutz

Der Mensch ist eine Naturkatastrophe. Seit dem Pleistozän greift der Homo sapiens in die Naturzusammenhänge ein, dezimiert und vernichtet Arten, ändert oder zerstört Biotope, um Platz zu schaffen für den Menschen und seine Kultur.[28] *Das Kardinalproblem heute ist die Zahl der Menschen.* Aus den vielleicht zehn Millionen Altsteinzeitlern sind fast schon zehn Milliarden Zeitgenossen geworden, die keinen Winkel der Natur auf unserem Planeten unberührt lassen können, weil sie überleben wollen (s. S. 140). Seit der neolithischen grünen Revolution (Entstehung von Agrikultur) wurden zugunsten von Kulturpflanzen und Nutztieren die Wildarten zurückgedrängt.[29] Aus der Naturlandschaft entstand die (zunächst bäuerliche) Kulturlandschaft, aus den natürlichen (mehr oder minder selbstregulierenden) Ökosystemen entstanden weltweit die vom Menschen bestimmten (anthropogenen) Ökosysteme. Diese Entwicklung ist irreversibel. Solange der Mensch um das Überleben ringt, ist Artenschutz eine Illusion. *Aktiver* Artenschutz – der Versuch, Arten *um ihrer selbst* und nicht wegen ihres materiellen, ästhetischen oder emotionalen Nutzens für den Menschen zu erhalten – ist ein Phänomen der Überflußgesellschaft. So paradox es manchem vorkommen mag: Erst die Industriegesellschaft kann sich uneigennützigen Artenschutz leisten! Der eigennützige Artenschutz – man konserviert potentielle Nutzpflanzen in lebenden Bibliotheken und Genbanken – hat zwar moralisch einen anderen Rang, aber er kann im Endeffekt natürlich auch dazu beitragen, daß gefährdete Arten erhalten bleiben. Auch der eigennützige Artenschutz erfordert hohe Investitionen und einen Pegel an wissenschaftlichem Know-how, der nur in den Industrieländern zur Verfügung steht. Sollten auch sie, etwa infolge Energieman-

[28] Die immer wieder beschworene „ungebrochene Naturverbundenheit der Jäger und Sammler" (U. Kattmann, Luth. Monatshefte 17, Heft 8 [1978], 468–472) ist eine nostalgische Illusion. Zweifellos aber hat mit der „Erfindung" von Agrikultur im Neolithikum der Eingriff des Menschen in die natürlichen Ökosysteme eine neue Dimension erreicht.

[29] Ebd.

gels, in Armut zurückfallen, wird es weder Arten- noch Umweltschutz mehr geben.

Viele von uns halten den aktiven Arten- (und Umwelt-)schutz unreflektiert für etwas Gutes. Die Frage ist, ob und gegebenenfalls wie sich diese Einstellung ethisch begründen läßt.

Die monistischen Vorstellungen des Philosophen Meyer-Abich[30] haben viel Widerhall gefunden: Nicht nur Tiere und Pflanzen hätten Rechte, die der Mensch treuhänderisch wahrnehmen müsse, sondern auch die Elemente. Die Evolution verbinde den Menschen nicht nur mit allen Lebewesen, sondern auch mit der anorganischen Natur. Wenn der Mensch (Lebens-)Rechte habe, dann habe, abgestuft, alles übrige Wirkliche sie auch.

Auch wenn uns das Konzept einer „Rechtsgemeinschaft über den Evolutionszusammenhang" emotional positiv berührt, es gibt keine stringente Antwort auf die Frage, *warum* eigentlich Menschheit und Artenvielfalt überleben sollen. Lassen sich hierfür Argumente finden, die nicht nur das Gemüt, sondern auch die Vernunft befriedigen?

Wenn transzendentale Begründungen nicht mehr zugelassen sind, bleibt uns nur der Appell an den Generationenvertrag, der uns moralisch verpflichtet, die Substanz dieser Welt möglichst ungeschmälert an künftige Generationen weiterzugeben.

Wer den Regreß auf das klassische Naturrecht (s. S. 70) und damit auf transzendentale Begründung nicht scheut, hat es leichter mit einer Antwort:

„Wären aber transzendentale Begründungen nicht obsolet, würde also der Mensch nicht nur in der evolutionsbiologischen Verwandtschaft mit der Natur, sondern in seiner Schöpfungsverwandtschaft mit ihr begriffen, dann ergäben sich die Rechte aller Geschöpfe und alles Geschöpften von selbst. Denn nicht als Despot stünde der Mensch der Schöpfung gegenüber, sondern er stünde in ihr an der Spitze einer Lebenspyramide, eingebunden in göttliches Recht und angehalten, den Geschöpfen das Ihrige zukommen zu lassen."[31]

In der säkularen Welt, in der wir leben, geht der Appell an die Verantwortung gegenüber dem Schöpfer, der dem Menschen das Mandat über die Erde verliehen hat, weitgehend ins Leere. „Artenschutz" bleibt ein nicht näher begründbares Postulat.

Akzeptieren wir, mit welchen Motiven auch immer, „Artenschutz" als einen terminalen Wert, als eine überragende Zielsetzung, so lassen sich

[30] Meyer-Abich, K. M.: Wege zum Frieden mit der Natur. Praktische Naturphilosophie für die Umweltpolitik. München 1984.

[31] Löw, R.: Hat die Natur einen Rechtsanspruch an den Menschen? FAZ vom 30. 10. 85, Nr. 252, p. 35.

angemessene Verhaltensweisen (instrumentale Werte) leicht ableiten und wissenschaftlich begründen. Einen Anhaltspunkt liefern zum Beispiel die von A. Thienemann formulierten biozönotischen Grundprinzipien[32]:

(1) Je variabler die Lebensbedingungen einer Lebensstätte, um so größer die Artenzahl der zugehörigen Lebensgemeinschaft (steigende Diversität).

(2) Je mehr sich die Lebensbedingungen eines Biotops vom Normalen und für die meisten Organismen vom Optimalen entfernen, um so artenärmer wird die Biozönose, um so charakteristischer wird sie, in um so größerem Individuenreichtum treten die einzelnen Arten auf (artenarme Spezialistengesellschaften).

11.11 Artenschutz und Immissionen – eine aktuelle Fallstudie[33,34]

Mitteleuropa ist von Natur aus ein Waldland. Vor dem Eingreifen des viehzüchtenden und ackerbauenden Menschen fehlte der Wald nur an extremen Standorten. Dort, wo es für Baumwuchs im Tiefland zu naß, im Hochgebirge zu kalt, an Küsten und lokal im Binnenland zu salzig war. Die Trockengrenze des Waldes wird in unserer Region nicht erreicht. Die heutige Verteilung von Wald und offener Landschaft war bereits im Mittelalter vor mehr als 500 Jahren erreicht und hat sich seitdem nicht mehr wesentlich geändert. Durch das Wirken des Menschen ist die Pflanzendecke Mitteleuropas insgesamt viel *artenreicher* geworden. Hunderte von Pflanzenarten in unserer Region müssen als „Kulturfolger“ angesehen werden, denen erst die vom Menschen geschaffenen Standorte eine ökologische Nische boten. Für das Gebiet der Bundesrepublik werden heute rund 2660 Gefäßpflanzenarten gezählt. Nur knapp ein Viertel dieser Arten ist auf Waldstandorte angewiesen, die Hälfte wächst typischerweise auf den vom Menschen waldfrei gehaltenen Standorten, die restlichen Arten verteilen sich auf die von Natur aus waldfreien Gebiete. Auch die Tierwelt hat von der Umgestaltung der Landschaft profitiert. Mehr als ein Viertel der etwa 230 Brutvogelarten

[32] Thienemann, A.: Leben und Umwelt. Hamburg 1956.

[33] Ellenberg, H.: Veränderungen der Flora Mitteleuropas unter dem Einfluß von Düngung und Immissionen. Schweiz. Z. Forstwes. 136 (1985), 19–39.

[34] Ellenberg, H.: Veränderungen von Artenspektren unter dem Einfluß von düngenden Immissionen und ihre Folgen. Allg. Forst-Zeitschrift 41 (1986), 466–467.

in unserem Land sind als Kulturfolger nach Mitteleuropa gekommen. Ein oft zitiertes Beispiel ist die Einwanderung des Storches in unsere Region mit dem Hochmittelalter[35]: Die tiefgreifenden Umgestaltungen des Landschaftsbildes durch Rodung der Wälder und Anlegung von Wiesen ermöglichten ihm jene Expansion seines Lebensraumes, die heute wieder bedroht ist.

In „Roten Listen" werden seit 1975 die auf dem Territorium der Bundesrepublik ausgestorbenen oder selten gewordenen Arten aufgezählt. Als wesentlicher Verursacher des seit etwa 1950 registrierten beschleunigten Artenschwundes wird üblicherweise die veränderte Landnutzung angesehen. Die auf hohe Erträge hinarbeitende Landwirtschaft gilt als *der* Übeltäter.

Neuere, unvoreingenommene Studien[36,37] ergeben jedoch ein differenzierteres Bild. Etwa 4/5 der gefährdeten Arten in der Bundesrepublik sind nur bei geringem Stickstoffangebot und hohem Lichtgenuß konkurrenzfähig („Lichtbedürftige und konkurrenzschwache, aber gegenüber dem Nährstoffangebot genügsame Pflanzenarten"[38]). Eine auch nur geringfügig günstigere Stickstoff-Versorgung reicht für manche „stickstoffliebenden" Arten aus, um die „Hungerkünstler" in der Konkurrenz um das Licht zu überwachsen. Es gibt derzeit in Mitteleuropa nur noch wenige Standorte mit einer so geringen Stickstoffversorgung, daß die Arten, die an ein geringes Stickstoffangebot angepaßt sind, eine Chance behalten. Durch die derzeitigen Verhältnisse werden die konkurrenzkräftigen, hochwüchsigen, breitblättrigen Stickstoffverwerter gefördert.

Unsere Pflanzenstandorte sind generell stickstoffreicher geworden. Dies gilt nicht nur für landwirtschaftlich genutzte Flächen, wo dieser Zustand durch Düngung gezielt herbeigeführt wird (pro Jahr im Durchschnitt 200 kg N/ha), sondern auch für alle anderen Standorte, auch für die Naturschutzgebiete.[39] Die Ursache dafür ist der stark erhöhte Stickstoffeintrag aus der Atmosphäre. In der Kronentraufe von Fichtenwäldern in Norddeutschland wurden selbst in emittentenferner Lage Stickstoffeinträge in der Größenordnung von mehr als 70 kg N pro Jahr und

[35] Herrmann, B. (Hrsg.): Mensch und Umwelt im Mittelalter. DVA, Stuttgart 1986.

[36] Ellenberg, H.: Veränderungen der Flora Mitteleuropas unter dem Einfluß von Düngung und Immissionen. Schweiz. Z. Forstwes. 136 (1985), 19–39.

[37] Ellenberg, H.: Veränderungen von Artenspektren unter dem Einfluß von düngenden Immissionen und ihre Folgen. Allg. Forst-Zeitschrift 41 (1986), 466–467.

[38] Ebd.

[39] Ebd.

Hektar gemessen.[40] Von Natur aus – also ohne die anthropogene Emission stickstoffhaltiger Verbindungen (NO_X, NH_3) – läge der Stickstoffeintrag pro Jahr und Hektar unter 1 kg. An den meisten Stellen in der Bundesrepublik entspricht der Stickstoffeintrag durch Immissionen innerhalb weniger Jahre einer landwirtschaftlichen Volldüngung.

Der weit überhöhte Stickstoffeintrag gefährdet nicht nur die an stickstoffarme Standorte angepaßten Pflanzen (s. „Rote Listen"), sondern auch unsere Wälder.[41] Die „Brot-Baumarten" des Forstmanns in Mitteleuropa, Fichte und Kiefer, sind ihrer Herkunft nach typische Pflanzenarten relativ nährstoffarmer, kontinental getönter Standorte. Sie waren um 1800 die geeignetsten und häufig die einzig möglichen Baumarten bei der Aufforstung der durch jahrhundertelange Übernutzung degradierten Waldstandorte. Die Ausgangssituation zu Beginn der Aufforstungsphase vor 150 bis 200 Jahren besteht heute nicht mehr. Heute wäre zu prüfen, welche Forstbaumarten sich für die Bestockung von Standorten eignen, die zunehmend stickstoffreicher und *basenärmer* werden.

Überhöhter Stickstoffeintrag, der gegenwärtig dramatische Änderungen im Artenspektrum verursacht, geht zum großen Teil auf NO_X-Emissionen aus technischen Verbrennungsprozessen zurück. Die Automobile sind derzeit bei uns zu etwa 50% daran beteiligt, Kraftwerke und Fernheizungen mit etwa 28%, die Industrie mit 16%. Der Rest von 6% geht auf das Konto von Kleinanlagen (Individualheizungen). Hinzu kommt die Emission von Stickstoff in Form von Ammoniak (NH_3, NH_4^+). Hier sind Landwirtschaft und Kläranlagen die hauptsächlichen Verursacher.

Das Aussterben von Arten und die Schwierigkeiten mit dem Wald hängen also eng damit zusammen, daß wir unsere Nutzenergie vorrangig über die Verbrennung fossilen Materials (Kohle, Erdöl, Erdgas) gewinnen. Diese Gesichtspunkte sollte jeder beherzigen, der sich ein Urteil über künftige Optionen der Energieerzeugung zubilligt. Deshalb muß man diese Zusammenhänge bekannt machen. Es gehört zur Verantwortung des Wissenschaftlers, „unbeirrt von äußeren Rücksichten" darauf hinzuwirken, daß in die Zukunft gerichtetes menschliches Wirtschaften vermeidbare Schäden verhindert.

[40] Ebd.

[41] Mohr, H.: Die Erforschung der neuartigen Waldschäden. Biologie in unserer Zeit 16 (1986), 83–89.

11.12 Der tropische Regenwald – das Ende einer Erbschaft

Die vielleicht größte Tragödie, die sich derzeit vor unseren Augen abspielt, ist die Zerstörung der tropischen Regenwälder. Mit ihnen verschwinden für immer unzählige Pflanzen- und Tierarten und ein riesiger Genspeicher. Auch der „eigennützige Artenschutz" ist hier angesprochen: Die tropischen Regenwälder sind „eine Apotheke der Natur". Bei einem Prozent der bisher bekannten Regenwaldpflanzen hat man eine pharmakologische Wirkung gefunden. Mit der Vernichtung der Regenwälder geht der Menschheit ein ungeheurer Schatz potentieller Naturheilstoffe endgültig verloren. Man schätzt, daß schon in wenigen Jahrzehnten 40000 Pflanzenarten ausgestorben sein werden. Wie ist es dazu gekommen?[42]

Etwa die Hälfte der geschlossenen Wälder (mindestens 20% Dekkungsgrad) liegt in der gemäßigten Zone, die andere Hälfte in tropischen und subtropischen Gebieten. Während in den Industrieländern die Waldfläche konstant bleibt oder zunimmt und der Holzvorrat steigt, geht der Wald in den meisten Entwicklungsländern als Folge von Bevölkerungszunahme und steigendem Bedarf an Agrarland zurück. Der größte Druck auf den Wald besteht in den offenen Waldgebieten der ariden Zone durch Brennholznutzung und Überweidung und im Gürtel des tropischen Regenwaldes durch Brandackerbau und Umwandlung der natürlichen Wälder in Weiden und Siedlungsflächen. Die Schätzungen des Holzbedarfs und der verbliebenen Waldflächen lassen erwarten, daß Ende dieses Jahrhunderts, sofern Holz nicht in großem Maßstab durch andere Energiequellen ersetzt und spezielle Brennholzpflanzungen geschaffen werden, der größte Teil von Afrika und Asien nicht mehr in der Lage sein wird, seine Brennholzbedürfnisse zu decken.[43] In der industrialisierten Welt werden nur etwa 15% der Holznutzung als Brennholz verbraucht, in den Entwicklungsländern dagegen über 80%. Die Zukunft des Tropenwaldes ist deshalb ein kaum lösbares Problem.

Die Wälder der feuchten Tropen stellen die komplizierteste Form einer natürlichen Lebensgemeinschaft dar. Sie sind in ihrer heutigen Form das Ergebnis einer Evolution, die sich über Jahrmillionen hinweg unter nahezu idealen wuchsklimatischen Bedingungen vollzogen hat.

[42] Mohr, H.: Wald. In: Wörterbuch der ökologischen Ethik (Hrsg. B. Stoeckle). Freiburg i. Br. 1986, 138–144.

[43] Steinlin, M.: Die Holzproduktion der Welt. Ökologische, soziale und ökonomische Aspekte. Schweizerische Zeitschrift für Forstwesen 130 (1979), 109–131.

Hohe Durchschnittstemperaturen („natürliche Treibhaustemperaturen“), intensive Einstrahlung (hoher Sonnenstand, damit große Eindringtiefe der Strahlung), ständig hohe Feuchtigkeit (der sog. kleine Wasserkreislauf sichert den regelmäßigen Niederschlag), ein dichtes Blätterdach, das vor Erosion sicher schützt, erlauben trotz geringer Nährstoffreserven der meisten Böden eine Bruttoproduktivität, die in keinem anderen Ökosystem auch nur annähernd erreicht wird. Ein besonderes Charakteristikum der typischen Feuchtwälder ist der Umstand, daß die für das Leben der Pflanzen wichtigen Nährstoffe in einem geschlossenen Kreislauf zirkulieren, an dem der Boden als solcher nur ganz wenig beteiligt ist. Vielmehr fungiert ein dichtes Hyphengeflecht von Mykorrhizapilzen[44] im Boden als eine Nährstoff-Falle, die im Raum zwischen den Nährwurzeln eine Auswaschung von Nährelementen verhindert und die bei der Mineralisation aus dem organischen Material regenerierten anorganischen Nährstoffe auf dem kürzesten Weg dem Pflanzenwachstum wieder zuführt. Dieser direkte Mineralkreislauf sichert den intakten tropischen Regenwald trotz geringer Bodensubstanz gegen Mineralverluste weitgehend ab.

Der tropische Regenwald ist biologisch ungeheuer reich. Man schätzt, daß hier 2 bis 5 Mio Pflanzen- und Tierarten leben. Allein die Tropenwälder Südostasiens enthalten etwa 25000 Arten von Blütenpflanzen. Dem Menschen gegenüber erwies sich der Tropenwald bis in die neueste Zeit als abweisend und unüberwindlich. Nur als Sammler und Jäger, gelegentlich – in Südamerika – in kleinen Lichtungen als Siedler, tolerierte er eine kleine Zahl von Menschen. Erst die Bevölkerungsexplosion und die technischen Mittel des 20. Jahrhunderts änderten die Sachlage: Seit etwa Mitte dieses Jahrhunderts werden Tag für Tag riesige Flächen des Tropenwaldes zerstört. Mitte der 70er Jahre sollen zwar noch rund 900 Mio ha feuchte Tropenwälder vorhanden gewesen sein, etwa die Hälfte der ursprünglichen Fläche. Man schätzt den jährlichen Rückgang aber auf 20 bis 25 Mio ha. Es gibt eine Reihe von Ursachen für das Verschwinden der tropischen Feuchtwälder. Der entscheidende Faktor ist die Bevölkerungsexplosion in fast allen Tropenländern und der entsprechend steigende Nahrungsmittelbedarf. Da es bisher in den Tropen

[44] Unter Mykorrhiza versteht man eine Symbiose der Baumwurzeln mit den Hyphen gewisser Bodenpilze (besonders Basidiomyceten). Das Pilzgeflecht im Boden trägt entscheidend zur Nährstoff- und Wasserversorgung der Bäume bei; die Pilze erhalten – sozusagen als Gegenleistung – von dem Baum Kohlenhydrate. Eingehende Beschreibung der Mykorrhiza und ihrer Gefährdung durch menschliche Einflüsse in H. Mohr ›Die Erforschung der neuartigen Waldschäden‹ (Biologie in unserer Zeit 16 [1986], 83–89).

kaum gelungen ist, die Erträge auf den alten Agrarflächen erheblich zu steigern, müssen ständig neue Agrarflächen – meist über primitiven Brandfeldbau – geschaffen werden. Ausgedehnte Waldflächen werden außerdem in Plantagen (Gummi, Palmöl, Kakao, Bananen) umgewandelt, um Exportprodukte zu erzeugen, deren Erlös die defizitäre Zahlungsbilanz lindern soll.

Die geregelte, langfristig geplante Wertholznutzung, wie sie in manchen afrikanischen und südamerikanischen Wäldern betrieben wird, wo in der Regel nur wenige, besonders wertvolle Bäume pro Hektar geerntet werden, beeinträchtigt den Naturwald wenig. Sofern er nach der Nutzung in Ruhe gelassen wird, kann der Wald rasch regenerieren. Manche Experten (Lamprecht, Steinlin) sehen in der nachhaltigen forstlichen Nutzung der Regenwälder (als positives Beispiel die Teak-Nutzung in den wechselgrünen Wäldern Birmas) die einzige Chance, sie im Prinzip zu retten, weil nur auf diese Weise der Teufelskreis von Landhunger, Waldvernichtung und Bodenzerstörung zu durchbrechen ist. Die (beschränkte) Erfahrung zeigt, daß sich mit erprobten Waldbauverfahren ertragsschwache Urwälder auf der Basis der natürlichen Baumartenzusammensetzung in hochwertige Wirtschaftswälder umformen lassen. Allerdings muß man die nachhaltig mögliche biologische Regenerationskraft der tropischen Standorte vorsichtig ansetzen; Nettoproduktionswerte zwischen 0,5 und 2,0 m^3 pro Jahr und ha scheinen aber realistisch zu sein (zum Vergleich: In der Bundesrepublik Deutschland liegt die nachhaltige Nettonutzung bei 4,5 m^3/Jahr und ha, im baden-württembergischen Staatswald bei nahezu 7 m^3).

In der Regel – abgesehen von jungen Vulkanböden, Schwemmland und tropischen Schwarzerdeböden (zusammen etwa 15%) – verlieren die durch Rodung von Feuchtwäldern gewonnenen Agrarflächen ihre Fruchtbarkeit sehr rasch, weil die Böden, die von Natur aus nährstoff-, humus- und kieselsäurearm sind und eine äußerst geringe Kationenaustauschkapazität besitzen, nach dem Absterben der Mykorrhiza[45] die Nährstoffe nicht mehr festhalten können.[46] Die Mykorrhizapilze gehen nach der Rodung ein, da sie ohne den oberirdischen Partner, der ihnen die organische Nahrung liefert, nicht lebensfähig sind. Ohne die Nährstoff-Falle der Mykorrhiza kann die Mineralabfuhr über die Erosion voll einsetzen.[47] Schon nach kurzer Zeit – oft nach nur ein bis zwei Jahren – ist die Fruchtbarkeit der Rodungsflächen so weit abgesunken, daß sich weder Ackerbau noch Viehzucht weiter lohnen. An die Stelle der üp-

[45] Ebd.
[46] Weischet, W.: Die ökologische Benachteiligung der Tropen. Stuttgart 1980.
[47] Ebd.

pigen Naturwälder treten dann mit Sekundärformationen bestandene, degradierte Landschaften.

Die Vernichtung der tropischen Feuchtwälder ist irreversibel. Verloren für immer ist das höchstentwickelte Ökosystem, das die Evolution hervorgebracht hat, und mit ihm mehr als die Hälfte des genetischen Erbes unserer Erde. Verantwortlich für die sich abzeichnende ökologische Katastrophe ist allein der Mensch.

12. TUGENDEN IN DER HEUTIGEN WELT

Es genügt mir nicht, abschließend festzustellen, daß es über das, was das *gute* Leben ausmacht, keinen Konsens mehr gibt. Das „positive Recht" kann dieses Defizit an Grundkonsens nicht ausgleichen.

Ich kann mir nicht vorstellen, ich sagte es schon (s. S. 138), wie der einzelne glücklich sein und die Gesellschaft auf die Dauer lebensfähig bleiben könnte, wenn wir nicht zu jenen Tugenden zurückfinden, die in der klassischen Ethik „Kardinaltugenden" genannt wurden: Klugheit, Gerechtigkeit, Tapferkeit und Maß.

Klug ist derjenige, der fragt: „Ist es richtig, was ich tue, oder ist es falsch?"

Gerecht ist derjenige, der nicht auf Kosten anderer zu leben versucht, sondern auch auf das Wohl des andern und des Ganzen bedacht ist.

Tapfer ist derjenige, der sich auch dann noch für das Gute und Wahre einsetzt, wenn dies für ihn nachteilige Folgen hat.

Maßvoll ist derjenige, der sich in Selbstbestimmung Grenzen setzt und seinen Mitmenschen und der Natur nicht mehr abverlangt als er selbst zum Erhalt des Ganzen beitragen kann.

Thomas von Aquin meinte hinsichtlich der Kardinaltugenden, sie seien das Äußerste, was der Mensch mit seinen natürlichen Fähigkeiten zu verwirklichen imstande sei, und vielleicht sei es dem Menschen unmöglich, ohne Transzendenz solche Tugenden im praktischen Leben durchzuhalten.

Was uns heute bleibt, in einer Welt ohne Transzendenz, ist die platonische Vision, daß der Mensch zur *Vernunft,* zu einer würdigen Führung seines Lebens fähig sei. Diese Vision haben sich die großen Moralisten nie nehmen lassen. Selbst Bertolt Brecht, erschüttert von dem Wahnsinn des technischen Krieges, hat seinem alten Galilei die Worte in den Mund gelegt:

„Ich glaube an den Menschen, und das heißt, ich glaube an seine Vernunft! Ohne diesen Glauben würde ich nicht die Kraft haben, am Morgen aus meinem Bett aufzustehen."

Dies ist kein leeres Pathos. Prüfen Sie selbst, ob in unserer gefährdeten Welt eine Alternative bleibt zur Herrschaft einer „praktischen Vernunft", die Immanuel Kant begriff als die Übereinstimmung von Wollen und Handeln mit dem Sittengesetz.

LITERATUR

Zu Kapitel 1:

Deutsche Unesco-Kommission: Wandlung von Verantwortung und Werten in unserer Zeit. München 1983.

Gruter, M., M. Rehbinder (Hrsg.): Der Beitrag der Biologie zu Fragen von Recht und Ethik. Berlin 1983.

Mohr, H.: Ethik in der Biologie. In: Lexikon der Biologie Bd. 3 (Hrsg. A. Bogenrieder, K.-G. Collatz, H. Kössel, G. Osche). Freiburg i. Br. 1984, 192–195.

Patzig, G.: Ökologische Ethik – innerhalb der Grenzen bloßer Vernunft. Göttingen 1983.

Stent, G. S. (Hrsg.): Morality as a biological phenomenon. Dahlem Konferenz. Weinheim 1978.

Tugendhat, E.: Probleme der Ethik. Stuttgart 1984.

Wuketits, F. M.: Evolution, Erkenntnis, Ethik. Darmstadt 1984.

Zu Kapitel 2:

Hartmann, N.: Teleologisches Denken. Berlin 1951.

Inwagen, P. van: An essay on free will. Oxford 1986.

Jonas, H.: Macht und Ohnmacht der Subjektivität. Frankfurt a. M. 1981.

Mohr, H.: Wissenschaft und Ethik. In: Freiburger Vorlesungen zur Biologie des Menschen (Hrsg. B. Hassenstein). Heidelberg 1979.

Mohr, H.: Freiheit und biologische Natur des Menschen. In: Evolution und Freiheit (Hrsg. P. Koslowski, Ph. Kreuzer, R. Löw). Stuttgart 1984.

Stent, G.: Ethische Dilemmas der Humanbiologie. In: Mannheimer Forum 82/83 (Hrsg. H. v. Ditfurth). Studienreihe Boehringer, Mannheim 1982.

Zu Kapitel 3:

Ayer, A. J.: Language, truth and logic. London 1936.

Kreiser, L.: Deutung und Bedeutung – Zur logischen Semantik philosophischer Terminologie (Kap. 3.4). Berlin 1986.

Lorenz, K. H., F. Wuketits (Hrsg.): Die Evolution des Denkens. München 1983.

Mohr, H.: Biologische Erkenntnis. Stuttgart 1981.

Riedl, R.: Biologie der Erkenntnis. Berlin 1980.

Riedl, R., F. M. Wuketits (Hrsg.): Die Evolutionäre Erkenntnistheorie. Berlin 1987.

Vollmer, G.: Evolutionäre Erkenntnistheorie. Stuttgart 1975.

Zu Kapitel 4:

Cournand, A. F.: The code of the scientist and its relationship to ethics. Science 198 (1977), 699–705.

Mohr, H.: The ethics of science. Interdisciplinary Science Review 4 (1979), 45–53.

Mohr, H.: Biologische Erkenntnis. Stuttgart 1981.
Mohr, H.: Ist das ‚Ethos der Wissenschaft' mit der evolutionären Erkenntnistheorie zu vereinbaren? In: Die Evolution des Denkens (Hrsg. K. Lorenz, F. M. Wuketits). München 1983.
Spinner, H. F.: Das ‚wissenschaftliche Ethos' als Sonderethik des Wissens. Tübingen 1985.

Zu Kapitel 5:
Abel, W.: Geschichte der deutschen Landwirtschaft. Stuttgart 1962.
Herrmann, B. (Hrsg.): Mensch und Umwelt im Mittelalter. Stuttgart 1986.
Luck, W. A. P.: Homo investigans. Der soziale Wissenschaftler. Darmstadt 1976.
Lübbe, H.: Philosophie nach der Aufklärung. Düsseldorf 1980.
Mohr, H.: Wissenschaft und Ethik. In: Freiburger Vorlesungen zur Biologie des Menschen (Hrsg. B. Hassenstein). Heidelberg 1979.
Stent, G. (Hrsg.): Morality as a biological phenomenon, report of the Dahlem workshop on biology and morals. Heidelberg 1978.
Stoeckle, B. (Hrsg.): Wörterbuch der ökologischen Ethik. Freiburg i. Br. 1986.
Whitehead, A. N.: Adventures of ideas. New York 1933.

Zu Kapitel 6:
Alexander, R. D.: Darwinism and human affairs. London 1980.
Hayek, F. A. v.: Die drei Quellen der menschlichen Werte. Walter Eucken Institut: Vorträge und Aufsätze, Nr. 70. Tübingen 1979.
Mohr, H.: Evolutionäre Erkenntnistheorie, Ethik und Moral. In: Die Evolutionäre Erkenntnistheorie (Hrsg. R. Riedl, F. M. Wuketits). Berlin 1987.
Richards, R. J.: A defense of evolutionary ethics. Biology & Philosophy 1 (1986), 265–299.
Vogel, Chr.: Evolution und Moral. In: Zeugen des Wissens (Hrsg. H. Maier-Leibnitz). Mainz 1986.
Vollmer, G.: Über die Möglichkeiten einer evolutionären Ethik. Conceptus XX, Nr. 49 (1986), 51–68.
Wilson, E. O.: On human nature. Cambridge/Mass. 1978.

Zu Kapitel 7:
Erben, H. K.: Leben heißt Sterben – der Tod des Einzelnen und das Aussterben der Arten. Hamburg 1981.
Markl, H. (Hrsg.): Natur und Geschichte. München 1983.
Mohr, H.: Leiden und Sterben als Faktoren der Evolution. In: Herrenalber Texte 44 (Hrsg. W. Böhme), 1983, 9–25.
Mohr, H.: Biologische Grenzen des Menschen. In: Herrenalber Texte 57 (Hrsg. W. Böhme), 1984, 36–50.

Zu Kapitel 8:
Bouchard, T. J.: Twins. In: 1983 Yearbook of Science and the Future, Encyclopedia Britannica, 68–81.
Eysenck, H. J.: Die Ungleichheit der Menschen. München 1975.

Lenz, W.: Humangenetik in Psychologie. Heidelberg 1978.
Merz, F., I. Stelzl: Einführung in die Erbpsychologie. Stuttgart 1977.
Mohr, H.: Biologische Anthropologie und Pädagogik. Biologica didactica 4 (1981), 28–33.
Stengel, H.: Grundriß der menschlichen Erblehre. Stuttgart 1980.

Zu Kapitel 9:
Born, M.: Albert Einstein/Max Born – Briefwechsel 1916–1955. München 1969.
Luck, W. A. P.: Homo investigans. Der soziale Wissenschaftler. Darmstadt 1976.
Maier-Leibnitz, H.: Zwischen Wissenschaft und Politik. Ausgewählte Reden und Aufsätze 1974–1979. Boppard 1979.
Markl, H.: Freiheit und Verantwortung der Wissenschaft. MPG-Spiegel 5/86, 27–35.
Mohr, H.: The ethics of science. Interdisciplinary Science Review 4 (1979), 45–53.
Mohr, H.: Homo investigans/Homo politicus. Konstanzer Univ. Reden, Nr. 152. Konstanz 1985.
Mohr, H.: Lectures on structure and significance of science. Heidelberg–New York 1977.
Mendelssohn, K.: Walter Nernst und seine Zeit. Aufstieg und Niedergang der deutschen Naturwissenschaften. Weinheim 1976.
Patzig, G.: Bemerkungen zum Verhältnis von Wissenschaft, Ethik und Politik. Naturwiss. 72 (1985), 393–399.
Piel, G.: Natural philosophy in the constitution. Science 233 (1986), 1056–1060.
Scheuch, E. K.: Deprofessionalisierung der Wissenschaft. In: Die Analyse der Sozialverträglichkeit für Technologiepolitik (Hrsg. H. Jungermann, W. Pfaffenberger, G. F. Schäfer, W. Wild). HTU Edition, München 1986.

Zu Kapitel 10:
Bericht der Expertenkommission des Eidg. Volkswirtschaftdepartment: Qualitatives Wachstum. Bundesamt für Konjunkturfragen, Studie Nr. 9, 1985.
Daly, H. E.: Steady state economics: the economics of biophysical equilibrium and moral growth. San Francisco 1977.
Hillmann, K.-H.: Umweltkrise und Wertwandel. Die Umwertung der Werte als Strategie des Überlebens. Frankfurt a. M. 1981.
Markl, H.: Dasein in Grenzen: die Herausforderung der Ressourcenknappheit für die Evolution des Lebens. Konstanz 1984.
Mohr, H.: Qualitatives Wachstum in Biologie und Ökonomie. Naturwiss. Rundschau 38 (1985), 267–274.
Nachtigall, W.: Biostrategie – eine Überlebenschance für unsere Zivilisation. Hamburg 1983.
Wegehenkel, L. (Hrsg.): Umweltprobleme als Herausforderung der Marktwirtschaft – Neue Ideen jenseits des Dirigismus. Köln 1983.
Zerbst, E. W.: Bionik – Biologische Funktionsprinzipien und ihre technischen Anwendungen. Stuttgart 1987.

Zu Kapitel 11:

Arber, W.: Biotechnologie im Aufwind der Molekularbiologie. Naturwiss. Rundschau 39 (1986), 371–379.

Ethische und rechtliche Probleme der Anwendung zellbiologischer und genetischer Methoden am Menschen: Dokumentation eines Fachgesprächs im Bundesministerium für Forschung und Technologie (red. Bearb. P. Lange). München 1984.

Fox, M. A.: The case for animal experimentation: An evolutionary and ethical perspective. San Francisco 1986.

Freundt, K. J.: Arzneimittel – Segen und Gefahren. Naturwiss. Rundschau 39 (1986), 390–396.

Gentechnologie und Verantwortung. Bericht über ein Symposium, Mai 1985. Max-Planck-Gesellschaft – Berichte und Mitteilungen, Heft 3/85.

Gutjahr-Löser, P.: Mehr Bürokratie – auch mehr Tierschutz? Mitt. d. Hochschulverbandes 34, Heft 4 (1986), 177–181.

Heckmann, K.: Möglichkeiten und Gefahren der genetischen Manipulation. Mitteilungen der A. v. H.-Stiftung, Heft 46 (1985), 21–28.

Klingmüller, W.: Genmanipulation und Gentherapie. Heidelberg 1976.

Kolata, G.: New growth industry in human growth hormone? Science 234 (1986), 22–24.

March, B. E.: Bioethical Problems: animal welfare, animal rights. Bioscience 34 (1984), 615–620.

Moss, T. H.: The modern politics of laboratory animal use. Bioscience 34 (1984), 621–625.

Petzoldt, U.: Klonen von Säugetieren, Möglichkeit oder Utopie? Biologie in unserer Zeit 16 (1986), 143–157.

Reis, H.: Das Lebensrecht des ungeborenen Kindes als Verfassungsproblem. Tübingen 1984.

REGISTER

Personenregister

Sachregister